고졸 검정고시

핵심이론 + 기출문제 + 기출동형 모의고사

과학

고졸검정고시 [과학]
핵심이론 + 기출문제 + 기출동형 모의고사

초판 인쇄　　　　2026년 1월 7일
초판 발행　　　　2026년 1월 9일

편 저 자 | 교육개발팀
발 행 처 | ㈜서원각
등록번호 | 1999-1A-107호
주　　소 | 경기도 고양시 일산서구 덕산로 88-45(가좌동)
교재주문 | 031-923-2051
팩　　스 | 031-923-3815
교재문의 | 카카오톡 플러스 친구[서원각]
홈페이지 | goseowon.com

고등학교 졸업 검정고시는 각 시·도교육청이 주관하여 매년 2회 실시되는 국가고사로, 고등학교를 졸업한 사람과 동등한 학력을 인정받을 기회를 제공하는 시험입니다.

응시과목은 6개의 필수 과목(국어, 수학, 영어, 사회, 과학, 한국사)과 1개의 선택 과목(도덕, 기술·가정, 체육, 음악, 미술 택1)으로 총 7개입니다. 모든 과목은 2015년 개정 교육과정에 따른 내용으로 출제됩니다. 시험은 각 과목을 100점 만점으로 하여 전 과목 평균 점수를 60점 이상 취득하였을 때 합격 처리됩니다.

본서는 2026년 고졸 검정고시 과학 과목을 준비하기 위한 교재입니다. 실제 시험에서의 출제 경향과 핵심 이론, 2021~2025년까지의 기출문제와 해설을 수록하여 개념 점검과 문제 풀이를 동시에 할 수 있습니다.

[교재 활용 방법]

1. 실제 시험에서 주로 출제되는 문제의 유형이 무엇인지 출제 경향을 통해 파악한다.
2. 출제 경향과 함께 수록된 핵심 이론을 익힌다.
3. 5개년 기출문제를 풀어보며 학습을 점검한다.
4. 해설을 활용하여 오답을 확인하고, 틀린 문제를 위주로 개념을 다시 복습한다.
5. 기출동형 모의고사를 풀어 보고 오답 점검을 하며 최종적으로 마무리한다.

목표를 가지고 나아가는 사람만큼 아름다운 이는 없습니다. 수험생 여러분의 꿈이 날개를 달고 훨훨 날아갈 수 있도록 서원각이 응원하겠습니다.

핵심이론

+ 최근의 출제 경향과 이를 바탕으로 한 핵심 개념을 수록하였습니다.

+ 효율적이고 확실하게 시험을 준비해보세요.

5개년 기출문제

+ 5개년(2021~2025년) 총 10회의 기출문제와 쉽게 확인하고 이해할 수 있는 정답 및 해설을 수록하였습니다.

+ 열심히 익힌 개념을 점검해보세요.

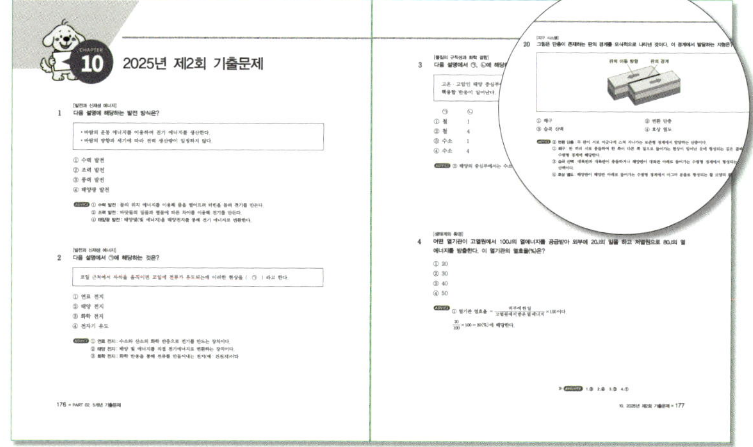

기출동형 모의고사

+ 가장 최근 시험과 자주 등장한 개념을 바탕으로 만들어진 모의고사 2회분을 수록하였습니다.

+ 실제 시험처럼 모의고사를 풀어보세요.

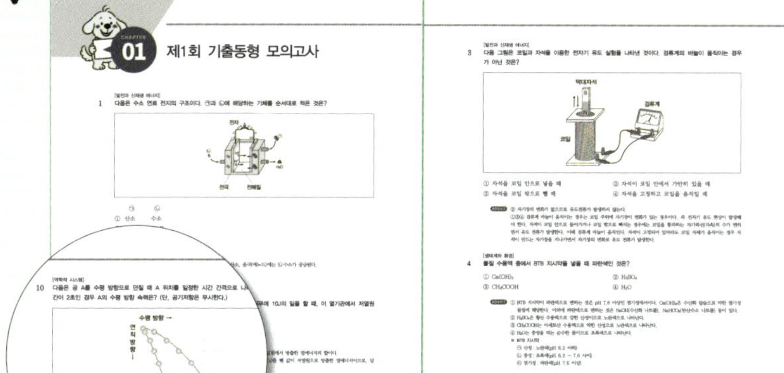

이 책의 차례

고졸 검정고시 과학
- 문항 수 : 25문항
- 시험 시간 : 30분
- 문항 형식 및 배점 : 객관식 4지 택1, 1문항 당 4점

고졸검정고시 [과학] 총평

- 시험의 범위가 방대하지만 주로 등장하는 내용은 정해져 있는 편입니다. 모든 내용을 다 익히고 시험에 임하는 것이 좋으나, 각 챕터에서 자주 등장하는 유형의 개념을 파악하고 전략적으로 공부하는 것도 한 가지 방법이라고 할 수 있습니다.

- 역학적 시스템 챕터에서 등장하는 운동량 구하기, 생태계와 환경 챕터의 열효율 구하기 등의 계산문제 공식은 외워야 한다는 걸 유념해야 합니다. 실제로 비슷한 유형의 문항이 여러 번 등장하였습니다.

- 검정고시 시험은 국어, 수학, 영어를 제외하고는 모두 30분씩 치러집니다. 그러니 시간 분배를 잘하여 촉박하지 않게 마무리할 수 있는 연습이 필요합니다.

챕터별 문항수

챕터	2021년 1회	2021년 2회	2022년 1회	2022년 2회	2023년 1회	2023년 2회	2024년 1회	2024년 2회	2025년 1회	2025년 2회
물질의 규칙성과 화학결합	5문항	4문항	4문항	4문항	3문항	6문항	4문항	4문항	3문항	3문항
자연의 구성물질	3문항	2문항	3문항	2문항	2문항	1문항	2문항	3문항	2문항	2문항
역학적 시스템	2문항	3문항	2문항	2문항	2문항	2문항	2문항	2문항	2문항	2문항
지구 시스템	3문항	4문항	2문항	3문항	4문항	2문항	3문항	3문항	3문항	4문항
생명 시스템	3문항	4문항	4문항	3문항	4문항	4문항	3문항	2문항	3문항	3문항
화학 변화	2문항	2문항	3문항	2문항	3문항	2문항	2문항	3문항	3문항	3문항
생물 다양성	3문항	1문항	3문항	2문항	2문항	2문항	2문항	3문항	3문항	2문항
생태계와 환경	2문항	2문항	1문항	4문항	3문항	3문항	4문항	3문항	3문항	4문항
발전과 신재생 에너지	2문항	3문항	3문항	3문항	2문항	3문항	3문항	2문항	3문항	2문항

난이도 ★★☆ **물질의 규칙성과 화학 결합**	우주의 탄생부터 핵융합 반응, 원자, 원소, 원소 주기율표, 화학 결합 등 상당히 방대한 내용이 담긴 챕터입니다. 그런 만큼 출제되는 문항의 수도 많은 편이지만, 주로 등장하는 개념이 일정합니다.
난이도 ★☆☆ **자연의 구성 물질**	지각을 이루는 구성 원소와 생명체를 구성하는 물질, 그리고 초전도체나 그래핀 등의 신소재와 관련된 내용이 담긴 챕터입니다. 생명체를 구성하는 물질에 관해 나오기 때문에 생명 시스템 챕터와도 연관성이 있습니다.
난이도 ★★★ **역학적 시스템**	중력에 의한 자유 낙하 운동과 관성, 운동량과 충격량을 구하는 공식을 이용한 계산과 관련된 내용이 핵심적인 챕터입니다. 공식 사용이 익숙하지 않다면 조금 어렵게 느껴질 수도 있습니다.
난이도 ★★☆ **지구 시스템**	지구 시스템을 이루는 기권, 수권, 지권 등의 지구 시스템의 구조와 각 권의 상호작용, 지권이 변화하면서 일어나는 현상과 관련된 내용이 담긴 챕터입니다. 각 권과 연관된 그림을 익히면 문제 풀이에 유리합니다.
난이도 ★★☆ **생명 시스템**	동물 세포와 식물 세포, 세포막을 통한 물질의 이동, 유전 정보의 전달 등의 내용이 담긴 챕터입니다. 중요한 내용이 많은 만큼 물질의 규칙성과 화학 결합 챕터 못지않게 문항의 비중이 큰 편이며, 암기를 요구하는 문제들이 큰 비중을 차지합니다.
난이도 ★★★ **화학 변화**	산화 환원 반응, 산과 염기의 중화 반응과 관련된 화학식이 등장하는 챕터입니다. 산화와 환원 반응, 중화 반응의 원리를 아는 것이 중요하며, 자주 등장하는 물질의 원소 기호를 익혀 두는 편이 문제를 푸는 데 유리합니다.
난이도 ★☆☆ **생물 다양성**	지질 시대에 따른 시대 구분, 당시의 환경과 살았던 생물, 생물의 종 다양성 등 환경의 변화에 따른 생물의 출현, 진화와 관련된 내용이 담긴 챕터입니다. 생태계와 환경 챕터와 이어지는 내용이 더러 존재합니다.
난이도 ★☆☆ **생태계와 환경**	생태계를 구성하는 요소를 생산자, 소비자, 분해자 3가지로 나누고 각 요소들이 어떤 먹이 관계를 가지는지, 지구의 환경이 변화하면서 어떤 현상이 벌어지고 있는지 등이 핵심 내용인 챕터입니다. 먹이 사슬, 먹이 그물 같이 자주 등장하는 그림을 눈에 익혀 두는 게 좋습니다.
난이도 ★★☆ **발전과 신재생 에너지**	우리 생활과 밀접한 연관이 있는 챕터로 전력의 수송 과정, 여러 가지 발전 방식, 각 발전 방식의 원리와 장·단점, 신재생에너지 등의 내용을 담고 있습니다. 열효율 공식을 이용한 계산 문제가 자주 출제되는 편이니 역학적 시스템 챕터와 같이 공식을 외워두는 게 좋습니다.

핵심 이론

CHAPTER 01

물질의 규칙성과 화학 결합

원자의 전자 배치 혹은 원소주기율표를 그림으로 제시하고 원자의 특징을 파악하는 문제가 자주 출제되었습니다. 이러한 유형으로는 원자가 어떤 구조를 가지는지, 원소주기율표의 배열 기준을 얼마나 이해하고 있는지를 평가할 수 있습니다.

원소의 이온 결합과 공유 결합과 관련된 문제 역시 반복적으로 출제되었습니다. 이온의 생성 과정에서 원자가 잃은 전자의 개수를 구하는 등의 문제 유형으로 화학 결합에서 지켜지는 옥텟 규칙 등을 파악하고 있는지를 평가할 수 있습니다.

1. 패턴과 특징 파악하기
원소주기율표의 주기(가로줄)와 족(세로줄)을 제대로 이해하여 각 자리에 배치된 원소들의 성질이 어느 부분에서 비슷한지 파악해 두는 것이 매우 중요합니다. 또한 원자의 번호가 원자의 양성자수와 똑같다는 점 등 원자의 특징을 알아두는 게 좋습니다.

2. 자주 등장하는 규칙 외워두기
원소는 전자를 얻거나 잃어 가장 바깥 전자껍질에 전자의 개수를 8개로 만들려고 하는 경향이 있는데 이것을 옥텟 규칙이라고 합니다. 옥텟 규칙은 이온 결합과 공유 결합 둘 다에서 적용되는 규칙이니 기억해두는 편이 유리합니다.

1 | 빅뱅 우주론과 증거

01 | 빅뱅(대폭발) 우주론

(1) 빅뱅 우주론과 정상 우주론

① 빅뱅 우주론 : 약 138억 년 전, 초고온·초고밀도의 한 점에서 대폭발이 일어나 우주가 탄생했고 지금까지 팽창 중이라고 설명하는 우주론이다.

② 정상 우주론 : 우주가 팽창할 때 빈 공간에 물질이 생성되어 우주의 밀도와 온도는 변하지 않고 유지된다는 이론이다.

(2) 빅뱅 우주론의 증거

① 우주 배경 복사

② 수소와 헬륨의 질량비

02 | 스펙트럼

(1) 스펙트럼

① 빛이 분광기(빛을 파장에 따라 나누는 장치)를 통과할 때 파장에 따라 나눠지는 색의 띠이다.

② 별빛의 선스펙트럼을 분석하면 우주의 원소 분포를 확인할 수 있다.

(2) 스펙트럼의 종류

① 연속 스펙트럼 : 고온의 별이 빛을 방출하면 생긴다.

② 방출 스펙트럼 : 고온의 별 주변에서 에너지를 얻어 가열된 기체가 빛을 방출하면 생긴다.

③ 흡수 스펙트럼 : 별빛이 저온의 기체를 통과할 때
흡수되고 남은 빛에 의해 생긴다. 이때 보이는
검은색 선을 흡수선이라고 한다.

(3) 선 스펙트럼으로 원소 분석

① 선 스펙트럼은 원소의 종류에 따라 다른 위치에
서 나타난다.

② 우주에 분포하는 원소의 종류와 양은 우주에서
오는 스펙트럼을 분석하면 알 수 있다.

2 원소의 생성

01 | 물질을 구성하는 입자

① 원자 : 원자핵과 전자로 이루어진 입자이다. 전기
적으로 중성이다.

② 원자핵

　㉠ 양성자 : 3개의 쿼크로 이루어지며 양전하를 띤다.

　㉡ 중성자 : 3개의 쿼크로 이루어지며 전기적으로
　　중성이다.

③ 기본 입자 : 더 분해되지 않는 가장 작은 입자로
전자(음전하를 띠는 기본 입자)와 쿼크가 있다.

02 | 빅뱅과 입자의 생성

① 기본 입자 : 빅뱅 이후 우주가 급격하게 팽창하고
온도가 낮아지면서 쿼크, 전자 등의 기본 입자가
생성되었다.

② 양성자·중성자 : 우주의 온도가 낮아지면서 쿼크 3
개가 결합하여 양성자와 중성자가 생성되었다(양
성자와 중성자의 개수 비는 7 : 1로 생성된다.).

③ (헬륨)원자핵 : 양성자 1개는 수소 원자핵이 되고
양성자 3개와 중성자 2개가 결합하면 헬륨 원자
핵이 생성된다.

④ 원자

　㉠ 우주의 온도가 약 3000K로 낮아지면서 원자
　　핵과 전자가 결합하여 수소 원자와 헬륨 원자
　　가 생성된다.

　㉡ 이때 우주로 빛이 퍼져나가면서 우주 배경 복
　　사가 생성된다.

3 별의 탄생과 진화

01 | 별의 탄생

(1) 별의 탄생 과정

① 성운 형성 : 성간 물질(주로 수소, 헬륨)이 모여
별이 탄생 가능한 성운이 형성된다.

② 원시별 : 성운 중 물질이 밀집된 곳에서 중력 수축
이 일어나 온도와 압력이 높아지면서 원시별이
형성된다.

③ 별 : 원시별의 중심 온도가 매우 높아지면 수소 핵
융합 반응이 일어나 주계열성(빛을 방출하는 별)이
탄생한다.

(2) 주계열성

① 별의 중심부에서 수소 핵융합 반응이 일어난다.

　㉠ 수소 핵융합 반응 : 4개의 수소 원자핵이 모여
　　1개의 헬륨 원자핵이 형성된다.

　㉡ 수소 핵융합 반응 과정 중에서는 에너지가 형
　　성된다.

② 주계열성은 내부 압력과 중력이 평형을 이뤄
별의 크기가 일정하게 유지된다.

(3) 별의 진화

① 질량이 태양 정도인 별 : 별의 내부에서 핵융합 반응으로 탄소, 산소가 생성된다.

> 원시별 → 주계열성 → 적색거성 → 백색
> 왜성/행성상 성운

- ㉠ 적색 거성 : 중심부의 수소가 고갈되어 중심부의 수소 핵융합 반응이 멈춘 단계이다.
  - 수축이 다시 일어나면서 온도가 올라가고 별의 중심부 온도도 높아짐에 따라 헬륨의 핵융합으로 탄소가 생성된다.
  - 중심부가 수축하면서 바깥쪽 수소층의 온도가 높아져 수소 핵융합 반응이 일어나고 별이 팽창하여 적색 거성이 된다.
- ㉡ 백색 왜성/행성상 성운 : 별의 중심부는 핵융합 반응이 마무리되면 백색 왜성이 되고 팽창하는 별의 바깥 부분은 중심부와 분리된 행성상 성운이 된다.

② 질량이 태양의 10배 이상인 별 : 별의 내부에서 핵융합 반응으로 철까지 생성된다.

> 원시별 → 주계열성 → (적색) 초거성 → 초신성
> 폭발 → 중성자별/블랙홀

- ㉠ 초거성 : 초거성의 중심부는 핵융합 반응을 통해 헬륨, 탄소, 질소, 규소 등이 만들어지고 안정화된 원소인 철도 만들어진다.
- ㉡ 초신성 폭발 : 철이 만들어지면 별의 중심부에서 원소는 더 이상 만들어지지 않고 수축하면서 결국 폭발하는데 이것이 초신성 폭발이다. 이때 금, 우라늄 등의 철보다 무거운 원소가 방출된다.
- ㉢ 중성자별/블랙홀 : 초신성 폭발 후 중심부가 압축되어 중성자별이 되고 질량이 큰 경우엔 블랙홀이 된다.

4　원소와 원자

01 | 원소와 주기율표

(1) 원소

① 물질을 이루는 기본적인 성분이다.

② 다른 물질로 더 분해되지 않는다.

③ 한 종류의 원소로만 구성된 물질이 있고, 다른 종류의 원소 간 화학 결합 하여 물질이 구성되기도 한다.

(2) 주기율표

① 성질이 비슷한 원소가 주기적으로 나타나도록 배열한 표이다.

② 원자 번호 순으로 배열하여 화학적 성질이 비슷한 원소들이 같은 세로줄에 오도록 배열되어 있다.

③ 주기와 족

- ㉠ 주기(1~7주기)
  - 주기율표의 가로줄이다.
  - 같은 주기의 원소면 전자껍질의 수가 같다.
- ㉡ 족(1~18족)
  - 주기율표의 세로줄이다.
  - 같은 족의 원소면 원자의 전자 개수가 같기 때문에 화학적 성질이 비슷하다(수소는 제외).

(3) 원소의 상태

① 기체 : H(수소), He(헬륨), N(질소), O(산소), F(플루오린), Ne(네온), Cl(염소), Ar(아르곤), Kr(크립톤), Xe(제논), Rn(라돈)

② 액체 : Br(브로민), Hg(수은)

③ 고체 : 나머지 원소

족 주기	1	2	3	4	5	6	7	8	9	10	11	12	13	14	15	16	17	18
1	1 H 수소																	2 He 헬륨
2	3 Li 리튬	4 Be 베릴륨											5 B 붕소	6 C 탄소	7 N 질소	8 O 산소	9 F 플루오린	10 Ne 네온
3	11 Na 나트륨	12 Mg 마그네슘											13 Al 알루미늄	14 Si 규소	15 P 인	16 S 황	17 Cl 염소	18 Ar 아르곤
4	19 K 칼륨	20 Ca 칼슘	21 Sc 스칸듐	22 Ti 타이타늄	23 V 바나듐	24 Cr 크로뮴	25 Mn 망가니즈	26 Fe 철	27 Co 코발트	28 Ni 니켈	29 Cu 구리	30 Zn 아연	31 Ga 갈륨	32 Ge 저마늄	33 Ag 비소	34 Se 셀레늄	35 Br 브로민	36 Kr 크립톤
5	37 Rb 루비듐	38 Sr 스트론튬	39 Y 아트륨	40 Zr 지르코늄	41 Nb 나이오븀	42 Mo 몰리브데넘	43 Tc 테크네튬	44 Ru 루테늄	45 Rh 로듐	46 Pd 팔라듐	47 Ag 은	48 Cd 카드뮴	49 In 인듐	50 Sn 주석	51 Sb 안티모니	52 Te 텔루륨	53 I 아이오딘	54 Xe 제논
6	55 Cs 세슘	56 Ba 바륨	57–71 란타넘족	72 Hf 하프늄	73 Ta 탄탈럼	74 W 텅스텐	75 Re 레늄	76 Os 오스뮴	77 Ir 이리듐	78 Pt 백금	79 Au 금	80 Hg 수은	81 Tl 탈륨	82 Pb 납	83 Bi 비스무트	84 Po 폴로늄	85 At 아스타틴	86 Rn 라돈
7	87 Fr 프랑슘	88 Ra 라듐	89–103 악티늄족	104 Rf 러더퍼듐	105 Db 더브늄	106 Sg 시보귬	107 Bh 보륨	108 Hs 하슘	109 Mt 마이트너륨	110 Ds 다름슈타튬	111 Rg 뢴트게늄	112 Cn 코페르니슘						

란타넘족	57 La 란타넘	58 Ce 세륨	59 Pr 프라세 오디뮴	60 Nd 네이디뮴	61 Pm 프로메튬	62 Sm 사마륨	63 Eu 유로퓸	64 Gd 가돌리늄	65 Tb 터븀	66 Dy 디스프 로슘	67 Ho 홀뮴	68 Er 어븀	69 Tm 툴륨	70 Yb 이터븀	71 Lu 루테튬
악티늄족	57 Ac 악티늄	58 Th 토륨	59 Pa 프로토 악티늄	60 U 우라늄	61 Nb 넵투늄	62 Pu 플루토늄	63 Am 아메리슘	64 Cm 퀴륨	65 Bk 버클륨	66 Cf 캘리포늄	67 Es 아인슈 타이늄	68 Fm 페르뮴	69 Mb 멘델레븀	70 No 노벨륨	71 Lr 로렌슘

☐■ : 금속원소　　☐ : 비금속원소　　☐ : 준금속원소

02 | 원자의 구조

(1) 원자의 특징

① 원자는 원자핵과 전자로 이루어져 있고, 원자핵은 양성자와 중성자로 이루어져 있다.

② 원자는 양성자수와 전자수가 같아 전기적으로 중성이다.

③ 원자 번호는 양성자수와 똑같다.

(2) 원자의 전자 배치

① 전자껍질

　㉠ 전자는 원자핵에서 가까운 전자껍질부터 채워진다.

　㉡ 주기가 같으면 전자껍질 수가 같다.

② 가장 바깥쪽 전자

　㉠ 가장 바깥쪽 전자(원자가 전자)의 개수가 같다면 화학적 성질이 비슷하다.

　㉡ 족이 같으면 가장 바깥쪽 전자의 개수가 같다.

(3) 원자 모형 해석

① 원자핵의 전하량이 +5일 경우 : 원자 번호 5번

② 전자껍질의 개수가 2개일 경우 : 2주기 원소

③ 가장 바깥쪽 전자의 개수가 3개일 경우 : 13족 원소

5 화합 결합

01 | 이온 결합

(1) 이온의 형성

① 양이온의 형성

  ㉠ 금속 원자는 전자를 잃고 (+) 전하를 띠는 양이온이 되면서 옥텟 규칙(전자를 얻거나 잃어서 가장 바깥 전자껍질에 8개의 전자를 채워 안정적인 전자 배치를 가지려는 경향)을 만족하게 된다.

  ㉡ 양이온은 금속 원자의 이름 뒤에 '이온'을 붙여 부른다.

② 음이온의 형성

  ㉠ 비금속 원자는 전자를 얻어 (−) 전하를 띠는 음이온이 되면서 옥텟 규칙을 만족하게 된다.

  ㉡ 음이온은 비금속 원자의 이름 뒤에 '~화 이온'을 붙여 부른다.

(2) 이온 결합의 형성

① 이온 결합 : 금속 원소의 양이온과 비금속 원소의 음이온 사이의 정전기적 인력으로 이루어지는 화학 결합이다.

② 이온 결합의 형성 : 금속 원소와 비금속 원소의 원자는 비활성 기체와 동일한 전자 배치(가장 바깥 전자껍질에 전자가 모두 채워져 안정적인 전자 배치)를 이루기 위해 전자를 주고받아 각각 양이온과 음이온이 된다. 이후 정전기적 인력을 통해 결합한다.

02 | 공유 결합

(1) 공유 결합

① 공유 결합은 비금속 원소의 원자들이 전자를 내놓아 전자쌍을 공유하면서 형성된다.

② 공유 전자쌍이란 두 원자에 서로 공유되어 결합에 참여하는 전자쌍을 뜻한다.

③ 전자는 옥텟 규칙에 만족하도록 공유된다.

(2) 공유 결합의 종류

① 단일 결합(H − H) : 공유 전자쌍은 1쌍이다.

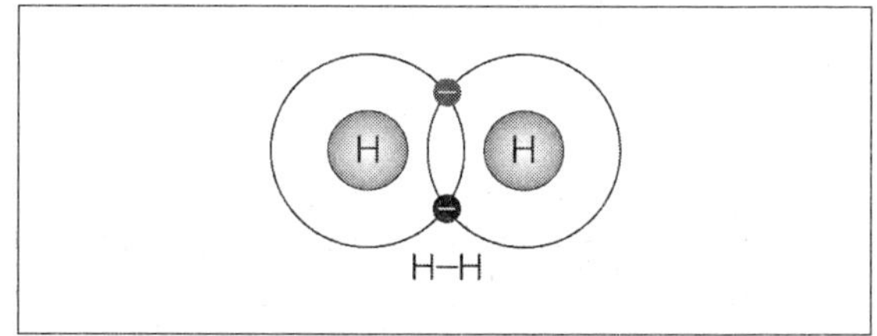

② 2중 결합(O = O) : 공유 전자쌍은 2쌍이다.

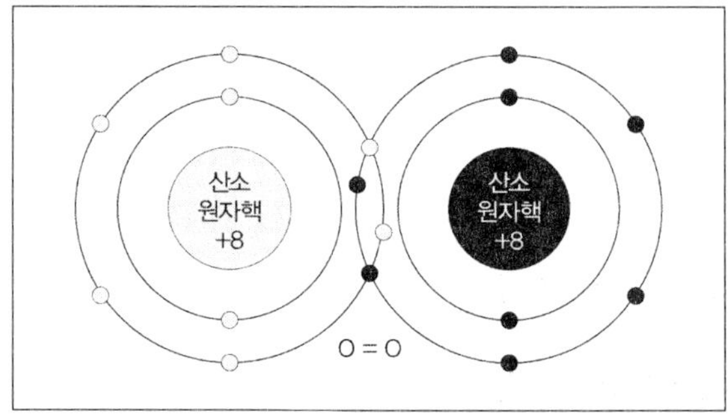

③ 3중 결합(N = N) : 공유 전자쌍은 3쌍이다.

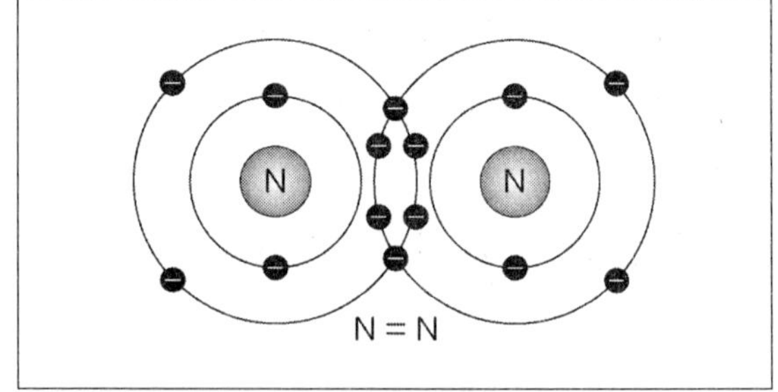

④ 단일 결합 : 공유 전자쌍은 총 2쌍이다.

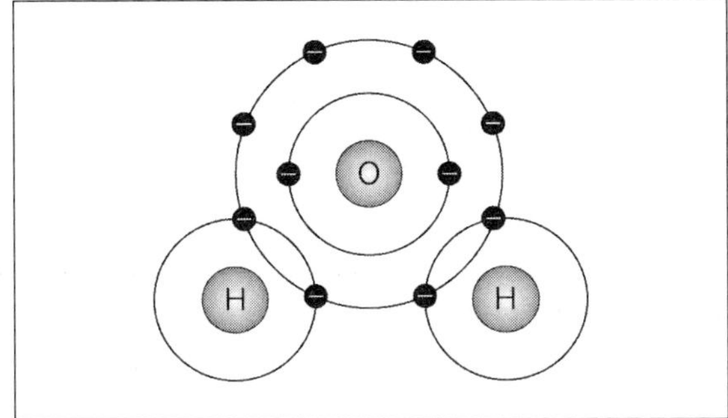

CHAPTER 02 자연의 구성 물질

시험 출제경향

생명체를 구성하고 있는 물질과 관련된 문제들이 자주 출제되었습니다. 탄수화물, 단백질, 핵산 등의 특징을 보기로 제시하여 구분하도록 하는 유형의 문제는 탄소 화합물의 종류와 그 역할을 제대로 파악하고 있는지와 같은 능력을 평가할 수 있습니다.

다음으로 빈출된 문제의 유형은 신소재와 관련된 문제였습니다. 그중에서도 **그래핀과 초전도체에 대해 묻는 문제가 자주 출제되었습니다.** 이러한 문항은 각 신소재가 어떤 특징을 가지고 어느 분야에 사용되는지를 파악하는 능력을 평가할 수 있습니다.

1. 물질의 다양성 파악하기
생명체를 구성하는 탄소 화합물들의 종류와 특징을 암기해 두는 것은 필수적이고 그 화합물이 각기 어떤 노릇을 하는지 아는 것 역시 중요합니다. 특히 핵산의 종류인 DNA와 RNA의 경우 이후 파트에서도 다시 등장하니 확실하게 알아두는 것이 좋습니다.

2. 효율적으로 필수 개념부터 챙기기
모든 내용을 외우면 좋지만, 그러기엔 한계가 있습니다. 따라서 중요한 내용을 먼저 암기하는 것이 효과적입니다. 생명체를 구성하는 탄소 화합물과 탄수화물, 단백질, 핵산 등의 단위체는 시험에 자주 등장하니 반드시 외워두도록 합니다.

---

1 지각과 생명체의 구성 물질

01 | 지각의 구성 물질

(1) 지각의 구성 원소 질량비

> 지각은 다양한 광물로 이루어져 있는데, 광물의 대부분은 규소와 산소를 주성분으로 하는 규산염 광물이다.

(2) 규소와 규산염 사면체

① 규소
- ㉠ 원자 번호는 14번이며 3주기의 원소로 전자껍질은 3개이다.
- ㉡ 14족의 원소로 가장 바깥쪽 전자 개수는 4개이다.

② 규산염 사면체 : 규소 1개를 중심으로 산소 원소 4개가 공유 결합한 사면체이다. 음전하를 띤다.

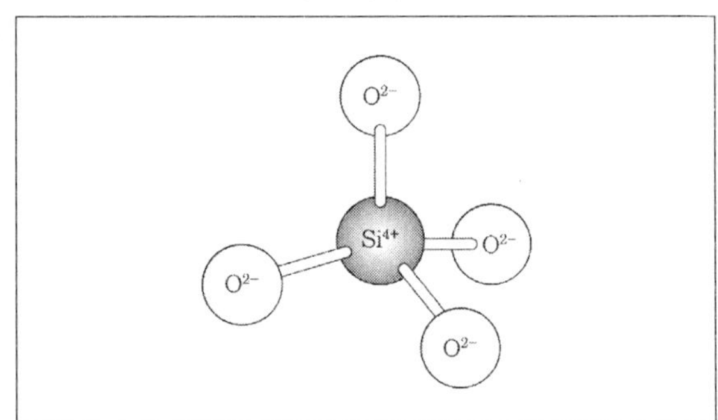

02 | 생명체의 구성 물질

(1) 사람의 구성 원소 질량비

> 사람의 몸은 탄소와 산소의 비율이 높다.

(2) 탄소와 탄소 화합물

① 탄소

　㉠ 원자 번호는 6번이며 2주기의 원소로 전자껍질은 2개이다.

　㉡ 14족의 원소로 가장 바깥쪽 전자 개수는 4개이다.

② 탄소 화합물 : 탄소를 기본으로 한 화합물이다.

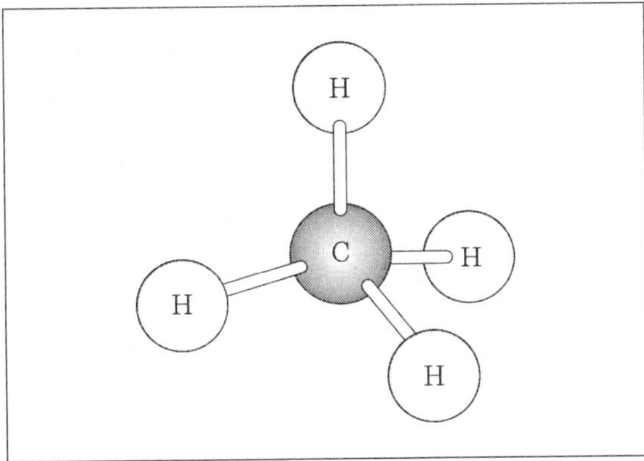

　2　 **생명체 구성 물질의 다양성**

01 | 생명체의 구성 물질

(1) 탄소 화합물

① 탄수화물(탄소, 수소, 산소)

　㉠ 주된 에너지원이고 몸을 구성하는 비율은 적다.

　㉡ 녹말, 포도당, 셀룰로스 등이 해당된다.

② 단백질(단소, 수소, 산소, 질소)

　㉠ 근육이나 세포와 같은 몸의 구성 성분으로 에너지원이다.

　㉡ 효소, 호르몬의 성분으로 생리 작용 조절과 방어 작용 등에 관여한다.

③ 지질(탄소, 수소, 산소)

　㉠ 인지질, 중성 지방, 스테로이드 등이 해당된다.

　㉡ 인지질은 단백질과 같이 세포막의 성분이다.

④ 핵산(탄소, 수소, 산소, 인, 질소)

　㉠ DNA, RNA가 있다

　㉡ 유전 정보 저장·전달 및 단백질 합성에 관여한다.

(2) 단위체

① 단위체는 고분자 화합물을 구성하는 기본 단위 물질을 말한다.

② 여러 물질의 단위체

물질	단위체
탄수화물	포도당
단백질	아미노산
핵산	뉴클레오타이드

02 | 단백질

(1) 단백질의 형성

① 아미노산은 펩타이드 결합을 통해 폴리펩타이드를 형성하고, 폴리펩타이드가 입체 구조를 형성하여 단백질이 만들어진다.

　㉠ 펩타이드 결합 : 아미노산과 아미노산 사이에서 물이 빠지면서 일어나는 결합이다.

　㉡ 폴리펩타이드 : 아미노산이 펩타이드 결합으로 연결되어 만들어진 긴 사슬 모양을 의미한다.

② 단백질의 변성 : 열, 산, 염기가 가해지면 입체 구조가 변형되어 단백질의 고유 기능을 잃어버릴 수 있다.

(2) 단백질의 기능

① 에너지원으로 사용된다.

② 근육과 세포막 같은 몸의 주요 구성 물질이다.

③ 효소와 호르몬을 이루는 성분으로 신체 내부의 화학 작용을 조절한다.

④ 항체의 성분으로 신체의 방어 작용에 관여한다.

03 | 핵산

(1) 뉴클레오타이드

① 핵산(DNA와 RNA)의 단위체다.

② 인산, 당, 염기가 1 : 1 : 1로 결합되어 있다.

(2) 핵산의 종류

① DNA

    ㉠ 단위체 : 뉴클레오타이드

    ㉡ 염기 : A(아데닌), G(구아닌), T(티민), C(사이토신)

    ㉢ 상보관계
- A－T : 상보적 결합
- G－C : 상보적 결합

    ㉣ 기능 : 유전 정보를 저장한다.

    ㉤ 구조 : 이중 나선 구조이다.

② RNA

    ㉠ 단위체 : 뉴클레오타이드

    ㉡ 염기 : A, G, U(유라실), C

    ㉢ 상보관계
- A－U : 상보적 관계
- G－C : 상보적 관계

    ㉣ 기능 : 유전 정보 전달과 단백질 합성에 관여한다.

    ㉤ 구조 : 단일 가닥 구조이다.

3 신소재

01 | 초전도체

(1) 초전도체

① 초전도 현상 : 특정한 온도 이하에서 물질의 저항이 0이 되는 현상이다.

② 임계 온도 : 초전도 현상이 일어나는 온도이다.

③ 임계 온도 이하에서는 전기 저항이 0이므로 전기 저항에 의한 열이 발생하지 않아 전력 손실이 없고 센 전류에 의한 강한 자기장을 만들 수 있다.

(2) 초전도체의 활용

④ 마이스너 효과 : 초전도체가 외부 자기장을 밀어내는 효과이다.

⑤ 활용 : 핵 융합장치, 초전도 전력 케이블, 자기 부상 열차, 자기 공명 영상 장치(MRI) 등이 있다.

02 | 나노 기술의 이용한 신소재

(1) 그래핀

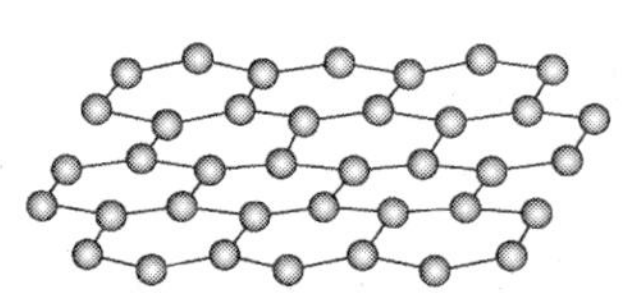

① 탄소 원자가 육각형 형태로 배열되어 평면적인 구조를 이룬 물질을 뜻한다.

② 전기 전도성이 좋고 열을 잘 전달한다.

③ 빛을 통과시킬 수 있을 정도로 두께가 매우 얇아 투명하고 유연성이 있다.

④ 활용 : 야간 투시용 콘택트렌즈, 휘어지는 디스플
레이 등이 있다.

(2) 플러렌

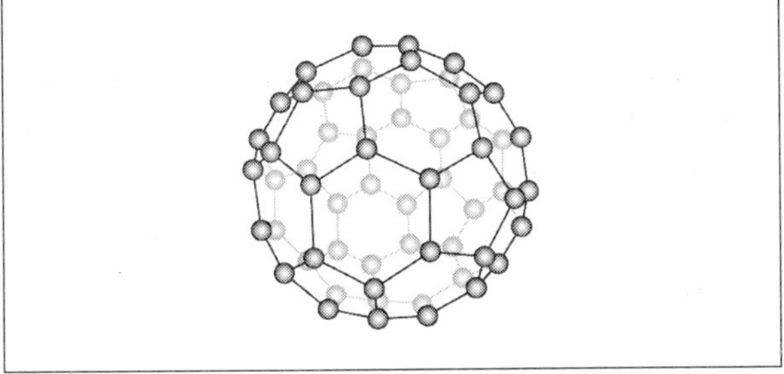

① 탄소 원자가 육각형, 오각형으로 결합하여 공 모
양을 이룬 구조이다.

② 활용 : 내부에 빈 공간이 존재하기 때문에 금속
원자나 의약품을 넣어 운반할 수 있다.

CHAPTER 03

역학적 시스템

시험 출제경향

자유 낙하 운동과 수평 방향으로 던진 물체의 운동과 관련된 문제가 빈출되었습니다. 자유 낙하하는 물체의 구간별 속도나 힘 등을 묻는 문항은 중력의 영향을 받은 물체의 특징을 아는지 그 여부를 평가할 수 있습니다.

비슷한 빈도로 **운동량과 충격량과 관련된 문제도 자주 출제되었습니다.** 물체의 무게와 속력을 알려준 뒤 물체가 받은 충격량을 계산하는 등의 문제는 운동량과 충격량의 관계를 파악하는 능력 등을 평가할 수 있습니다.

1. 만성 개념 파악하기

자유 낙하 운동과 물체의 수평 방향 이동은 기본적으로 중력의 힘을 받습니다. 따라서 중력이 어느 방향으로 작용하는지와 같은 내용은 파악해둘 필요가 있습니다. 마찬가지로 운동량과 충격량을 이해하기 위해선 관성의 개념을 알아두는 것이 중요합니다.

2. 빈출 개념 파악하기

자유 낙하 운동에서 어떤 방향으로 물체가 운동하고 그 물체의 속력이 얼마나 증가하는지는 알아둬야 합니다. 이는 수평 방향으로 던져 운동하는 물체도 해당합니다. 그리고 충격량을 구하는 문항도 꽤 자주 나오니 아래의 내용을 알아두는 것이 좋습니다.

충격량 = 운동 변화량 = 나중 운동량 − 처음 운동량 = (질량 × 나중 속도) = (질량 × 처음 속도) = 힘 × 힘을 가한 시간

---

1 중력에 의한 운동

01 │ 자유 낙하 운동

(1) 자유 낙하 운동

① 물체가 공기 저항 없이 중력만을 받으면서 낙하하는 운동이다.

② 운동 방향 : 연직 방향(지구 중심 방향)이다.

③ 속력 변화 : 질량에 상관없이 1초마다 9.8m/s씩 증가한다.

④ 중력 가속도

　㉠ 중력에 의해 운동하는 물체의 단위 시간당 속력의 변화량을 말한다.

　㉡ 중력 가속도는 $9.8m/s^2$이다.

　　→ 질량에 관계없이 1초마다 9.8m/s씩 증가

(2) 자유 낙하하는 물체의 질량과 속력 관계

① 자유 낙하하는 물체의 1초마다 속력 변화량은 질량에 관계없이 약 9.8m/s로 같다.

② 공기 저항을 무시할 때, 같은 높이에서 동시에 자유 낙하시킨 물체는 질량에 관계없이 같은 시기에 지면에 도달한다.

02 │ 수평 방향으로 던진 물체의 운동

(1) 수평 방향으로 던진 물체의 운동

① 힘

방향	힘
수평 방향	없음
연직 방향	중력

② 속력

방향	속력
수평 방향	변화 없음
연직 방향	일정하게 증가

③ 운동

방향	운동
수평 방향	등속 직선 운동
연직 방향	자유 낙하 운동

(2) 수평 방향으로 던진 물체가 속력이 다른 경우 운동

① 연직 방향 : 수평 방향으로 던진 속력이 달라도 물체가 운동하는 동안 중력만 작용하기 때문에 지면에 도달할 때까지 걸린 시간은 자유 낙하하는 경우와 동일하다.

→ 공기 저항을 무시할 때, 동일한 높이에서 똑같이 자유 낙하시킨 모든 물체는 질량에 관계없이 동시에 지면에 도달한다.

② 수평 방향 : 수평 방향으로 던진 속력이 빠를수록 지면에 도달할 때까지의 시간 동안 수평 방향으로 이동한 거리가 크다.

2 물체의 운동과 안전

01 | 관성

(1) 관성

① 물체가 처음 운동 상태를 유지하려는 성질을 뜻한다.
　㉠ 정지한 물체 : 계속 정지한다.
　㉡ 운동하는 물체 : 빠르기와 방향을 유지하는 운동을 한다.

② 물체의 질량이 크면 클수록 관성이 크다.

(2) 관성에 의한 현상

① 버스가 급출발하면 승객은 뒤로 넘어진다.

② 버스가 급정거하면 서 있는 승객은 앞으로 쏠린다.

02 | 운동량과 충격량

(1) 운동량

① 운동하고 있는 물체의 운동 정도를 나타내는 물리량을 뜻한다.

② 방향 : 속도 방향과 동일하다.

③ 크기 : 질량(m) × 속도(v) = 운동량(p)

④ 단위 : $kg \cdot m/s$

(2) 충격량

① 물체가 받은 충격의 정도를 나타내는 양을 뜻한다.

② 방향 : 힘의 방향과 동일하다.

③ 크기 : 힘(F) × 시간(Δt) = 충격량(I)

④ 단위 : $N \cdot s$

(3) 운동량과 충격량의 관계

① 충격량은 운동량의 변화량과 동일하다.

> 충격량 = 운동량 변화량 = 나중 운동량 − 처음 운동량 = (질량 × 나중 속도) − (질량 × 처음 속도) = 힘 × 힘을 가한 시간

② 힘을 가한 시간이 길어지면 충격량이 커지고 운동량의 변화량 역시 커진다.

③ 충격량이 같은 경우에는 힘을 받는 시간이 길어질수록 물체에 작용하는 힘의 크기가 줄어들게 된다.

CHAPTER 04 지구 시스템

시험 출제경향

해당 파트에서는 **지권의 변화에 따른 판의 경계에 관련된 문항이 자주 나왔습니다.** 대체로 판의 충돌로 만들어진 지형이라거나 판이 벌어지면서 생기는 지형을 묻는 유형의 문항이었습니다. 이러한 유형의 문항으로는 기본적인 판 구조론의 개념과 그에 따라 발생하는 지각 변동의 종류, 지형 등을 알고 있는지 평가할 수 있습니다.

다음으로 빈출된 유형은 **지구 시스템을 이루는 기권, 수권, 지권의 상호작용과 관련된 문항이었습니다.** 대부분 기권, 수권, 지권이 상호작용한 사례를 보기로 제시하고 어느 권이 상호작용했는지를 묻는 문제들이었습니다. 이러한 문항으로는 각 권의 특징은 물론, 서로 영향을 주고받아 지구 시스템을 이루고 있다는 점을 파악하고 있는지를 평가할 수 있습니다.

1. 지구 시스템의 구성 요소들 특징 파악하기

파트의 제목이 지구 시스템인 만큼 그것을 구성하는 기권, 수권, 지권, 생물권, 그리고 외권의 특징에 대해서 알고 있어야 합니다.(여기서 생물권과 외권은 다른 권들에 비해서는 비중이 조금 낮은 편입니다.) 하나의 권에서도 세부적인 영역이 나뉘므로 그 부분 역시 유념해서 익혀야 합니다. 예를 들어 기권의 경우 대류권, 성층권, 중간권, 열권으로 영역이 구분되어 있습니다. 이는 수권과 지권 역시 마찬가지입니다.

2. 응용 개념 이해하기

지권의 변화에 따른 판의 경계 종류 같은 내용을 학습할 때엔 지권을 구성하는 요소들과 그 특징을 먼저 알고 있으면 더욱 효율적입니다. 이는 지구 시스템의 상호작용을 공부할 때도 마찬가지입니다.

---

1 지구 시스템의 구성 요소

01 │ 기권

(1) 기권

① 지표면 ~ 높이 1000km까지 지구를 둘러싼 대기층을 뜻한다.

② 대기의 구성은 질소가 가장 많고 산소가 두 번째로 많다.

③ 높이에 따라 변하는 기온을 기준으로 4개의 층으로 구분된다.

(2) 기권의 층상 구조

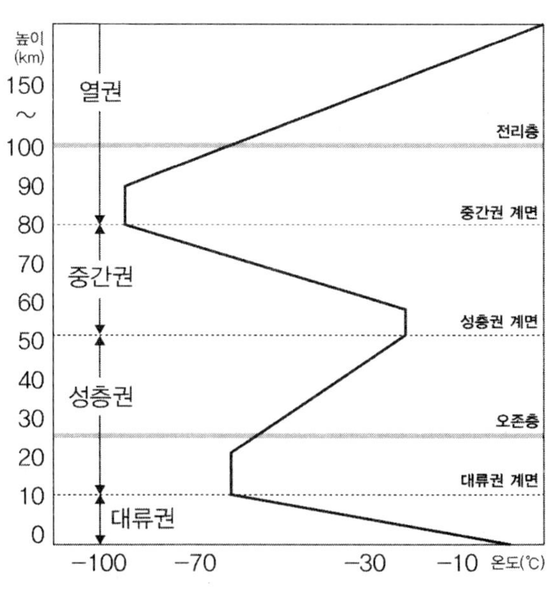

① 대류권

기온	대류 현상	특징
낮아짐	있음	• 수증기 존재한다. • 기상현상이 나타난다.

② 성층권

기온	대류 현상	특징
올라감	없음	오존층의 존재로 인해 자외선을 흡수한다.

③ 중간권

기온	대류 현상	특징
낮아짐	있음	• 기상 현상이 없다. • 유성이 나타난다.

④ 열권

기온	대류 현상	특징
올라감	없음	• 오로라가 나타난다. • 공기가 희박하다. • 일교차가 크다.

02 │ 지권

(1) 지권

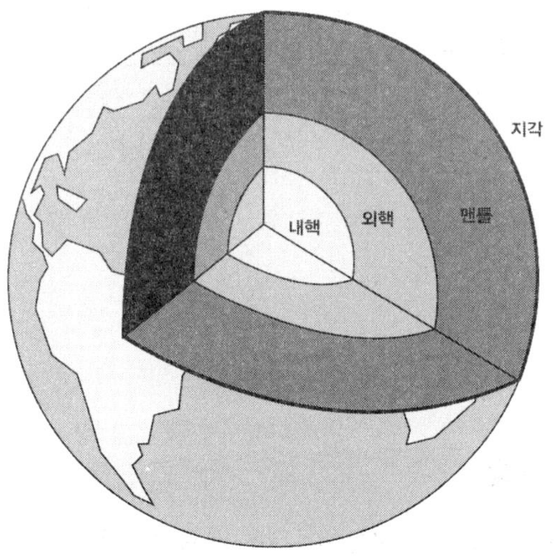

① 지각과 지구의 내부를 포함한다.

② 지구 전체에는 철과 산소가 가장 많고 지각에는 산고와 규소가 가장 많다.

③ 지진파의 속도 변화를 기준으로 하여 지각, 맨틀, 외핵, 내핵으로 나뉜다.

(2) 지권의 층상 구조

① 지각

물질 상태	특징
고체	• 지권의 전체 부피 중 80%를 차지한다. • 유동성이 있어 맨틀의 대류가 일어나는 곳이 존재한다.

② 맨틀

물질 상태	특징
고체	• 가장 바깥 부분으로 대륙 지각과 해양 지각으로 구분된다. • 규산염 물질로 구성되어 있다.

③ 외핵

물질 상태	특징
액체	• 니켈과 철로 이루어져 있다. • 액체 상태로 추정중이다.

④ 내핵

물질 상태	특징
고체	• 니켈과 철로 이루어져 있다. • 압력과 온도가 매우 높고 밀도가 가장 크다.

03 | 수권

(1) 수권

① 지구에 분포하고 있는 물을 뜻한다.

② 해수 > 빙하 > 지하수 > 강과 호수 순서로 비중을 차지한다.

③ 해수는 깊이에 따른 수온 분포를 기준으로 구분된다.

(2) 수권의 층상 구조

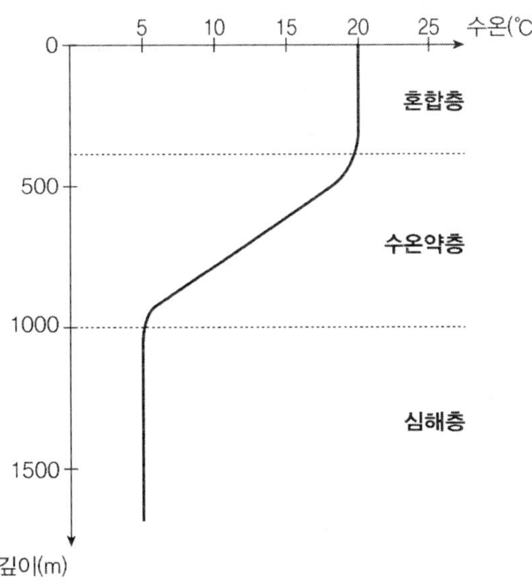

① 혼합층

　㉠ 태양 복사 에너지를 흡수하기 때문에 수온이 높다.

　㉡ 바람의 혼합 작용으로 인해 깊이와 관계없이 수온이 거의 일정하다.

　㉢ 바람이 강하게 불수록 두꺼워진다.

② 수온약층

　㉠ 수심이 급격하게 낮아진다.

　㉡ 해수의 대류가 거의 일어나지 않아 안정적이다.

　㉢ 혼합층과 심해층 사이의 에너지와 물질의 교환을 차단한다.

③ 심해층 : 태양 에너지가 도달하지 않기 때문에 수온이 낮고 깊이, 계절, 위도에 따른 수온 변화가 거의 나타나지 않는다.

2　지구 시스템 상호 작용 및 에너지원

01 | 지구 시스템의 물질 순환과 에너지 흐름

(1) 물의 순환

① 주요 에너지원 : 태양 에너지

② 물의 양 변화 : 물의 양은 일정하다.

③ 에너지 출입 : 물의 순환 과정에서 에너지 출입이 일어나고 에너지를 지구 전체에 분산시킨다.

　예 바다, 강물이 수증기가 된다(수권 – 기권).

(2) 탄소 순환

① 탄소 양 변화 : 탄소의 양은 일정하다.

② 탄소의 주요 존재 형태

지구 시스템 구성 요소	탄소의 존재 형태
기권	이산화 탄소, 메테인
생물권	유기물(탄소 화합물)
지권	화석 연료, 석회암
수권	탄산 이온

　예 화석 연료의 연소를 통해 대기 중 이산화탄소가 증가하게 된다(지권 – 기권).

02 | 지구 시스템 상호 작용

(1) 상호 작용

① 지구 시스템을 구성하는 각 권은 상호 작용을 한다.

② 상호 작용 과정에서 물질의 순환과 에너지 흐름이 발생한다.

(2) 지구 시스템 상호 작용의 예시

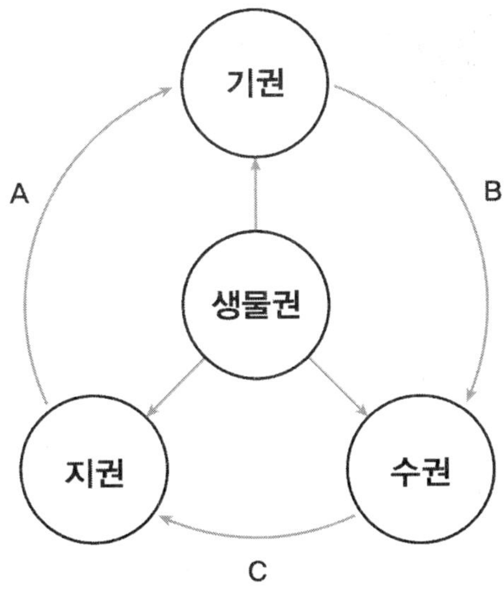

① 지권

　㉠ 지권 – 지권 : 맨틀 대류에 의한 대륙의 이동이 일어난다.

　㉡ 지권 – 기권 : 화산 폭발로 기온이 하강한다.

　㉢ 지권 – 수권 : 지진 해일이 발생한다.

　㉣ 지권 – 생물권 : 생물에게 서식지를 제공하고 물질을 공급한다.

② 기권

　㉠ 기권 – 지권 : 바람의 풍화 작용으로 황사가 형성된다.

　㉡ 기권 – 기권 : 찬 공기와 더운 공기의 만남으로 전선이 형성된다.

　㉢ 기권 – 수권 : 무역풍 약화로 인한 엘니뇨가 발생한다.

　㉣ 기권 – 생물권 : 광합성과 호흡에 필수적인 기체를 제공한다.

③ 수권

　㉠ 수권 – 지권 : 지하수로 석회 동굴이 형성된다.

　㉡ 수권 – 기권 : 수온 상승으로 태풍이 발생한다.

　㉢ 수권 – 수권 : 해수가 혼합된다.

　㉣ 수권 – 생물권 : 서식지를 제공하고 물질을 공급한다.

④ 생물권

　㉠ 생물권 – 지권 : 화석 연료를 생성한다.

　㉡ 생물권 – 기권 : 광합성과 호흡으로 인해 기체 조성에 변화가 생긴다.

　㉢ 생물권 – 수권 : 생물 활동으로 인해 물 성분이 변한다.

　㉣ 생물권 – 생물권 : 먹이 사슬이 형성된다.

3 지권의 변화

01 | 판 구조론

(1) 판 구조론

① 판구조론은 판의 상대적 운동으로 인해 판의 경계에서 화산 활동, 지진과 같은 여러 지각 변동이 일어난다는 이론이다.

② 지구 표면은 10여 개의 판으로 이루어져 있다.

(2) 판

① 암석권 : 지각과 상부 맨틀로 이루어진 단단한 부분으로 암석권의 조각을 판이라고 한다.

② 암석권 아래 연약권에서 일어나는 맨틀의 대류로 인해 판이 이동한다.

③ 해양 지각을 포함한 판은 해양판, 대륙 지각을 포함한 판은 대륙판이라고 한다.

02 | 판의 경계

(1) 발산형 경계

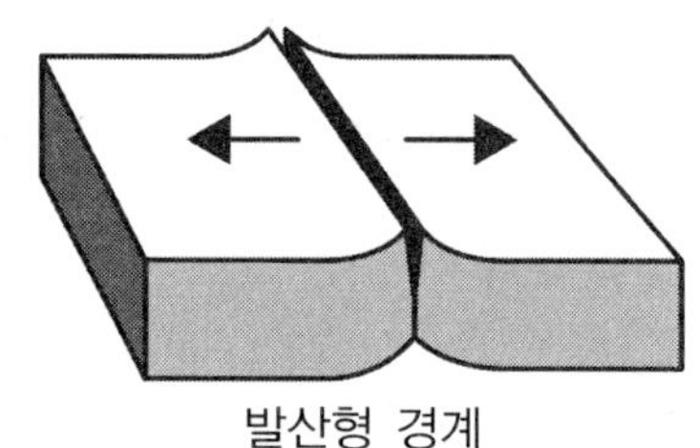

발산형 경계

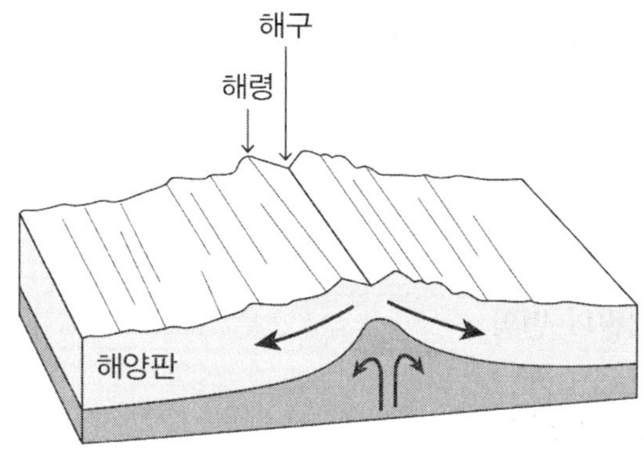

① 맨틀 운동 : 맨틀이 상승한다.

② 판 : 판과 판이 멀어지고 판이 생성된다.

③ 지각 변동 : 지진과 화산폭발이 일어난다.

④ 지형

　㉠ 해령 : 해저에서 발달한 해저 산맥이다.

　㉡ 열곡 : 해령의 꼭대기 부분에서 V자 모양으로 갈라진 골짜기이다.

(2) 수렴형 경계

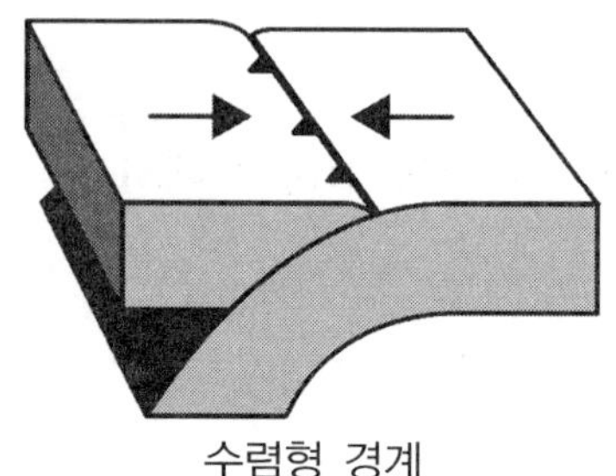

수렴형 경계

① 맨틀 운동 : 맨틀이 하강한다.

② 판 : 판과 판이 가까워지고 판이 소멸한다.

③ 지각 변동

　㉠ 섭입형 경계 : 지진과 화산폭발이 일어난다.

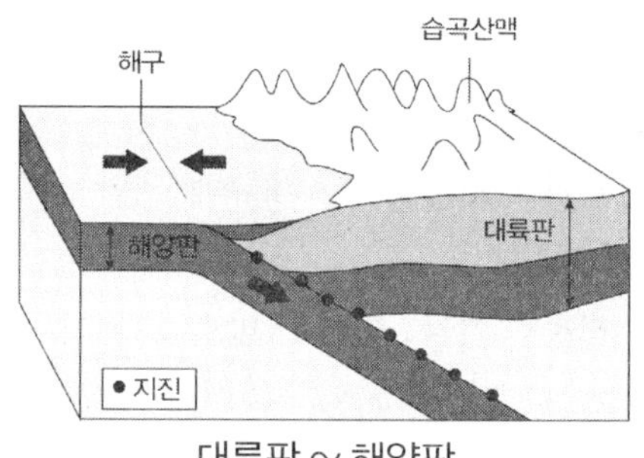

대륙판 ∼ 해양판

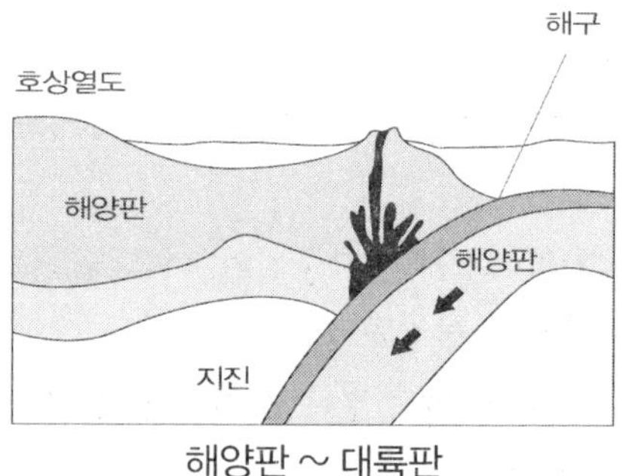

해양판 ∼ 대륙판

ⓛ **충돌형 경계** : 지진이 일어난다.

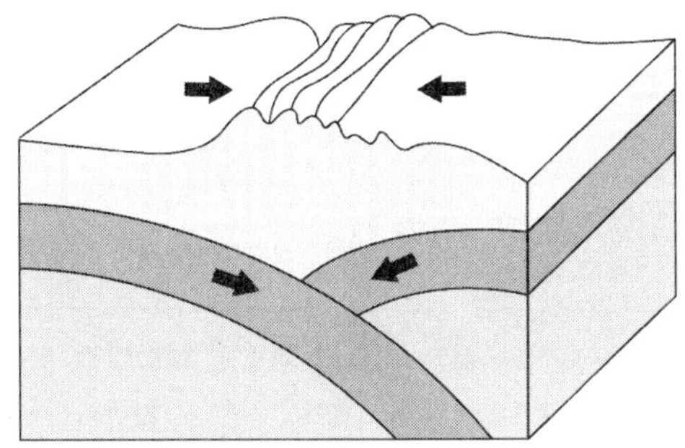

④ **지형**

ㄱ **섭입형 경계**

- **해구** : 깊은 해저 골짜기
- **습곡 산맥** : 지층이 휘어지며 올라온 산맥이다.
- **호상 열도** : 해구와 나란히 활 모양으로 배열된 화산섬이다.

ㄴ **충돌형 경계**

- **습곡 산맥**

(3) 보존형 경계

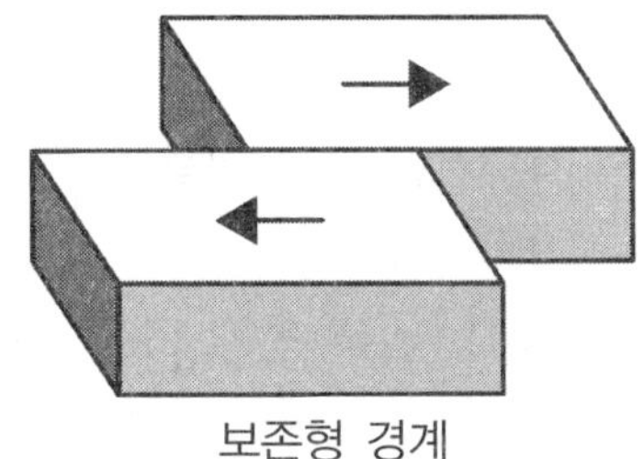

보존형 경계

① **판**

ㄱ 판과 판이 어긋난다.

ㄴ 판의 생성과 소멸이 존재하지 않는다.

② **지각 변동** : 지진이 일어난다.

③ **지형** : 변환 단층(해령과 해령 사이에서 판이 어긋나게 되면서 지층이 끊긴 지형)이다.

CHAPTER 05

생명 시스템

시험 출제경향

가장 자주 등장한 유형은 동물 세포 혹은 식물 세포의 각 기관에 알파벳을 붙이고 특정 기관의 역할을 텍스트로 제시한 뒤 세포의 어느 기관을 설명하는 것인지 고르는 문항이었습니다. 이는 세포의 구조와 세포의 각 기관이 가진 특징과 맡은 역할을 파악해야 풀 수 있는 유형입니다.

세포 구조 파악 문제 못지않게 DNA가 RNA에 유전 정보를 전달하는 전사와 관련된 문항이 빈번하게 출제되었습니다. 전사 과정의 DNA와 RNA의 염기를 유추하는 문항은 유전 정보의 전달 원리와 함께 각각 DNA와 RNA의 어떤 염기가 상보적 관계인지 아느냐를 평가할 수 있습니다.

1. 핵심 개념 구분하기

DNA와 RNA에 관해서는 이전 파트인 자연의 구성 물질 파트에서도 등장했었습니다. 중복해서 나온다는 건 시험에 자주 출제될 정도로 비중이 크다는 것을 의미합니다. 따라서 이 두 개념은 확실히 익혀두는 것이 좋습니다.

2. 기출문제를 이용해 효율적으로 암기하기

이 파트는 특히 암기해야 할 것이 많고 암기가 중요합니다. 이는 곧 제대로 외워두기만 한다면 어렵지 않게 맞힐 수 있다는 것을 의미합니다. 그러나 단순히 텍스트를 읽으며 암기하는 건 쉽지 않으므로 기출문제를 함께 살펴보고 직접 문제의 패턴을 파악하며 외우는 편이 더욱 효과적입니다. 특히 세포의 기관과 세포막의 물질 이동을 암기할 때 도움이 됩니다.

---

1 생명 시스템

01 | 생명 시스템

(1) 생물의 구성 단계

세포 → 조직 → 기관 → 개체

① 세포 : 생명 시스템을 구성하는 기능적 · 구조적 단위를 뜻한다.

② 조직 : 모양과 기능이 유사한 세포의 모임이다.

③ 기관 : 여러 조직이 모여 고유의 형태와 기능을 나타낸다.

④ 개체 : 기관이 모여 이루어진 독립된 생명체를 뜻한다.

(2) 세포의 구조

① 공통

㉠ 핵 : 핵막으로 둘러싸여 있고 유전 정보를 저장하는 DNA가 있다.

㉡ 리보솜 : 유전 정보에 따라서 단백질이 합성되는 장소다.

㉢ 소포체 : 리보솜에서 합성된 단백질을 세포의 다른 부위로 운반한다.

㉣ 골지체 : 소포체에서 운반된 물질을 세포 내 다른 부위로 운반 혹은 세포 밖으로 분비한다.

㉤ 세포막
• 세포 모양을 유지하고 세포 안팎의 물질 출입을 조절하고 관여한다.
• 선택적 투과성이 있다.

ⓑ 미토콘드리아 : 세포 호흡이 일어나는 장소로, 물과 이산화탄소를 이용해 포도당을 만들어낸다.

ⓢ 액포 : 생명 활동 결과로 생긴 노폐물이나 물, 색소 등을 저장하는 장소이다.

② 식물 세포

ⓐ 엽록체 : 광합성이 일어나는 장소로, 물과 이산화탄소를 이용해 포도당을 만들어낸다.

ⓑ 세포벽 : 세포 형태를 유지하고 세포를 보호한다.

02 | 세포막을 통한 물질의 이동

(1) 세포막의 구조

① 구조

ⓐ 인지질과 막단백질로 구성된다.

ⓑ 인지질 : 머리는 친수성이고 꼬리는 소수성이다.

• 친수성 머리 부분이 물과 접하고 있는 바깥쪽을 향한다.

• 소수성 꼬리 부분이 서로 마주보고 배열되어 2중층을 이룬다.

ⓒ 단백질 : 인지질은 유동성이 있어 그 움직임에 따라 단백질의 위치가 바뀐다.

② 기능 : 선택적 투과성이 있기 때문에 물질의 출입을 조절한다.

③ 물질 이동 : 확산과 삼투가 있다.

(2) 확산

① 확산이란 입자가 스스로 운동하여 농도가 높은 곳에서 낮은 곳으로 퍼져나가는 현상을 뜻한다.

② 인지질 2중층을 통한 확산과 막단백질을 통한 확산으로 나뉜다.

ⓐ 인지질 2중층을 통한 확산

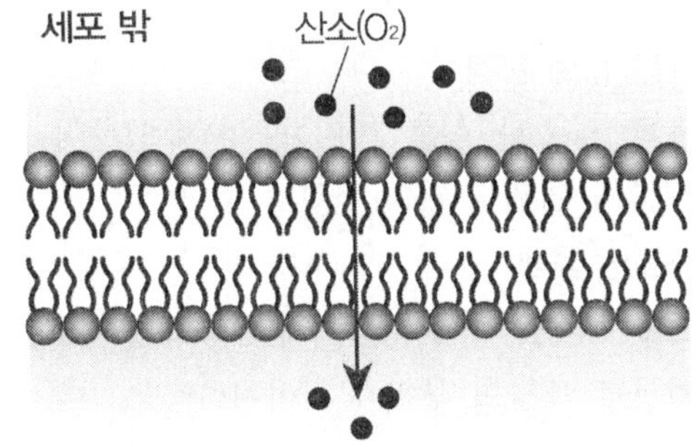

• 산소, 이산화탄소와 같이 크기가 작은 기체 분자가 이동한다.

• 지용성 물질도 이동한다.

例 폐포와 모세 혈관 사이의 기체 교환이 일어난다.

ⓑ 막단백질을 통한 확산

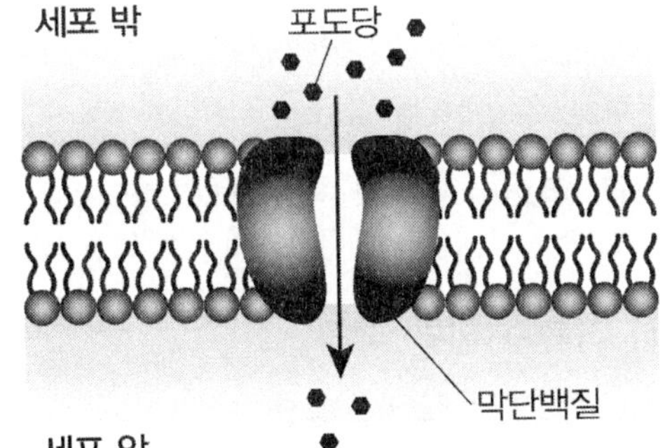

• 포도당, 아미노산과 같이 크기가 큰 수용성 물질이 이동한다.

• 전하를 띤 이온이 이동한다.

例 혈액 속의 포도당이 조직 세포로 확산된다.

(3) 삼투

① 세포막을 경계로 농도가 낮은 용액에서 높은 용액으로 이동하는 현상을 뜻한다.

② 동물 세포와 식물 세포에서의 삼투

ⓐ 저농도 용액

• 동물 세포 : 세포 안으로 물이 들어와 세포의 부피가 커지고 부피가 커지면서 터지기도 한다.

- 식물 세포 : 세포 안으로 물이 들어와 세포의 부피가 커지고 부피가 커지다가 일정해진다.

ⓛ 같은 농도 용액

- 동물 세포와 식물 세포 : 물의 유입량이 같기 때문에 세포 크기의 변화가 없다.

ⓒ 고농도 용액

- 동물 세포와 식물 세포 : 세포에서 물이 빠져나가므로 세포의 부피가 작아진다.

2 물질대사와 효소

01 | 물질대사

(1) 물질대사

① 생명체 내에서 발생하는 화학반응을 뜻한다.

② 효소(생체 촉매)가 필요하다.

③ 에너지의 출입이 있기 때문에 에너지 대사라고 한다.

(2) 동화 작용과 이화 작용

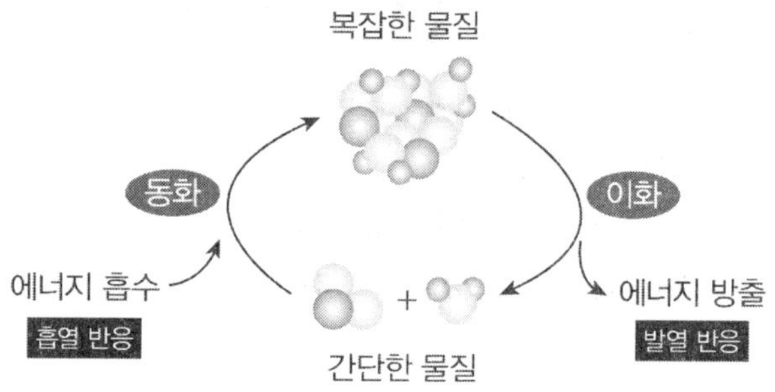

① 동화 작용 : 저분자 물질 → 고분자 물질

② 이화 작용 : 고분자 물질 → 저분자 물질

02 | 효소

(1) 효소(생체 촉매)

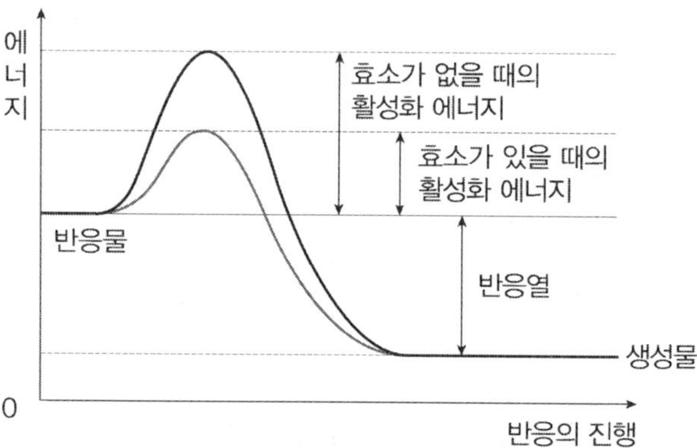

① 효소의 주성분은 단백질이며 온도와 pH에 따라서 성질이 변할 수 있다.

② 활성화 에너지를 감소시켜 반응 속도가 증가한다.

③ 반응열의 크기는 안 변한다.

(2) 효소의 작용 원리

① 효소는 반응 전후에 소모되거나 변하지 않기 때문에 재사용된다.

② 기질 특이성 : 입체 구조에 맞는 반응물(기질)과 결합함으로써 활성화 에너지를 낮춘다.

3 유전 정보의 흐름

01 | DNA와 유전자

(1) DNA

① 세포 핵 속의 DNA는 단백질이 결합되어 있는 상태로 존재한다.

② 세포 분열이 될 때 실 형태로 결합되어 있는 DNA와 단백질이 응축되어 염색체가 되고 자손에게 유전 물질이 전달된다.

(2) 유전자

① DNA의 특정 부위에 유전자가 있다.

② 각 유전자에는 특정 단백질에 대한 정보가 저장되어 있다.

02 | 유전 정보의 흐름

(1) 유전 정보 전달과 발현

① 생명 중심 원리 : 세포 내에서 이뤄지는 유전 정보의 흐름을 설명하는 것이다.

② DNA의 유전 정보를 RNA에 전달하고 RNA를 이용해 단백질이 합성된다.

 ㉠ 전사
  • DNA에 있는 유전 정보를 RNA로 전달하는 과정이다.
  • DNA의 이중 나선의 한쪽 가닥을 바탕으로 상보적인 서열을 갖는 RNA가 합성된다.

DNA → RNA	
A(아데닌)	U(유라실)
T(티민)	A(아데닌)
G(구아닌)	C(사이토신)
C(사이토신)	G(구아닌)

 ㉡ 번역(세포질)
  • RNA의 유전 정보에 따라서 RNA 코돈이 지정한 아미노산이 리보솜으로 운반되어 단백질이 합성되는 과정이다.
  • 코돈 : RNA에서 하나의 아미노산을 지정하는 연속된 3개의 염기이다.

(2) 유전 암호 체계의 공통성

① 대부분 생물은 동일한 유전 암호 체계를 사용한다.

② 이는 모든 생명체가 공통 조상으로부터 진화했기 때문이라고 볼 수 있다.

화학 변화

 **시험** 출제경향

이 파트에서 **빈출된 문항은 단연 물질의 산화와 환원 반응 관련이었습니다.** 특정 물질들이 반응하는 화학식을 제시한 다음 산화되는 물질은 어떤 것인지 묻는 등의 유형은 기본적으로 산화와 환원이 무엇이고 어떤 원리로 이루어지는지 알고 있느냐를 평가할 수 있습니다.

또 **빈번한 출제유형은 중화 반응과 관련된 문항입니다.** 어떠한 물질들의 수용액을 중화 반응시키는 상황을 모형으로 제시하고 수용액에 포함되어 있는 이온이나 물질이 무엇인지 묻는 문제가 더러 있었습니다. 이러한 유형의 문제는 산과 염기의 특징과 차이점을 파악하고 그 물질들이 반응하며 어떤 변화가 일어나는지를 알고 있느냐를 평가하는 문항입니다.

1. 기본 개념 토대를 확실히 하기

화학 반응과 관련된 문제를 풀기 위해서는 원리를 알고 있는 것이 매우 중요합니다. 산화 반응과 환원 반응이 무엇인지, 그 반응이 산소 이동에 따른 것인지 전자의 이동에 따른 것인지, 두 반응은 동시에 일어난다는 점까지 제대로 알고 있어야 합니다. 이는 산의 수소 이온과 염기의 수산화 이온이 반응하는 중화 반응도 마찬가지입니다.

2. 이해를 돕는 예시 적극적으로 활용하기

화학 반응을 효과적으로 학습하기 위해서는 개념을 그대로 외우는 것보다 알고는 있되 응용하는 것이 중요합니다. 그러기 위해선 물질의 화학식이 적힌 예시 혹은 실제 문제를 접하며 직접적으로 익히는 게 좋습니다.

1 산화 환원 반응

01 | 산소 이동에 따른 산화 환원 반응

(1) 산소 환원 반응

① 산화 : 산소를 얻는 반응이다.

② 환원 : 산소를 잃는 반응이다.

③ 산화 환원 반응의 동시성 : 어떠한 물질이 산소를 잃게 되면 다른 물질이 그 산소를 얻으므로 산화와 환원은 동시에 일어난다.

(2) 산화 구리와 탄소의 반응

$$2CuO + C \longrightarrow 2Cu + CO_2$$

① 산화 : 탄소가 산소를 얻어 이산화 탄소가 되었다.

② 환원 : 검은색 산화 구리가 산소를 얻고 붉은색 구리가 되었다.

02 | 전자의 이동에 따른 산화 환원 반응

(1) 산화 환원 반응

① 산화 : 전자를 잃는 반응이다.

② 환원 : 전자를 얻는 반응이다.

③ 산화 환원 반응의 동시성 : 어떠한 물질이 전자를 잃으면 다른 물질이 그 전자를 얻으므로 산화와 환원은 동시에 일어난다.

(2) 황산구리와 아연의 반응

$$Zn + Cu^{2+} \rightarrow Zn^{2+} + Cu$$

① 산화 : 아연(Zn)은 전자를 잃어 아연 이온(Zn^2)이 되었다.
→ 원자는 전자를 잃게 되면 양이온이 된다. 따라서 아연은 전자를 잃었기 때문에 아연 이온이 된 것이다.

② 환원 : 구리 이온(Cu^{2+})은 전자를 얻어 구리 금속(Cu)이 되었다.
→ 양이온은 전자를 얻게 되면 중성 원자가 될 수 있다. 따라서 구리 이온은 전자를 얻었기 때문에 구리 금속이 된 것이다.

2 **다양한 산화 환원 반응**

(1) 광합성

$$6CO_2 + 6H_2O - (빛에너지) \rightarrow C_6H_{12}O_6 + 6O_2$$

① 산화 : 물($6H_2O$)이 빛에너지를 만나면서 산소($6O_2$)로 산화된다.

② 환원 : 이산화 탄소($6CO_2$)였던 것이 빛에너지를 만나면서 포도당($C_6H_{12}O_6$)으로 환원된다.

(2) 세포 호흡

$$C_6H_{12}O_6 + 6O_2 \rightarrow 6CO_2 + 6H_2O + 에너지$$

① 산화 : 포도당($C_6H_{12}O_6$)이 이산화 탄소($6CO_2$)로 산화된다.

② 환원 : 산소($6O_2$)가 물($6H_2O$)로 환원된다.

(3) 메테인의 연소반응

$$CH4 + 2O2 \rightarrow CO2 + 2H2O$$

① 산화 : 메테인(CH_4)이 이산화 탄소(CO_2)로 산화된다.

② 환원 : 산소($2O_2$)가 물($2H_2O$)로 환원된다.

(4) 철의 제련

① 코크스($2C$)가 산소(O_2)를 얻으면서 일산화탄소($2CO$)로 산화되는 현상이 나타난다.

$$2C + O_2 \rightarrow 2CO$$

② 산화 철(Ⅲ) Fe_2O_3가 일산화 탄소($3CO$)를 만나 산소를 잃고 철($2Fe$)이 된다. 일산화 탄소는 산소를 얻으면서 이산화 탄소($3CO_2$)가 된다.

$$Fe_2O_3 + 3CO \rightarrow 2Fe + 3CO_2$$

(5) 철의 부식

$$4Fe + 3O_2 \rightarrow 2Fe_2O_3$$

① 산화 철(Ⅲ) $2Fe_3O_3$는 붉은 녹의 주요한 성분 중에 하나이다.

② 철($4Fe$)는 산소($3O_2$)를 만나면서 산화 철(Ⅲ)이 된다.

01 | 산

(1) 산

① 산이란 물에 녹아 수소 이온(H^+)을 내놓는 물질을 뜻한다.

② 산의 이온화 : 산 → H^+(공통성) + 음이온(특이성)

    ㉠ 염산 : $HCl \rightarrow H^+ + Cl^-$

    ㉡ 질산 : $HNO_3 \rightarrow H^+ + NO_3^-$

    ㉢ 황산 : $H_2SO_4 \rightarrow 2H^+ + SO_4^{2-}$

    ㉣ 탄산 : $H_2CO_3 \rightarrow 2H^+ + CO_3^{2-}$

    ㉤ 아세트산 : $CH_3COOH \rightarrow H^+ + CH_3COO^-$

③ 산의 종류에 따라 성질이 다른 이유는 음이온이 다르기 때문이다.

(2) 산성

① 산의 공통적인 성질을 뜻한다.

② 수소 이온 때문에 나타난다.

③ 금속과 반응하여 수소 기체를 발생시킨다.

④ 탄산 칼슘과 반응하여 이산화 탄소를 발생시킨다.

⑤ 산성의 지시약 색의 변화

    ㉠ 리트머스 종이 : 푸른색이 붉은색이 된다.

    ㉡ BTB 용액 : 노란색이 된다.

    ㉢ 페놀프탈레인 용액 : 무색이다.

    ㉣ 메틸오렌지 용액 : 붉은색이 된다.

02 | 염기

(1) 염기

① 물에 녹아 수산화 이온(OH^-)을 내놓는 물질을 뜻한다.

② 염기의 이온화 : 염기 → 양이온(특이성) + OH^-(공통성)

    ㉠ 수산화 나트륨 : $NaOH \rightarrow Na^+ + OH^-$

    ㉡ 수산화 칼륨 : $KOH \rightarrow K^+ + OH^-$

    ㉢ 수산화 칼슘 : $Ca(OH)_2 \rightarrow Ca^{2+} + 2OH^-$

    ㉣ 수산화 암모늄 : $NH_2OH \rightarrow NH_4^+ + OH^-$

③ 염기의 종류에 따라 성질이 다른 이유는 양이온이 다르기 때문이다.

(2) 염기성

① 염기성이란 염기의 공통적인 성질을 뜻한다.

② 수산화 이온 때문에 나타나며 단백질을 녹이는 성질이 있어 만지면 미끈거린다.

③ 염기성의 지시약 색의 변화

    ㉠ 리트머스 종이 : 붉은색을 푸른색으로 바꾼다.

    ㉡ BTB 용액 : 파란색이 된다.

    ㉢ 페놀프탈레인 용액 : 붉은색이 된다.

    ㉣ 메틸오렌지 용액 : 노란색이 된다.

03 | 중성

① 산성과 염기성 중 어느 쪽도 아닌 중간적인 성질을 뜻한다.

② 중성의 지시약 색의 변화

    ㉠ 페놀프탈레인 용액 : 무색이다.

    ㉡ BTB 용액 : 초록색이 된다.

    ㉢ 메틸오렌지 용액 : 노란색이 된다.

04 | 중화 반응

(1) 중화 반응

① 산의 수소 이온(H^+)과 염기의 수산화 이온(OH^-)이 반응하여 중성인 물이 만들어지는 반응을 뜻한다.

② 산의 수소 이온과 수산화 이온은 1 : 1의 개수비로 반응한다.

③ 중화 반응 후 용액의 액성은 혼합 용액 속의 수소 이온과 수산화 이온의 수에 따라 달라진다.

(2) 중화열과 온도 변화

① 중화열은 중화 반응이 일어날 때 발생하는 열을 뜻한다.

② 중화 반응이 완결된 지점을 중화점이라고 하고 온도는 이 중화점에서 가장 높다.

CHAPTER 07 생물 다양성

시험 출제경향

이번 파트에서 **가장 자주 출제된 유형은 각 지질 시대에 따른 환경과 생물에 관련된 문항입니다.** 대체적으로 생물의 화석이나 모양을 사진으로 제시하여 해당 생물이 출현한 지질 시대를 묻는 문제입니다. 이러한 문제는 기본적으로 각 지질 시대의 명칭과 해당 시대의 환경, 생물 등에 관해 알고 있는지를 평가할 수 있습니다.

또한 **생물 대멸종이 일어난 시기를 표시한 표를 제시하고 특정 대멸종 시기에 어떤 생물이 멸종되었는지를 묻는 문항도 더러 출제되었습니다.** 자주 출제된 편은 아니지만 종종 다윈의 진화론인 자연 선택설과 관련된 문제도 나왔습니다. 이러한 문항은 자연 선택이 무엇이고 생물이 어떠한 과정에서 그렇게 진화할 수밖에 없었는지를 이해하였는지를 평가할 수 있습니다.

1. 시대별 대표 특징 기억하기
화학 변화 파트에 비해 이번 파트는 암기의 비중이 조금 더 큰 편입니다. 따라서 큰 특징을 중심으로 외우는 게 유리합니다. 각 지질 시대마다 등장하는 생물 화석은 여러 가지지만, 고생대의 경우 삼엽충, 중생대는 공룡, 신생대는 매머드 등 시험에 자주 출제되는 대표 화석은 꼭 알아두는 것이 좋습니다.

2. 작은 포인트도 확인하기
생물 다양성이나 종 다양성 같은 개념은 어렵지 않고 비중이 없어 보여 그냥 읽고만 넘어가는 경우가 있습니다. 실제로 크게 어려운 부분이 아니긴 하나, 다음 파트에서도 유사한 내용이 등장하므로 가볍게 넘기지 않고 제대로 알아두는 것이 좋습니다.

1 지질 시대

01 │ 지질 시대

(1) 지질 시대

① 약 46억 년 전 지구 탄생 이후부터 현재까지의 기간을 뜻한다.

② 선캄브리아 시대, 고생대, 중생대, 신생대로 구분한다.

③ 지질 시대의 구분 기준은 생물계의 큰 변화(화석의 변화), 대규모의 지각 변동(부정합)에 따른다.

(2) 화석의 종류

① 화석이란 지질 시대에 살았던 생물의 유해나 흔적이 지층에 남아 있는 것을 뜻한다.

② 표준 화석과 시상 화석

ㄱ 표준 화석
  • 지층이 생성된 시대를 알려주는 화석으로 특정 시대에 살았던 생물의 화석이다.
  • 생존기간이 짧고 분포 면적이 넓다.
  • 종류

지질 시대	종류
고생대	삼엽충, 갑주어
중생대	암모나이트, 공룡
신생대	화폐석, 매머드

ㄴ 시상 화석
- 지층의 생성 환경을 알려주는 화석으로 특정 환경에서 살았던 생물의 화석이다.
- 생존 기간이 길고 분포 면적이 좁다.
- 종류

종류	분포
고사리	따뜻하고 습한 육지
산호	따뜻하고 얕은 바다
조개	얕은 바다나 갯벌

02 | 지질 시대의 환경과 생물

(1) 선캄브리아 시대

① 환경

ㄱ 오존층이 형성되지 않았기 때문에 육상에는 생물이 존재할 수 없었다.

ㄴ 지각 변동이 많았고 화석이 드물게 발견되어 수륙 분포와 환경 추정이 어렵다.

② 생물

ㄱ 몸에 단단한 부분이 거의 없고 강한 자외선 때문에 생물은 바다에 살았다.

ㄴ 광합성 세균이 등장하여 바다와 대기의 산소량이 증가했다.

ㄹ 말기에 최초의 다세포 생물이 등장했다.

③ 화석 : 스트로마톨라이트, 에디아카라 동물군

※ 스트로마톨라이트 … 물속에 떠다니는 진흙 혹은 탄산 칼슘이 남세균 군지붕 위에 달라붙어 퇴적층이 쌓이는 것처럼 줄무늬가 만들어지는 퇴적 구조

(2) 고생대

① 환경

ㄱ 대체로 온난했고 말기에는 빙하기가 존재했다.

ㄴ 말기에 초대륙 판게아가 형성되었다.

ㄷ 말기에 일어난 급격한 환경 변화로 인해 생물의 대멸종이 발생했다.

② 생물

ㄱ 초기에 생물의 수가 급격히 증가했다.

ㄴ 오존층이 형성되어 자외선이 차단됨으로써 육상 생물이 등장했다.

③ 화석

ㄱ 초기 : 삼엽충, 완족류 등이 바다에 출현했다.

ㄴ 중기 : 고사리 같은 양치 식물 번성하고 바다에는 척추동물인 갑주어가 번성했다.

ㄷ 말기 : 대형 곤충과 양서류가 번성했다.

(3) 중생대

① 환경

ㄱ 빙하기 없이 전반적으로 온난한 시기였다.

ㄴ 판게아가 분리되면서 지각 변동이 활발해지고 대륙과 해양 분포가 다양화되었다.

② 생물 : 공룡과 같은 파충류가 번성했다.

③ 화석

ㄱ 동물 : 파충류, 암모나이트가 번성했다.

ㄴ 식물 : 겉씨식물이 번성했다.

(4) 신생대

① 환경

ㄱ 전기는 대체로 온난했으나 말기에 빙하기와 간빙기가 반복되었다(빙하기 4번, 간빙기 3번).

ㄴ 오늘날과 비슷한 수륙 분포가 형성된 시기이다.

② 생물 : 포유류가 번성하고 현생 인류의 조상이 출현했다.

③ 화석

　　㉠ 동물 : 화폐석, 매머드가 번성했다.

　　㉡ 식물 : 속씨식물이 번성했다.

03 | 대멸종과 생물 다양성

(1) 생물 대멸종

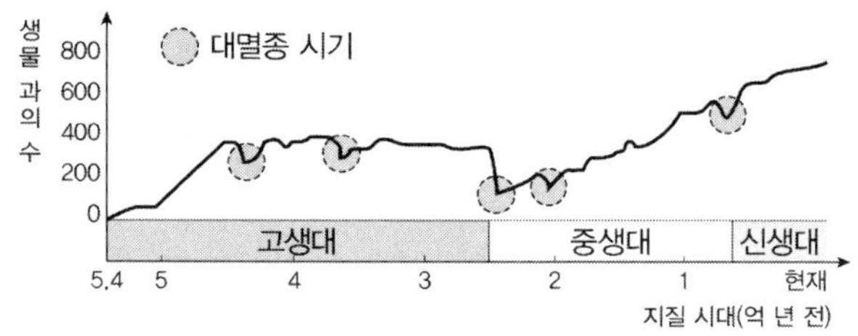

① 대멸종이란 지질 시대에 존재했던 많은 생물종이 한꺼번에 멸종되는 것을 뜻한다.

② 대멸종이 일어난 횟수는 5번이다(고생대 말에 가장 큰 규모의 대멸종이 일어남).

(2) 대멸종과 생물 다양성

① 대멸종은 대규모의 지진과 화산 활동, 기후 변화, 소행성 충돌 등의 환경 변화로 인해 일어난 것으로 추정중이다.

② 급격하게 변한 환경에 적응을 실패한 생물은 멸종하고 새로운 환경에 적응을 성공한 생물은 다양한 종으로 진화하며 생물 다양성이 증가했다.

2　진화

01 | 진화와 자연 선택설

(1) 진화와 변이

① 진화란 생물이 긴 시간 동안 여러 세대를 거치면서 환경에 적응하여 변하는 현상을 뜻한다.

② 변이란 같은 종의 개체 사이에 나타난 습성, 형태 등의 형질 차이를 뜻한다.

(2) 다윈의 자연 선택설

① 과잉 생산과 변이

　㉠ 과잉 생산 : 생물은 주어진 환경에서 살 수 있는 것보다 더 많은 수의 자손이 태어나는 것이다.

　㉡ 변이 : 과잉 생산된 개체 사이에서 다양한 형질이 나타나는 것이다.

② 생존 경쟁 : 과잉 생산된 자손 간에 먹이, 서식지, 짝 등을 두고 생존 경쟁이 일어나는 것이다.

③ 자연 선택

　㉠ 적자생존 : 환경에 잘 적응한 개체가 경쟁에서 살아남아 더 많은 자손을 남기는 것을 뜻한다.

　→ 해당 환경에 유리한 형질을 가진 개체의 비율이 상승하게 된다.

④ 진화 : 자연 선택 과정이 오래 누적되면서 진화가 일어난다.

02 | 자연 선택에 의한 생물의 진화

(1) 핀치의 자연 선택

① 다양한 변이를 가진 한 종의 핀치가 서로 다른 먹이 환경에 놓였을 경우다.

② 각 환경에 유리한 변이를 가진 핀치가 자연 선택되고 긴 시간 동안 다른 먹이 환경에 적응한 결과, 서로 다른 종으로 진화하게 되었다.

(2) 항생제 내성 세균의 출현

① 세균 중에는 항생제 내성 세균이 일부 존재하고 항생제를 사용하면 내성이 없는 세균은 대부분 죽는다.

② 항생제 내성 세균은 살아남아 자손을 남기고 그 세균이 점점 증가한다.

③ 항생제를 사용해도 대부분의 세균이 내성을 가지고 있으므로 세균은 줄어들지 않게 된다.

→ 이는 항생제 내성 세균의 자연 선택이다.

3 생물 다양성

01 | 생물 다양성

(1) 유전적 다양성

① 유전적 다양성은 같은 종 사이에서 유전자의 차이로 인해 나타나는 다양한 형질의 차이를 뜻한다.

② 유전적 다양성이 높을수록 급격하게 변화는 환경에도 적응하는 데 성공해 살아남는 개체가 존재할 가능성이 높다.

> **예** 무당벌레의 겉날개 무늬, 얼룩말의 줄무늬

(2) 종 다양성

① 종 다양성은 일정한 지역에 얼마나 많은 생물종이 골고루 분포하여 사는지를 뜻한다.

② 종의 분포 비율이 균등할수록, 생물종이 많을수록 종의 다양성이 높다.

(3) 생태계 다양성

① 생태계 다양성이란 생물 서식지의 다양한 정도를 뜻한다.

② 생태계의 다양성이 높을수록 유전적 다양성과 종 다양성이 높아진다,

(4) 생태계 평형 유지

① 생물 다양성이 높으면 생태계 평형을 유지하는 데 유리하다.

② 유전적 다양성이 높으면 급변하는 환경에서 살아남을 가능성이 높다.

③ 종 다양성이 높으면 먹이 그물이 복잡해지기 때문에 한 생물종이 사라졌을 때 다른 종까지 연속으로 사라질 가능성이 낮다. 따라서 생태계가 안정적으로 유지된다.

02 | 생물 다양성 감소

(1) 생물 다양성의 감소 원인

① 생물 다양성 감소의 가장 큰 원인은 서식지 파괴와 단편화이다.

② 불법 포획과 남획은 생물 간 먹이 관계에 영향을 주면서 생물 다양성을 감소시킨다.

③ 일부 천적이 없는 외래종이 유입되면서 대량 번식하게 되고 그로 인해 고유종은 서식지와 먹이를 빼앗기게 되어 생존을 위협받는다.

(2) 생물 다양성 보존을 위한 노력

① 자원 재활용, 쓰레기 분리 배출 등으로 자원과 에너지를 절약한다.

② 외래종의 유입을 감시하고 관리한다.

③ 종자은행 등을 활용해 멸종 위기종 복원 사업과 생물의 유전자를 관리한다.

④ 생태 통로를 건설해 서식지의 분리를 줄인다.

CHAPTER 08

생태계와 환경

시험 출제경향

시험에서 가장 많이 출제된 유형은 생태계의 구성 요소와 관련된 문항입니다. 생태계를 구성하는 생물적 요인과 비생물적 요인을 구분하거나, 생물적 요인들 간 먹고 먹히는 관계에서 깨진 생태계 평형을 회복하는 과정을 묻는 문제가 출제되곤 했습니다.

그리고 **기후 변화와 관련된 문항도 못지않게 자주 출제되었습니다.** 특히 지구 온난화, 엘니뇨와 사막화 현상에 대해 묻는 문항이었습니다. 보통 그 현상의 특징을 보기로 제시하고 어떤 기후 변화인지 고르라는 유형이었습니다. 다음으로 꽤 모습을 보인 유형은 환경에 따른 생물의 변화에 대한 문제였습니다. 온도, 빛의 세기 등 특정한 환경에 따라 생물이 적응하기 위해 변화하는 모습에 관해 묻는 문제도 있었습니다. **대표적으로는 북극여우와 사막여우의 차이 정도가 있습니다.**

1. 핵심 뼈대 잡기

이번 파트의 개념은 다른 파트에 비해 암기의 비중이 아주 높은 편은 아닙니다. 개념의 용어를 정확히 이해하는 게 좀 더 중요합니다. 특히 생태계 구성 요소 중 생물적 요인의 생산자, 소비자, 분해자가 어떤 의미에서 그런 명칭이 붙은 건지 알아두는 게 좋습니다.

2. 그림을 통해 개념에 익숙해지기

생태 피라미드나 생태계 평형과 같은 개념들은 그림으로 이해하는 게 쉽고 빠릅니다. 실제 시험에서도 그와 관련된 문제는 대부분 그림과 함께 나오는 편입니다. 따라서 그림의 구성을 눈에 익혀두는 것이 유리합니다.

---

1 생태계

01 | 생태계

(1) 생태계

① 생태계란 생물이 다른 생물 및 환경과 밀접한 관계를 맺으면서 영향을 주고받는 시스템을 뜻한다.

(2) 생태계의 구성 요소

① 생물적 요인 : 생태계에 있는 모든 생물로 역할에 따라 생산자, 소비자, 분해자로 구분된다.

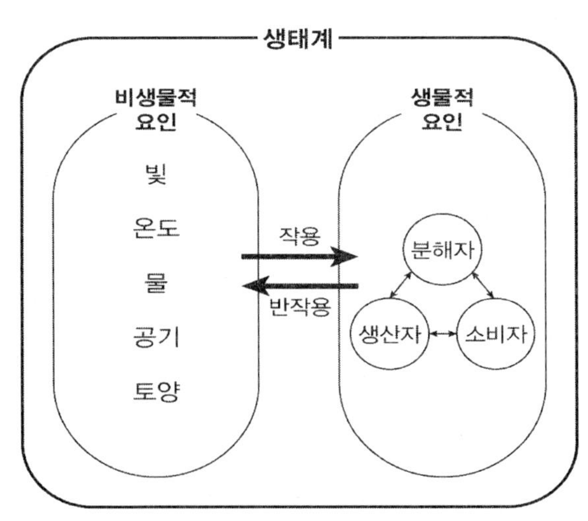

역할	특징	종류
생산자	빛 에너지를 이용해 스스로 양분을 합성한다.	식물, 해조류, 플랑크톤
소비자	스스로 양분을 만들지 못해 다른 생물을 먹이로 삼는다.	초식 동물, 육식 동물, 동물 플랑크톤
분해자	스스로 양분을 만들지 못해 다른 생물의 사체나 배설물을 분해하여 양분을 획득한다.	곰팡이, 버섯, 세균

② 비생물적 요인

　㉠ 생물을 둘러싸고 있는 모든 환경 요인이다.

　㉡ 종류 : 빛, 물, 토양, 온도, 공기

02 | 생물과 환경의 관계

(1) 빛의 세기

① 빛의 세기가 강한 곳에 사는 식물은 잎이 두껍고, 약한 곳에 사는 식물의 잎은 얇고 넓다.

② 하나의 식물 개체에서도 강한 빛을 받는 잎이 있으면 약한 빛을 받는 잎보다 두꺼워진다.

(2) 빛의 파장

① 바다의 깊이에 따라서 도달하는 빛의 파장이 다르다.

② 수심에 따라서 서식하는 해조류에 차이가 있다.

(3) 공기

① 공기가 부족한 고산지대에 사는 사람이 평지에 사는 사람보다 적혈구가 많다.

② 이는 산소의 효율적인 운반을 위함이다.

(4) 온도

① 추운 지역에 사는 동물은 몸집이 크고 말단의 크기가 작으며, 더운 지역에 사는 동물은 몸집이 작고 말단부가 크다.

　예 북극여우와 사막여우의 차이

② 뱀이나 개구리 같은 변온 동물은 겨울에 겨울잠을 잔다.

2 　생태계 평형

01 | 먹이 관계와 에너지 흐름

(1) 먹이 관계

① 먹이 사슬 : 생물 간 먹고 먹히는 관계를 사슬 모양으로 나타낸 것을 뜻한다.

② 먹이 그물 : 여러 생물의 먹이 사슬이 얽혀 그물처럼 나타나는 것을 뜻한다.

(2) 에너지 흐름

태양 에너지(근원)

↓

화학 에너지(유기물)

↓

생물의 열에너지 (생명 활동으로 방출)

① 에너지는 먹이 사슬을 통해 상위 영양 단계로 이동한다.

② 각 단계의 생물이 가진 에너지는 생명 활동에 쓰이거나 열에너지로 방출되며 상위 단계로 이동하기 때문에 상위 영양 단계로 갈수록 에너지의 양은 감소한다.

(3) 생태 피라미드

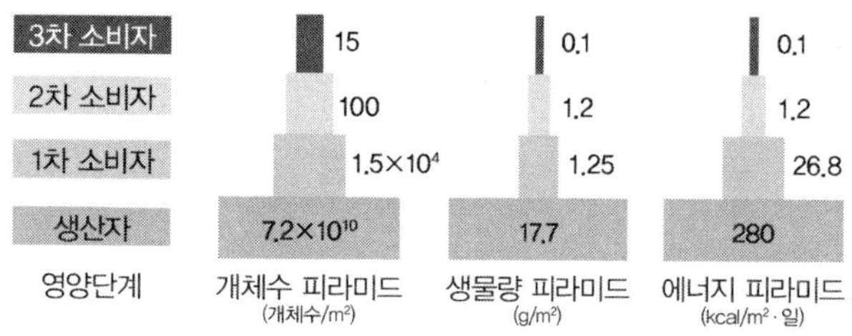

① 생태 피라미드란 먹이 사슬에서 각 영양 단계에 속하는 생물의 생물량, 개체 수, 에너지양을 상위 영양 단계로 쌓은 것이다.

② 상위 영양 단계로 갈수록 줄어드는 피라미드 형태로 나타난다.

02 | 생태계 평형

(1) 생태계 평형

① 생태계 평형이란 생태계를 구성하는 생물의 개체 수와 종류, 에너지의 흐름, 물질의 양 등이 안정되어 있는 상태를 유지하는 것을 뜻한다.

② 종 다양성이 높아 먹이 그물이 복잡해지면 생태계 평형이 잘 유지될 수 있다.

(2) 생태계 평형이 회복되는 과정

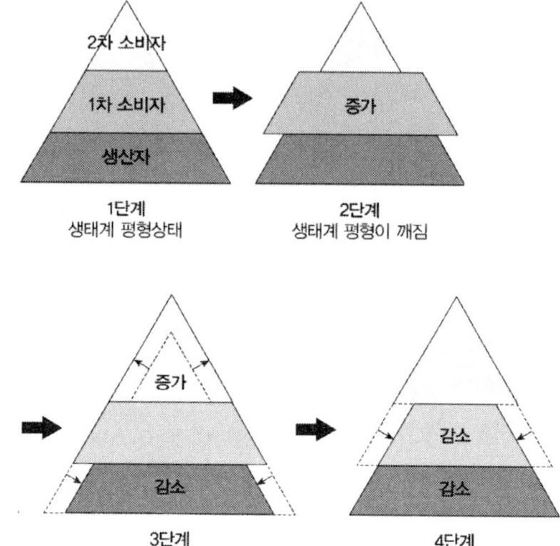

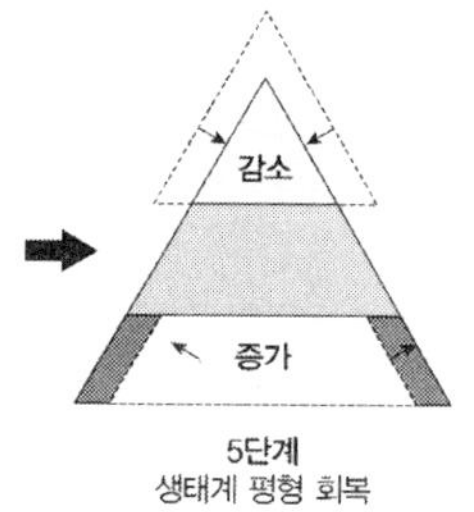

① 생태계 평형 상태를 이룬 1단계에서 1차 소비자의 수가 일시적으로 증가하면 평형이 깨진다.

② 3단계에서 생산자의 개체 수가 감소하고 2차 소비자의 개체 수는 증가한다.

③ 4단계에서 2차 소비자의 증가로 1차 소비자의 개체 수는 감소한다.

④ 5단계에서 생산자의 개체 수가 증가하고, 2차 소비자의 개체 수는 감소함에 따라 생태계 평형이 회복된다.

01 | 지구 온난화

(1) 온실 효과

① 온실 효과란 지구가 태양으로부터 받은 태양 복사 에너지를 지구 복사 에너지로 방출하면서 그 일부를 온실 기체가 지표로 재복사하여 지구의 온도가 높아지는 현상을 뜻한다.

② 온실 기체란 메테인, 수증기, 이산화탄소 등의 온실 효과를 일으키는 기체를 의미한다.

(2) 지구 온난화

① 지구 온난화란 대기 중의 온실 기체 양이 증가하여 온실 효과가 강화되면서 평균 기온이 상승하는 현상을 뜻한다.

② 지구 온난화의 영향

　㉠ 해수의 열팽창, 빙하의 융해로 인해 해수면이 상승한다.

　㉡ 수온 상승으로 인한 기상 이변이 발생한다.

　㉢ 이상 기후로 인한 생태계 변화와 사막화가 진행된다.

02 | 대기와 해수의 순환

① 무역풍 : 해들리 순환

　㉠ 이동방향 : 동쪽에서 서쪽으로 이동한다.

　㉡ 예시 : 북적도 해류, 남적도 해류

② 편서풍 : 페렐 순환

　㉠ 이동방향 : 서쪽에서 동쪽으로 이동한다.

　㉡ 예시 : 북태평양 해류, 남극 순환 해류

③ 극동풍 : 극순환

④ 난류

　㉠ 이동방향 : 저위도에서 고위도로 이동한다.

　㉡ 예시 : 쿠로시오 해류

⑤ 한류

　㉠ 이동방향 : 고위도에서 저위도로 이동한다.

　㉡ 예시 : 캘리포니아 해류

02 | 엘니뇨와 사막화

(1) 엘니뇨

① 평상시

　㉠ 무역풍에 의해 적도 부근에 있는 따뜻한 해수가 서쪽으로 이동한다.

　㉡ 서태평양의 기후(인도네시아 연안) : 따뜻한 해수가 이동함으로써 표층 수온이 높다.

　　→ 해수의 증발이 활발하고 상승 기류가 강해 비가 많이 내린다.

　㉢ 동태평양의 기후(페루 연안) : 따뜻한 해수가 이동함으로써 차가운 해수가 솟아올라(용승) 표층 수온이 낮아진다.

　　→ 하강 기류가 발달하고 맑으면서 건조하다.

② 엘니뇨

　㉠ 무역풍이 평상시보다 약해지면서 적도 부근에 있던 따뜻한 해수가 동쪽으로 이동한다.

　㉡ 서태평양의 기후(인도네시아 연안) : 평상시보다 수온이 낮아진다.

　　→ 수증기 증발이 줄어들어 날씨가 건조해지고 산불, 가뭄 등이 자주 발생한다.

　㉢ 동태평양의 기후(페루 연안) : 평상시보다 표층 수온이 높아진다.

→상승 기류를 형성하여 강수량이 증가함에 따라 폭우와 홍수 발생 가능성이 높아진다.

→용승이 약화되어 영양 염류와 산소가 부족하여 어획량이 감소한다.

(2) 사막화

① 사막화란 사막 주변 지역의 토지가 인위적·자연적 원인으로 인해 황폐해지면서 점차 사막이 넓어지는 현상을 뜻한다.

② 원인

㉠ 대기 대순환의 변화로 인해 증발량이 많아지고 강수량이 줄어들게 된다.

㉡ 인간의 활동으로 인한 과잉 경작, 과잉 방목이 사막화의 원인 중 하나이다.

㉢ 무분별한 삼림 벌채로 인해 토양이 황폐화된다.

③ 영향

㉠ 황사 발생의 빈도가 증가한다.

㉡ 토지 황폐화로 인해 식량이 부족해진다.

㉢ 생물의 서식지 변화로 인해 생태계 변화가 일어난다.

㉣ 농경지 감소로 인해 작물 재배가 어려워진다.

④ 대책

㉠ 나무를 심어 숲 면적을 늘린다.

㉡ 삼림 벌채를 최소화한다.

㉢ 가축 방목을 줄인다.

4 에너지 전환

01 | 여러 가지 에너지

(1) 에너지

① 에너지란 일을 할 수 있는 능력을 뜻한다.

② 단위는 J(줄)을 사용한다(이는 일의 단위와 같다.).

(2) 에너지의 종류

① 빛 에너지 : 빛의 형태로 전달되는 에너지다.

② 열 에너지 : 온도가 높은 물체에서 낮은 물체로 이동하는 에너지다.

③ 화학 에너지 : 화학 결합을 통해 물질에 저장된 에너지다.

④ 핵에너지 : 핵분열이나 핵융합이 일어날 때 발생하는 에너지다.

⑤ 파동 에너지 : 파도나 소리 같이 진동으로 전달되는 에너지다.

⑥ 전기 에너지 : 전하가 이동하면서 전류가 흐를 때 사용되는 에너지다.

⑦ 운동 에너지 : 운동하는 물체가 가지는 에너지다.

⑧ 퍼텐셜 에너지 : 높은 곳에 있는 물체가 가지는 에너지다.

02 | 에너지 효율

(1) 에너지 효율

공급한 에너지 중 유용하게 사용된 에너지의 비율을 뜻한다.

$$\text{에너지 효율}(\%) = \frac{\text{사용한 에너지의 양}}{\text{공급된 에너지의 양}} \times 100$$

(2) 열기관과 열효율

① 열기관이란 연료를 연소시켜 발생한 열에너지를 일로 전환하는 장치를 뜻한다.

② 열효율(e)

$\begin{aligned} &\text{열효율(\%)} = \\ &\dfrac{\text{열기관이 한 일}(W)}{\text{공급된 열량}(Q_1)} \times \\ &\qquad 100 \end{aligned}$	$\begin{aligned} Q_1 &= W + Q_2 \\ W &= Q_1 - Q_2 \end{aligned}$

㉠ 열효율이란 공급한 열량 중 열기관이 한 일의 비율을 말한다.

㉡ 열효율이 높을수록 저열원으로 방출하는 열에너지의 양이 적다.

㉢ 열기관이 한 일이 많을수록 열효율이 높다.

CHAPTER 09
발전과 신재생 에너지

빈출된 유형은 전자기 유도와 관련된 문항이었습니다. 이러한 문항은 검류계와 연결된 코일에 자석을 가져가 움직이거나 코일을 움직이면 자기장의 변화가 일어나 전류가 흐르는 원리를 아는지 평가할 수 있습니다. 전자기 유도 만큼 자주 나온 유형의 문항은 여러 가지 발전 방식과 관련된 것이었습니다.

핵발전이나 풍력 발전, 그리고 화석 연료에 문제점을 제기하며 등장한 신재생 에너지 등 여러 발전 방식의 설명을 보기로 제시한 뒤 적절한 것을 고르는 문제가 출제되었습니다. 앞서 말한 두 유형과 함께 전기의 수송에 대해 묻는 문항도 있었습니다. 이는 발전소에서 전기를 생산하여 공급하기까지 어떤 과정을 거치는지 전력 손실이 일어나는지 등의 개념을 아는지를 평가할 수 있는 문항입니다.

1. 순차적으로 개념 이해하기
에너지와 관련된 내용이다 보니 전기를 만들어내는 여러 가지 발전 방식이 많이 나옵니다. 각 방식들이 어떤 원리로 에너지를 생산하고, 어떤 에너지 전환 과정을 거치는지 순서대로 이해한다면 머리에 더 빨리, 그리고 오래 남을 수 있을 것입니다. 에너지 전환에 관련해서는 이전 파트인 생태계와 환경 파트에서도 등장하니 그것을 참고해도 좋습니다.

2. 하나의 개념을 응용하여 연상하기
각 발전 방식의 원리를 이해한다면 그 장점과 단점을 대략적으로 연상해볼 수 있습니다. 예를 들어 파력 발전의 경우 파도가 칠 때 해수면의 움직임으로 전기를 생산하는 원리이므로 고갈되는 자원이 존재하지 않고, 오염물질을 만들어내지 않는다는 장점을 생각해 볼 수 있습니다. 반면 파도에 의존하는 방식이기 때문에 파도가 약한 날엔 생산되는 전기가 적고 계속해서 파도에 노출되기 때문에 내구성이 약하다는 단점을 떠올릴 수 있는 것입니다.

1 　전자기 유도와 발전기

01 | 전자기 유도

(1) 전자기 유도

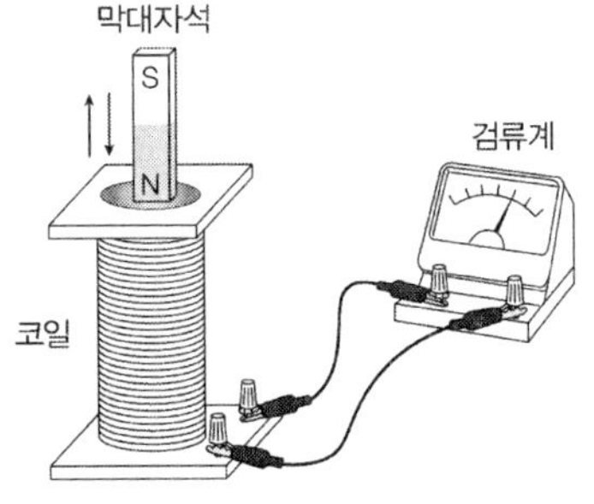

① 전자기 유도란 자석 근처에서 코일을 움직이거나 코일 근처에서 자석을 움직일 때 코일에 전류가 흐르는 현상이다.

② 만약 자석을 코일 속에 넣고 가만히 있는다면 코일을 통과하는 자기장의 변화가 없기 때문에 전류가 흐르지 않는다.

(2) 유도 전류

① 전자기 유도에 의해 코일에 흐른 전류를 이용해 자기장의 변화를 방해하는 방향으로 흐른다.

② 유도 전류의 세기를 바꾸는 방법(검류계의 바늘이 돌아가는 세기를 크게 하는 방법)

ㄱ 코일의 감은 수를 늘린다.

ㄴ 자석을 더 빠르게 움직인다.

ㄷ 더 강한 자석을 사용한다.

③ 유도 전류의 방향을 바꾸는 방법(검류계 바늘의 방향을 바꾸는 방법)

ㄱ 자석의 극은 그대로 두고 자석의 움직임만 반대로 한다.

ㄴ 자석의 움직임은 그대로 두고 자석의 극만 바꾼다.

02 | 여러 가지 발전 방식

(1) 발전소의 발전기

① 발전기는 터빈의 운동 에너지가 전기 에너지로 바뀌는 것이다.

② 발전기에 연결된 터빈을 돌리는 에너지원에 따라 수력발전, 핵발전, 화력 발전 등으로 구분된다.

(2) 여러 가지 발전

① 화력 발전

ㄱ 에너지원 : 화석 연료의 화학 에너지다.

ㄴ 원리 : 연료의 연소로 물을 끓여 얻은 수증기로 터빈을 돌린다.

ㄷ : 에너지 전환 : 화학 에너지→열에너지→운동 에너지→전기 에너지

② 수력 발전

ㄱ 에너지원 : 높은 곳에 있는 물의 퍼텐셜 에너지다.

ㄴ 원리 : 댐에 의해 높은 곳에 있던 물이 낮은 곳으로 떨어지면서 터빈을 돌린다.

ㄷ : 에너지 전환 : 퍼텐셜 에너지→운동 에너지→전기 에너지

③ 핵발전

ㄱ 에너지원 : 핵연료에서 나온 핵에너지다.

ㄴ 원리 : 핵에너지로 물을 끓여 얻은 수증기로 터빈을 돌린다.

ㄷ : 에너지 전환 : 핵에너지→열에너지→운동 에너지→전기 에너지

2 전기 에너지의 효율적 수송

01 | 전력

(1) 전기 에너지

$$\text{전기 에너지}(E) = \text{전압}(V) \times \text{전류}(I) \times \text{시간}(t)$$

① 전류가 흐르고 있을 때 전기 기구에 공급하는 에너지를 뜻한다.

② 단위 : J

(2) 전력

$$\text{전력}(P)$$
$$= \frac{\text{전기 에너지}(E)}{\text{시간}(t)}$$
$$= \frac{\text{전압}(V) \times \text{전류}(I) \times \text{시간}(t)}{\text{시간}(t)}$$
$$= \text{전압}(V) \times \text{전류}(I)$$

① 단위 시간 동안 생산 혹은 사용하는 전기 에너지를 뜻한다.

② 단위 : J/s, W(와트)

(3) 전력의 수송 과정

① 발전 : 발전소에서 전기 에너지를 생산하는 과정이다.

② 송전 : 발전소에서 생산된 전력을 가정, 공장이나 빌딩 등으로 수송하는 과정이다.

③ 변전 : 전압을 낮추거나 높이는 과정이다.

④ 배전 : 전기를 사용하는 장소까지 분배해서 공급하는 과정이다.

02 | 손실 전력과 변압

(1) 손실 전력

① 손실 전력이란 송전 과정에서 송전선에 전류가 흐를 때 저항으로 인해 발생하는 손실된 전력을 뜻한다.

② 손질 전력의 크기

$$손실 전력(P_{손실})$$
$$= 전압(V) \times 전류(I)$$
$$= 전류^2(I^2) \times 저항(R)$$

② 손실 전력을 줄이는 방법

㉠ 송전선의 저항을 줄인다.

- 저항이 작은 송전선을 이용한다.
- 굵은 송전선을 만든다.
- 송전선의 길이를 짧게 한다.

㉡ 송전 전류의 세기를 줄인다.

- 일정한 전력이 송전될 때 전압을 높이면 전류의 세기를 줄일 수 있다.

- 전류의 세기가 $\dfrac{1}{n}$로 줄면 손실 전력도 $\dfrac{1}{n^2}$로 줄어든다.

3 태양 에너지 생성과 전환

01 | 태양

(1) 태양 에너지 생성

① 태양 에너지의 생성

㉠ 질량 결손 : 핵반응 이후 질량의 합이 핵반응 이전 질량의 합보다 줄어드는데, 이때의 질량 차이를 말한다.

㉡ 수소 핵융합 반응 : 수소 원자핵 4개가 융합하여 1개의 헬륨 원자핵으로 변하는 과정에서 질량 결손이 발생한다(감소된 질량이 에너지로 전환).

㉢ 태양 에너지는 태양 중심부에서 일어나는 수소 핵융합 반응에 의해 생성된다.

(2) 태양 에너지 전환과 이용

① 태양광 발전 : 태양 빛에너지 → 전기 에너지

② 태양열 발전 : 태양 열에너지 → 전기 에너지

③ 수력 발전 : 태양 열에너지 → 퍼텐셜 에너지 → 전기 에너지

④ 풍력 발전 : 바람의 운동 에너지 → 전기 에너지

⑤ 화력 발전 : 태양 빛에너지 → 생물 화학 에너지 (먹이 사슬 이동) → 화석 연료 화학 에너지 → 열에너지 → 전기 에너지

02 | 여러 가지 발전

(1) 핵발전

① 핵발전은 우라늄이 핵분열을 할 때 발생하는 열로 물을 끓이고 그 과정에서 발생한 수증기로 터빈을 돌려 에너지를 만든다.

② 핵발전의 장점과 단점

　ㄱ 장점

　　• 화력 발전과 비교해서 연료비가 저렴하다.

　　• 에너지 효율이 높기 때문에 대용량으로 발전이 가능하다.

　　• 이산화 탄소를 거의 배출하지 않는다.

　ㄴ 단점

　　• 방사능 유출의 위험이 있다.

　　• 핵발전에서 발생한 방사성 폐기물을 처리하기 까다롭다.

　　• 발전 과정에서 사용된 냉각수가 바다로 배출되어 바닷물의 온도를 높인다.

(2) 태양광 발전

① 태양의 빛 에너지가 태양 전지에 닿아 흡수되면서 전류가 흐르는 방식을 이용한다.

② 태양광 발전의 장점과 단점

　ㄱ 장점

　　• 발전 과정에서 공해가 발생하지 않는다.

　　• 자원 고갈의 염려가 없다.

　　• 소음이나 진동이 적다.

　ㄴ 단점

　　• 계절이나 일조량에 따라 전력 생산량과 발전 시간이 제한적이다.

　　• 초기 설치 비용이 많이 든다.

　　• 태양 전지에서 반사되는 빛은 주변에 피해를 입힐 수 있다.

(3) 풍력 발전

① 바람의 운동 에너지를 이용하여 터빈을 돌림으로써 전기를 얻는다.

② 풍력 발전의 장점과 단점

　ㄱ 장점

　　• 운영비용이 적어서 전력 생산 단가가 저렴하다.

　　• 오염 물질을 만들어내지 않으며 자원 고갈의 위험이 없다.

　　• 효율적으로 국토를 이용할 수 있다.

　ㄴ 단점

　　• 설치하면서 자연 경관을 훼손시킬 수 있다.

　　• 소음 피해, 새들이 충돌하는 문제가 발생할 수 있다.

　　• 바람의 세기가 일정하지 않아 발전량 예측이 어렵다.

4 　미래를 위한 기술

01 │ 신재생 에너지

(1) 신재생 에너지(신에너지 + 재생 에너지)

① 신에너지 : 기존에 사용하지 않던 형태의 에너지를 뜻한다.

② 재생 에너지 : 자원을 고갈시키지 않고 재사용이 가능한 에너지를 뜻한다.

(2) 신재생 에너지의 장단점

① 장점

　ㄱ 자원 고갈의 염려가 적다.

　ㄴ 환경이 오염되는 문제가 거의 없다.

② 단점 : 초기 투자 비용이 많이 드는 편이다.

02 | 해양 에너지

(1) 조력 발전

① 밀물과 썰물 때 생기는 조수간만의 차를 이용해 전기 에너지를 생산하는 방식이다.

② 조력 발전의 장점과 단점

　㉠ 장점
- 고갈 염려가 없다.
- 발전 비용이 비교적 저렴한 편이다.
- 밀물과 썰물은 매일 일어나기 때문에 발전량 예측이 가능하다.
- 한 번 발전소가 건설되면 오래 이용할 수 있다.

　㉡ 단점
- 초기 비용이 많이 든다.
- 조수간만의 차가 큰 곳에 설치되어야 하므로 설치 장소가 제한적이다.
- 갯벌이 파괴되는 것으로 인해 해양 생태계에 혼란을 가져다 줄 수 있다.

(2) 파력 발전

① 파도가 칠 때 해수면의 움직임을 이용해 전기 에너지를 생산한다.

② 파력 발전의 장점과 단점

　㉠ 장점
- 고갈될 염려가 없다.
- 소규모 설치가 가능하고 연료비가 안 든다.
- 방파제로도 활용할 수 있다.
- 오염 물질이 생성되지 않는다.

　㉡ 단점
- 파도가 약해지면 발전량이 줄어든다.
- 파도에 노출되기 때문에 내구성이 약하다.

03 | 여러 가지 발전 방식

(1) 태양열 발전

① 태양열로 물을 끓여 얻은 수증기를 이용해 터빈을 돌려 전기를 얻는 방식이다.

② 태양열 발전의 장점과 단점

　㉠ 장점
- 자원 고갈의 염려가 없다.
- 환경 오염의 걱정이 없다.
- 설치된 이후 지속적인 사용이 가능하다.

　㉡ 단점
- 대규모 발전을 하려면 넓은 설치 면적을 필요로 한다.
- 계절과 기후의 영향을 많이 받는다.

(2) 지열 발전

① 땅속의 뜨거운 지하수 혹은 수증기로 물을 끓여 전기 에너지를 생산한다.

② 지열 발전의 장점과 단점

　㉠ 장점
- 발전과 함께 난방 효과를 얻을 수 있다.
- 날씨의 영향을 받지 않는다.

　㉡ 단점 : 화산 같이 지열을 얻을 수 있는 곳에만 설치할 수 있다.

(3) 조류 발전

① 조석 현상에 따른 해수의 흐름을 이용해 전기 에너지를 생산하는 방식이다,

② 조류 발전의 장점과 단점

　　㉠ 장점
　　　　• 환경 오염이 적은 편이다.
　　　　• 발전 효율이 높고 대규모의 발전이 가능하다.
　　　　• 기상 변화에 영향이 없다.

　　㉡ 단점 : 발전에서 얻는 전기 에너지의 생산 효율이 건설 비용에 비해 낮은 편이다.

5개년 기출문제

CHAPTER 01

2021년 제1회 기출문제

[자연의 구성 물질]

1 다음 설명에 해당하는 신소재는?

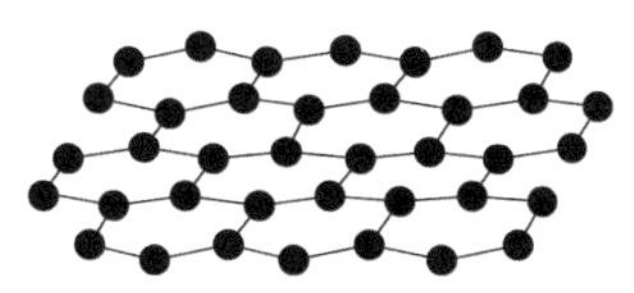

- 탄소 원자가 육각형 벌집 모양의 구조를 이루고 있다.
- 휘어지는 투명한 디스플레이의 소재로 사용되고 있다.

① 그래핀
② 초전도체
③ 네오디뮴 자석
④ 형상 기억 합금

ADVICE ② 초전도체 : 임계온도 이하에서 전기저항이 사라지면서 외부 자기장을 밀어내는 특성을 보이는 물질이다.
③ 네오디뮴 자석 : 네오디뮴, 철, 붕소의 합금으로 만들어진 영구자석이다.
④ 형상 기억 합금 : 특정 온도에서 변형되었다가 원래의 형태로 되돌아가는 성질을 가진 합금이다.

[발전과 신재생 에너지]

2 그림과 같이 핵분열로 발생한 열에너지로 터빈을 돌려 전기 에너지를 생산하는 발전 방식은?

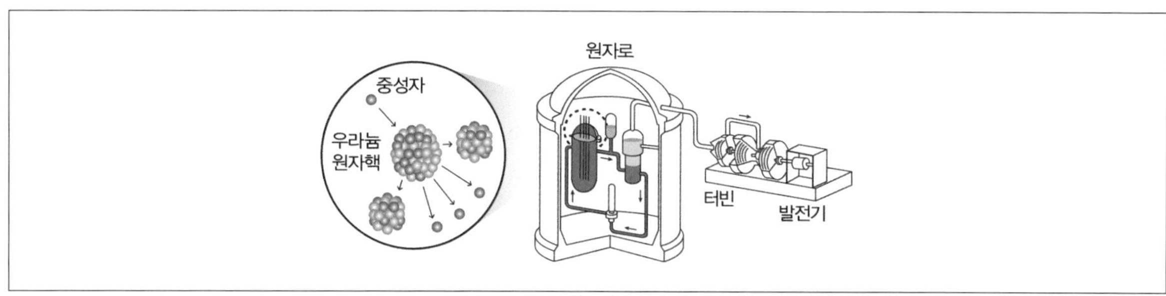

① 핵발전
② 파력 발전
③ 풍력 발전
④ 태양광 발전

ADVICE ② 파력 발전 : 파도의 움직임의 운동 에너지로 전기를 생산하는 방식이다.
③ 풍력 발전 : 바람의 운동 에너지를 이용하여 전기를 생산하는 방식이다.
④ 태양광 발전 : 태양 에너지를 이용하여 전기에너지를 생산한다.

[역학적 시스템]

3 표는 같은 직선상에서 운동하는 물체 A ~ C의 처음과 나중 운동량을 나타낸 것이다. 물체 A ~ C가 모두 같은 크기의 충격량을 받아 운동량이 증가하였을 때 ㉠의 값은?

운동량(kg · m/s) 물체	처음 운동량	나중 운동량
A	3	6
B	4	7
C	5	㉠

① 6   ② 7

③ 8   ④ 9

ADVICE ③ 충격량은 나중 운동량에서 처음 운동량을 빼면 구할 수 있다.
물체 A는 6(나중운동량)에서 3(처음 운동량)을 빼면 3, 물체 B도 3이 나온다. ㉠에 물체 C의 나중 운동량은 8이 되어야 C의 충격량이 3이 될 수 있다.

[발전과 신재생 에너지]

4 그림과 같이 코일에 자석을 가까이 가져갈 때 검류계의 바늘이 왼쪽으로 움직였다. 다음 중 검류계의 바늘이 오른쪽으로 움직이는 경우는? (단, 다른 조건은 모두 같다.)

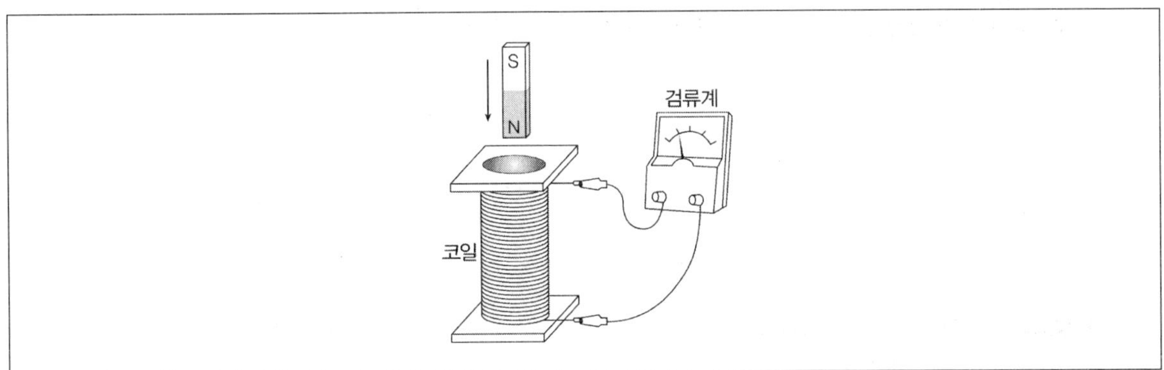

① 더 강한 자석을 사용한다.   ② 코일의 감은 수를 늘린다.

③ 자석을 더 빠르게 가까이 한다.   ④ 자석을 코일에서 멀어지게 한다

ADVICE ④ 유도 전류의 방향을 반대로 바뀌는 방향은 코일을 통과하는 자기장의 변화에 의해서 변한다. 처음 자석을 가까이 가져가면 왼쪽으로 움직였으므로 자석을 코일에서 멀어지게 하면 자기장 방향이 변화한다.
①②③ 유도 전류의 세기를 크게 만들지만 유도 전류의 방향을 바꾸지 않는다.

》 ANSWER 1.① 2.① 3.③ 4.④

5 그림은 주기율표의 일부를 나타낸 것이다. 임의의 원소 A ~ D 중 2주기 2족 원소는?

주기＼족	1	2	...	17	18
1	A				
2		B	...	C	
3					D

① A

② B

③ C

④ D

ADVICE ② B : 2주기 2족
　　　① A : 1주기 1족
　　　③ C : 2주기 17족
　　　④ D : 3주기 18족

[화학 변화]

6 다음 화학 반응식에서 산소와 결합하여 산화되는 물질은?

$$2CuO + C \longrightarrow 2Cu + CO_2$$

① CuO　　　　　　　　　　② C

③ Cu　　　　　　　　　　④ CO_2

ADVICE ② 산화는 산소와 결합하여 산소를 얻는 물질이다. CuO(산화 구리)는 Cu(구리)로 변했다. 반응 후에 산소를 잃었으므로 산화 구리는 환원하였다. C(탄소)의 경우는 CO_2(이산화 탄소)가 되면서 산소와 결합하였으므로 산화하였다. 산화되는 물질은 C(탄소)이다.

7 다음 중 전기가 잘 통하며 광택이 있는 금속 원소는?

① 구리

② 염소

③ 헬륨

④ 브로민

ADVICE ②③④ 비금속 원소로 전기전도성이 없고 광택이 없다.

8 그림은 탄소 원자(C)의 전자 배치를 나타낸 것이다. 가장 바깥 전자껍질에 들어 있는 전자의 개수는?

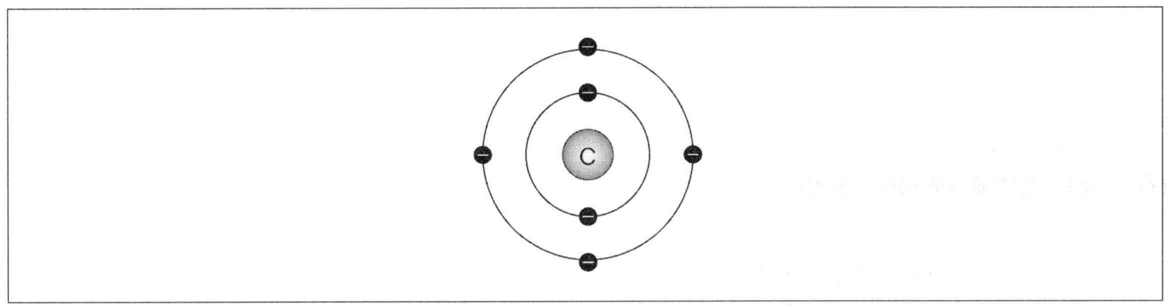

① 1개

② 2개

③ 3개

④ 4개

ADVICE ④ 탄소는 원자번호 6번으로 양성자가 6개가 있다. 첫 번째 전자껍질은 최대 2개, 두 번째 전자껍질에는 4개가 들어있다. 가장 바깥 전자껍질은 4개의 전자가 있다.

➤ **ANSWER** 5.② 6.② 7.① 8.④

9 다음은 염산(HCl)과 수산화 나트륨(NaOH) 수용액의 중화 반응을 나타낸 화학 반응식이다. ㉠에 해당하는 물질은?

$$HCl \ + \ NaOH \rightarrow (\ ㉠ \ ) \ + \ NaCl$$

① H_2O

② KCl

③ KOH

④ HNO_3

ADVICE ① 염산과 수산화 나트륨이 반응하여 물(H_2O)과 염화 나트륨($NaCl$)을 생성한다.

[자연의 구성 물질]

10 다음 설명에 해당하는 물질은?

- 같은 원자 2개가 공유 결합을 이루고 있다.
- 동물과 식물의 호흡에 이용되는 기체이다.

① 산소(O_2)

② 암모니아(NH_3)

③ 염화 칼슘($CaCl_2$)

④ 질산 칼륨(KNO_3)

ADVICE ② 암모니아는 질소 원자 1개와 수소 원자 3개가 공유 결합을 한다.
③④ 염화 칼슘과 질산 칼륨은 이온 결합을 하고 있다.

11 일정한 지역 내에 살고 있는 생물종의 다양한 정도를 나타낸 것은?

① 개체 수

② 소비자

③ 영양 단계

④ 종 다양성

ADVICE ④ 생물종의 다양한 정도를 나타내는 것은 종 다양성에 해당한다.

① 개체 수는 동일한 종의 수로 다양한 정도를 알 수 없다.

②③ 영양 단계는 생태계의 에너지 흐름 또는 물질 순환에서 생물의 역할을 생산자, 소비자, 분해자로 나눈 분류이다. 소비자는 스스로 양분을 만들지 못해 다른 생물을 먹이로 삼아 살아가는 생물이다. 영양 단계와 소비자로는 생물종의 다양한 정도를 알 수 없다.

12 그림은 식물 세포의 구조를 나타낸 것이다. A ~ D 중 작은 알갱이 모양이며 단백질을 합성하는 세포 소기관은?

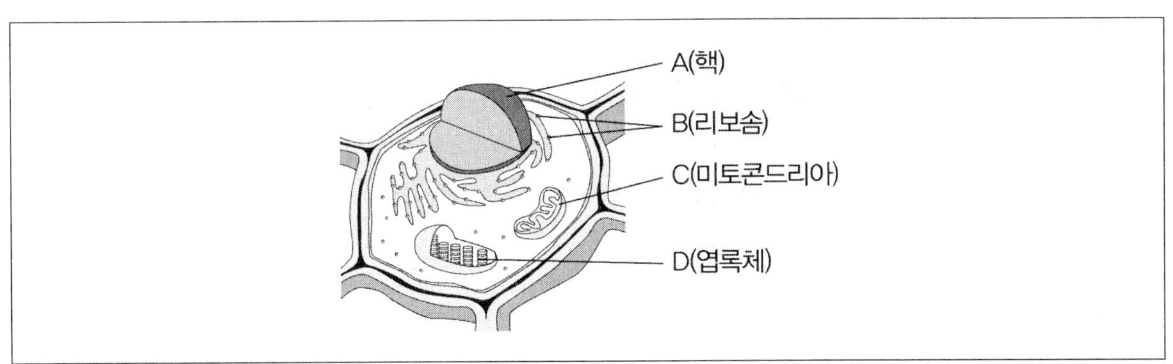

① A

② B

③ C

④ D

ADVICE ② 리보솜(B) : RNA와 단백질로 구성된 세포 소기관으로 단백질을 합성하는 장소이다. DNA가 mRNA를 통해서 전달되면 리보솜에서 아미노산을 연결하면서 단백질을 생성한다.

① 핵(A) : 세포의 유전 정보를 담고 세포 활동을 조절한다.

③ 미토콘드리아(C) : 세포 호흡을 통해 에너지를 생산한다.

④ 엽록체(D) : 광합성을 통해 포도당을 합성한다.

》 ANSWER 9.① 10.① 11.④ 12.②

13 다음 설명의 ㉠에 해당하는 것은?

생태계를 구성하는 생물의 종류와 개체 수, 에너지의 흐름이 급격히 변하지 않아 생태계가 안정적으로 유지되는 상태를 (㉠)라고 한다.

① 생산자

② 서식지

③ 생태계 평형

④ 유전적 다양성

ADVICE ③ 생물의 종류와 개체 수와 에너지 흐름이 급격하게 변하지 않는 안정적인 상태는 생태계가 평형을 이룬 상태이다.

14 그림은 세포막의 구조와 세포막을 통한 물질의 이동을 나타낸 것이다. 이에 대한 설명으로 옳은 것만을 〈보기〉에서 모두 고른 것은?

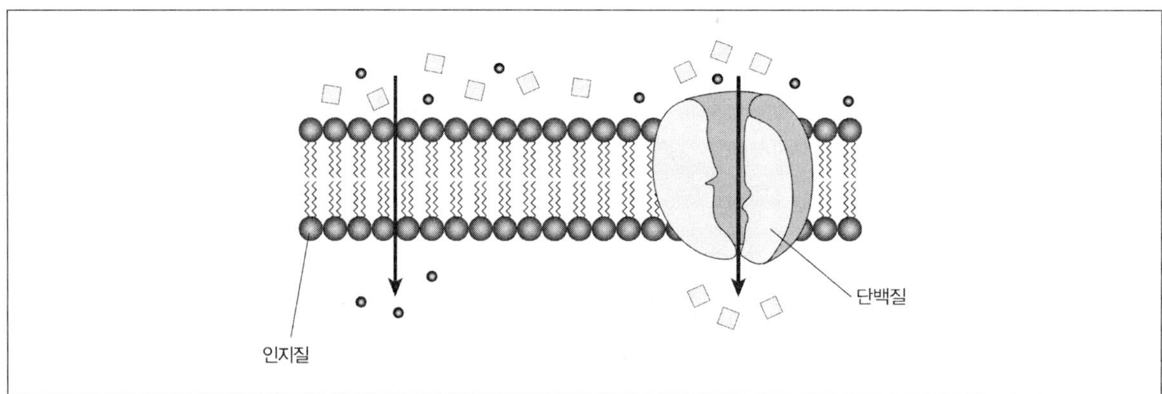

───── 〈보기〉 ─────

㉠ 인지질이 2중층으로 배열되어 있다.
㉡ 모든 물질은 단백질을 통해 이동한다.
㉢ 세포막의 주성분은 단백질과 인지질이다.

① ㉠

② ㉡

③ ㉠, ㉢

④ ㉡, ㉢

ADVICE ㉠ 인지질은 2중층으로 배열되어 있다.
㉢ 세포막의 주성분은 인지질과 단백질로 이루어진다.
㉡ 단백질과 인지질 2중층 두 곳에서 이동한다.

15 생명체를 구성하는 물질 중 지질, 단백질, 핵산은 탄소 화합물이다. 이 탄소 화합물들을 이루는 기본 골격의 중심 원소는?

① 산소

② 수소

③ 질소

④ 탄소

ADVICE ④ 지질, 단백질, 핵산은 탄소 화합물로 기본 골격의 중심 원소는 탄소에 해당한다.

[생명 시스템]

16 그림은 DNA의 염기 서열 중 일부를 나타낸 것이다. ㉠에 해당하는 염기는? (단, 돌연변이는 없다.)

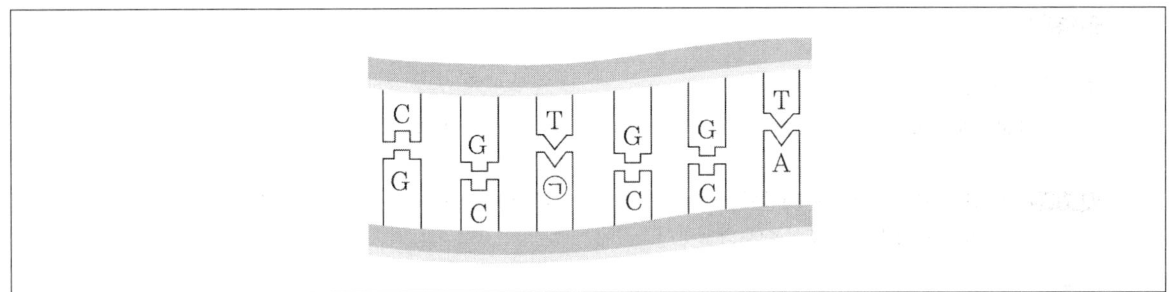

① A

② C

③ G

④ T

ADVICE ① T(티민)은 A(아데닌)과 상보적이다.

> **ANSWER** 13.③ 14.③ 15.④ 16.①

17 다음 설명에 해당하는 지질 시대는?

> • 삼엽충이 번성하였다.
> • 초대륙인 판게아가 형성되었다.

① 선캄브리아 시대
② 고생대
③ 중생대
④ 신생대

ADVICE ② 삼엽충이 번성하고 판게아가 형성된 시기는 고생대에 해당한다.

[지구 시스템]

18 다음 중 탄소의 순환 과정에서 화석 연료가 연소되어 기체가 발생할 때 상호 작용하는 지구 시스템의 권역은?

① 기권과 수권
② 지권과 기권
③ 수권과 생물권
④ 외권과 생물권

ADVICE ② 화석연료는 지층에 매장되어 형성된 것으로 지권에 속하는 물질이 산소와 반응하여 연소하는 과정이다. 이는 지권과 기권의 상호작용에 해당한다.

[물질의 규칙성과 화학 결합]

19 다음은 별의 진화 과정에서 발생하는 어떤 현상을 설명한 것이다. ㉠에 해당하는 것은?

> 태양과 질량이 비슷한 별의 내부에서 중심부의 온도가 충분히 높아지면 수소 원자핵이 융합하여 헬륨 원자핵으로 바뀌는 (㉠)이/가 발생한다.

① 빅뱅
② 핵분열
③ 핵융합
④ 우주 배경 복사

ADVICE ① 빅뱅 : 우주가 탄생한 대폭발 사건이다.
② 핵분열 : 무거운 원자핵이 쪼개지면서 에너지를 방출하는 것이다.
④ 우주 배경 복사 : 우주 전역에 퍼져 있는 매우 균일한 마이크로파 복사를 의미한다.

20 그림은 단층이 존재하는 판의 경계를 모식적으로 나타낸 것이다. 이 경계에서 발달하는 지형은?

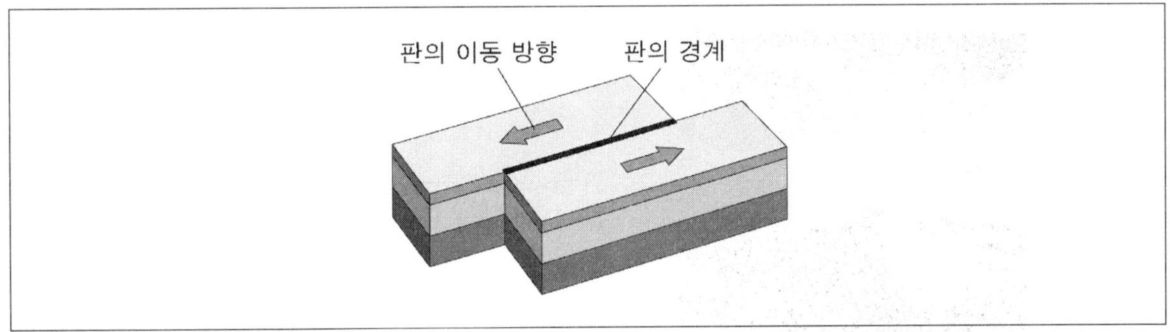

① 해구   ② 변환 단층

③ 습곡 산맥   ④ 호상 열도

ADVICE ② 변환 단층 : 두 판이 서로 어긋나게 스쳐 지나가는 보존형 경계에서 발달하는 단층이다.

① 해구 : 판 끼리 서로 충돌하여 한 쪽이 다른 쪽 밑으로 들어가는 현상이 일어난 곳에 형성되는 깊은 골짜기로 수렴형 경계에 해당한다.

③ 습곡 산맥 : 대륙판과 대륙판이 충돌하거나 해양판이 대륙판 아래로 들어가는 수렴형 경계에서 형성되는 거대한 산맥이다.

④ 호상 열도 : 해양판이 해양판 아래로 들어가는 수렴형 경계에서 마그마 분출로 형성되는 활 모양의 화산섬이다.

» ANSWER 17.② 18.② 19.③ 20.②

21 **다음 설명에 해당하는 지구 시스템의 에너지원은?**

화산폭발

- 화산 활동을 일으킨다.
- 지구 내부의 물질로부터 나오는 에너지이다.

① 조력 에너지　　　　　　　② 풍력 에너지
③ 바이오 에너지　　　　　　④ 지구 내부 에너지

ADVICE ④ 지구 내부에 저장된 막대한 열에너지가 화산 폭발의 근본적인 에너지원이다.

[생태계와 환경]

22 **다음 설명에 해당하는 현상은?**

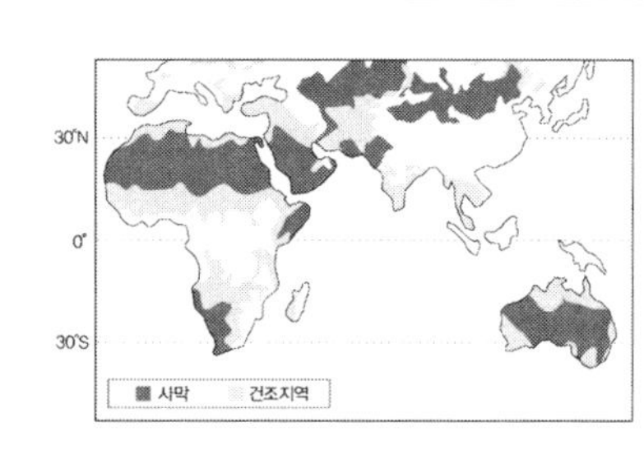

- 건조한 지역일수록 발생하기 쉽다.
- 무분별한 삼림 벌채 등과 같은 인위적 원인에 의해 심화 되고 있다.

① 장마　　　　　　　　　　② 라니냐
③ 사막화　　　　　　　　　④ 엘니뇨

ADVICE ① 장마 : 며칠 또는 몇 주 동안 지속적으로 비가 내리는 현상이다.
　　　② 라니냐 : 동태평양 적도 부근의 해수면 온도가 평년보다 낮아지는 현상이다.
　　　④ 엘니뇨 : 동태평양 적도 부근 해수면 온도가 0.5℃ 이상 높은 상태로 5개월 이상 지속되는 현상이다.

[물질의 규칙성과 화학 결합]

23 그림은 규산염 광물의 기본 구조인 규산염 사면체를 나타낸 것이다. 규산염 사면체가 독립적으로 존재할 때 규소(Si) 원자 1개와 결합된 산소(O) 원자의 개수는?

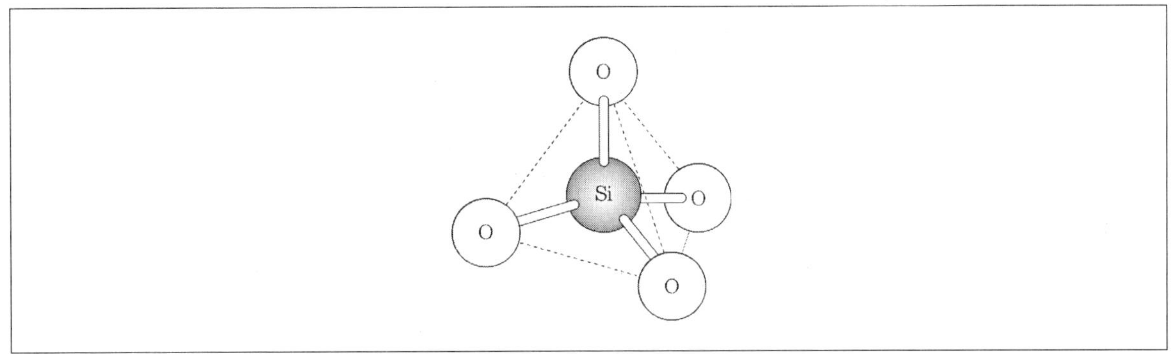

① 1개   ② 2개
③ 3개   ④ 4개

ADVICE ④ 규소(Si) 원자 1개는 4개의 산소(O) 원자와 결합되어 있다.

» **ANSWER** 21.④ 22.③ 23.④

24 그림은 열기관의 1회 순환 과정을 나타낸 것이다. 이에 대한 설명으로 옳은 것만을 〈보기〉에서 모두 고른 것은? (단, 열기관이 흡수한 열은 Q_1, 방출한 열은 Q_2, 한 일은 W이다.)

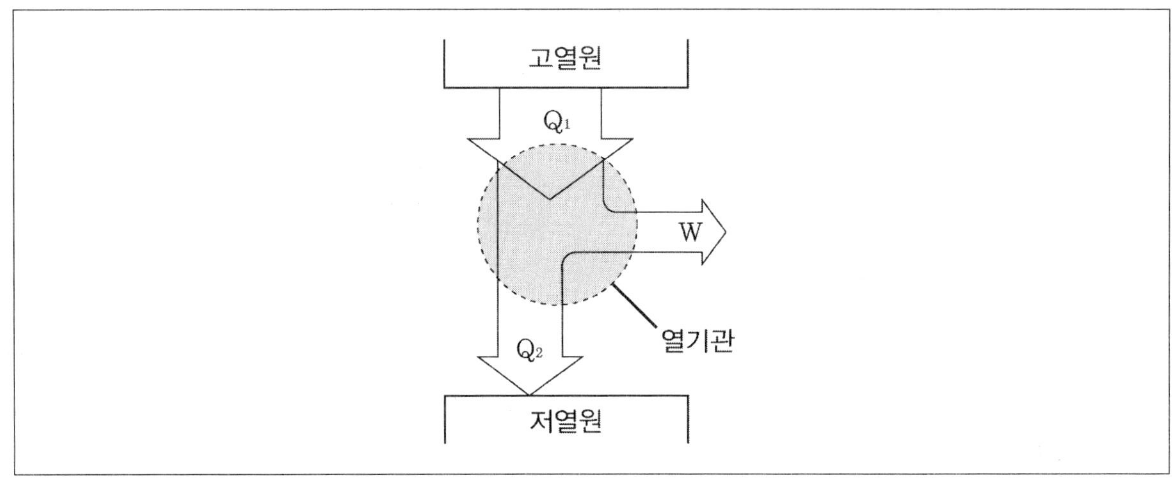

———— 〈보기〉 ————

㉠ $Q_1 > Q_2$
㉡ $W = Q_1 + Q_2$
㉢ W가 클수록 열효율이 크다.

① ㉠

② ㉡

③ ㉠, ㉢

④ ㉡, ㉢

ADVICE ㉠ 고열원에서 흡수한 열(Q_1)의 일부는 일로 전환되어야 열기관이 일을 할 수 있다. $Q_1 = W + Q_2$이므로 Q_1은 Q_2보다 커야 한다.
㉢ 열기관에서 일을 많이 할수록 열효율이 커진다.
㉡ 열역학 제 1법칙에 따라 $W = Q_1 - Q_2$이다.

25 그림은 수평 방향으로 10m/s의 속도로 던져진 공의 운동을 나타낸 것이다. 공이 2초 후 지면에 도달할 때 A ～ D 중 공의 도달 지점은? (단, 모든 마찰은 무시하고, 인접한 두 점선 사이의 거리는 10m이다.)

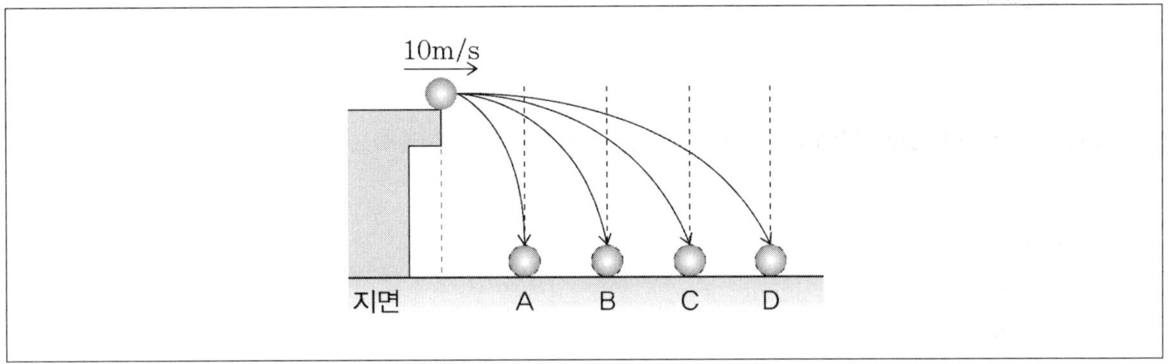

① A

② B

③ C

④ D

ADVICE ② 수평 도달 거리는 수평 속도와 시간의 곱으로 구해진다. 주어진 조건에 따른 수평 도달 거리는 10m/s×2s=20m이다. 두 점선 사이의 거리는 10m이므로 공의 도달지점은 B(20m)에 해당한다.

➤ **ANSWER** 24.③ 25.②

2021년 제2회 기출문제

CHAPTER 02

[역학적 시스템]

1 다음 중 질량이 있는 물체 사이에서 항상 당기는 방향으로 작용하는 힘은?

① 중력
② 마찰력
③ 자기력
④ 전기력

ADVICE ② 마찰력 : 물체가 움직이거나 움직이려고 할 때 방해하는 방향으로 작용하는 힘이다.
③ 자기력 : 자석의 N극과 S극처럼 다른 극 사이에서는 당기는 힘(인력)과 같은 극 사이에서 미는 힘(척력)이다.
④ 전기력 : 전하를 띤 물체 사이에 작용하는 힘이다.

[발전과 신재생 에너지]

2 다음 중 바람의 운동 에너지를 전기 에너지로 전환하는 발전 방식은?

① 수력 발전
② 풍력 발전
③ 화력 발전
④ 태양광 발전

ADVICE ① 수력 발전 : 물의 운동 에너지를 이용하여 전기 에너지를 생산한다.
③ 화력 발전 : 화석 연료를 이용하여 전기 에너지를 생산한다.
④ 태양광 발전 : 태양 에너지를 이용하여 전기 에너지를 생산한다.

3 그림과 같이 코일에 자석을 가까이할 때 발생하는 유도 전류의 세기를 크게 하는 방법으로 옳은 것만을 〈보기〉에서 모두 고른 것은?

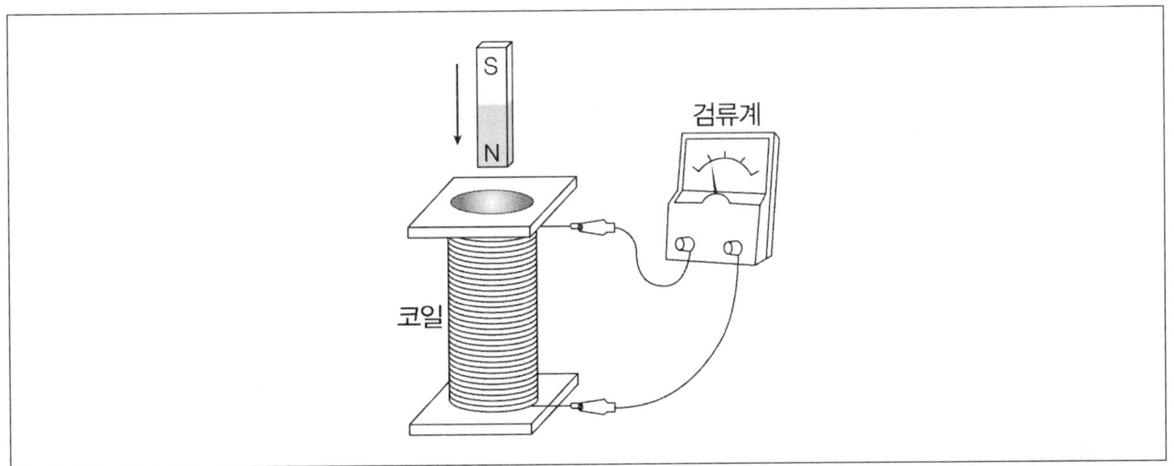

─── 〈보기〉 ───

㉠ 더 강한 자석을 사용한다.
㉡ 자석의 움직임을 더 빠르게 한다.
㉢ 단위 길이당 코일의 감은 수를 적게 한다.

① ㉠

② ㉢

③ ㉠, ㉡

④ ㉡, ㉢

ADVICE ㉠ 강한 자석을 사용하면 자기장 세기가 커지므로 유도 전류가 강해진다.
㉡ 자석 움직임이 빨라지면 코일을 통과하는 자기력선의 변화량이 증가하면서 유도 전류가 강해진다.
㉢ 코일의 감은 수는 유도 전류 세기에 비례하므로 코일의 감은 수를 많게 해야 유도 전류가 강해진다.

≫ **ANSWER** 1.① 2.② 3.③

4 다음 물체 A ~ D 중 운동량이 가장 큰 것은?

물체	질량(kg)	속도(m/s)
A	2	1
B	2	2
C	3	1
D	3	2

① A

② B

③ C

④ D

ADVICE ④ 운동량은 질량과 속도의 곱으로 구할 수 있다. A 2, B 4, C 3, D 6으로 운동량이 가장 큰 것은 D이다.

[발전과 신재생 에너지]

5 그림은 변압기의 구조를 나타낼 것이다. 1차 코일과 2차 코일에 걸리는 전압 크기의 비 $V_1 : V_2$는? (단, 도선과 변압기에서 에너지 손실은 무시한다.

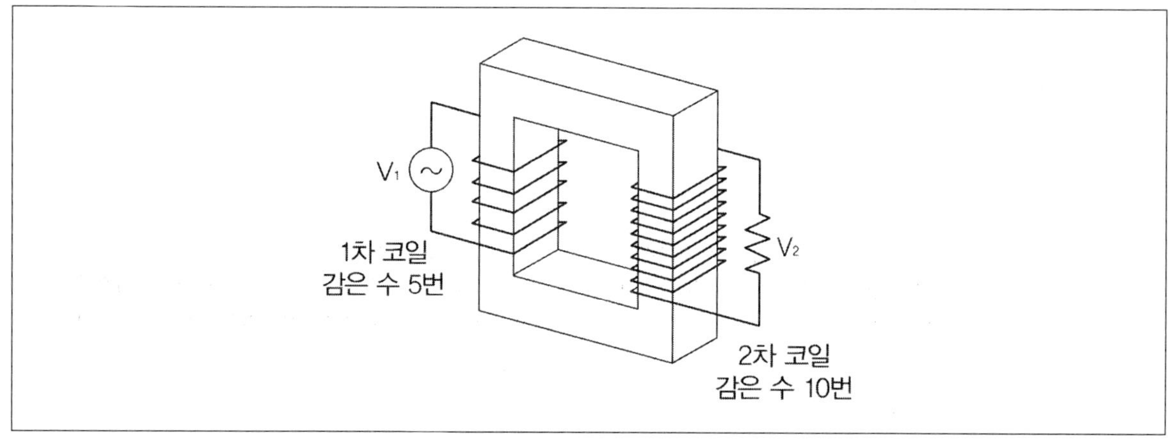

① 1 : 1

② 1 : 2

③ 2 : 1

④ 3 : 1

ADVICE ② 도선과 변압기에서의 에너지손실을 무시하면 1차 코일 감은 수는 5번이고 2차 코일 감은 수는 10번으로 전압 크기의 비는 5 : 10으로 1 : 2에 해당한다.

6 그림은 자유 낙하 하는 물체 A의 운동을 1초 간격으로 촬영한 것이다. ㉠ 구간의 거리는? (단, 공기 저항은 무시하고, 중력 가속도는 10m/s^2 으로 한다.)

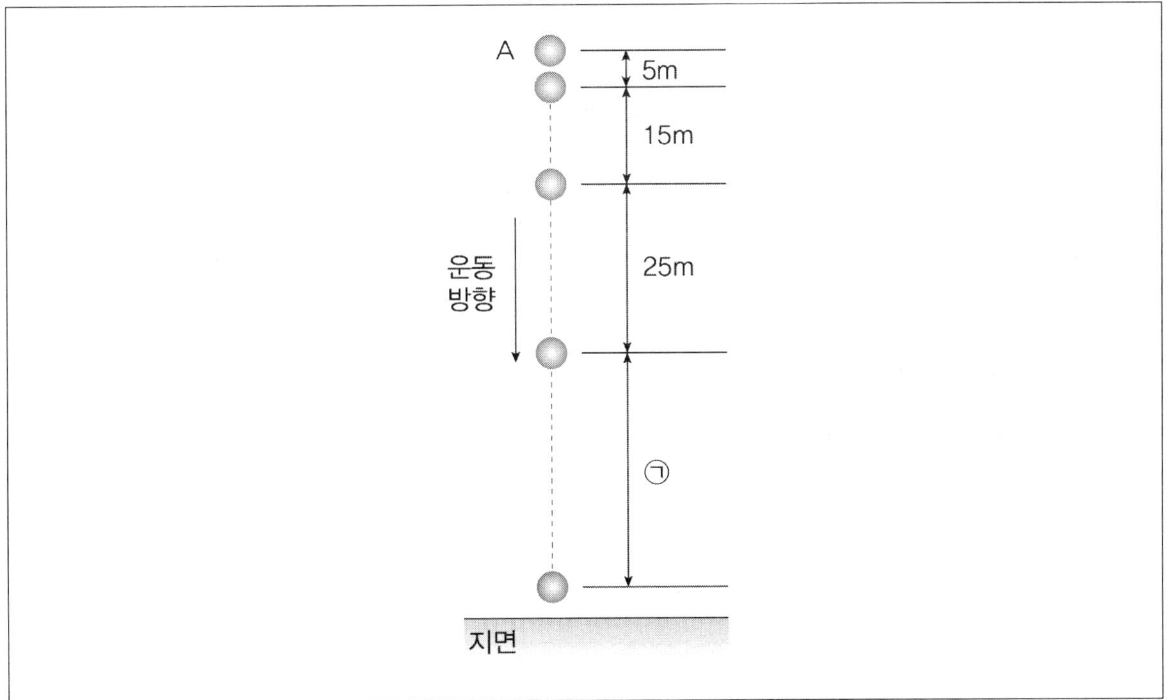

① 30m

② 35m

③ 40m

④ 45m

ADVICE ② 1초 간격으로 촬영한 자유 낙하하는 물체 A는 첫 1초에서 5m, 두 번째 1초에서 15m, 세 번째 1초에서 25m이다. 1초마다 10m/s씩 속도는 증가한다.

첫 1초 : (0 + 10)/2=5m/s

두 번째 1초 : (10 + 20)/2=15m/s

세 번째 1초 : (20 + 30)/2=25m/s이다.

㉠은 네 번째 1초 구간으로 25 + 10 = 35m에 해당한다.

▶ ANSWER 4.④ 5.② 6.②

7 그림은 탄소의 원자 모형을 나타낸 것이다. 이에 대한 설명으로 옳은 것만을 〈보기〉에서 모두 고른 것은?

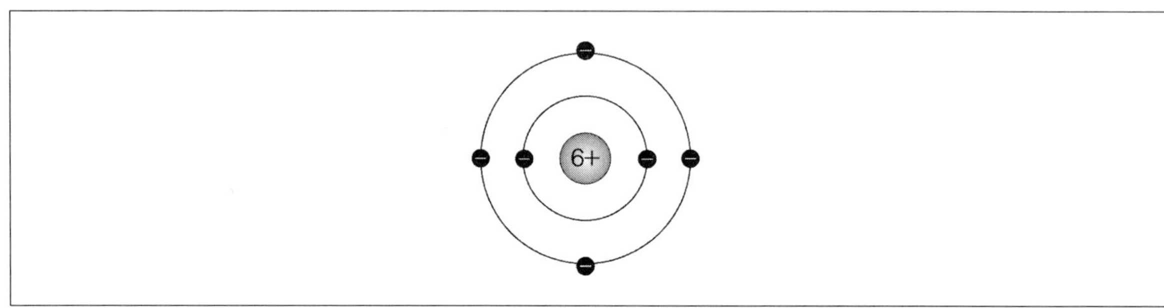

〈보기〉

㉠ 전기적으로 중성이다.
㉡ 원자 번호는 6번이다.
㉢ 원자가 전자는 5개이다.

---

① ㉠

② ㉢

③ ㉠, ㉡

④ ㉡, ㉢

ADVICE ㉠ 원자핵에 6+로 양성자가 6개에 해당한다. 전자껍질에 배열된 전자의 수는 6개이다. 양전하와 음전하 수가 같으므로 중성이다.

㉡ 원자번호는 원자핵 속의 양성자 수이다.

㉢ 원자가 전자는 4개에 해당한다.

[물질의 규칙성과 화학 결합]

8 표는 몇 가지 원소의 가장 바깥쪽 전자껍질에 배치되어 있는 전자 수를 나타낸 것이다. 이 중 주기율표에서 같은 족에 속하는 원소를 고른 것은?

원소	가장 바깥쪽 전자껍질의 전자 수
He	2개
Li	1개
Na	1개
Cl	7개

① Li, Cl

② He, Cl

③ Li, Na

④ He, Na

ADVICE Li(리튬)은 가장 바깥쪽 전자껍질의 전자 수가 1개이고 1족 원소이다.
Na(나트륨)은 가장 바깥쪽 전자껍질의 전자 수가 1개이고 1족 원소이다.
He(헬륨)은 가장 바깥쪽 전자껍질의 전자 수가 2개이고 18족에 해당한다.
Cl(염소)는 가장 바깥쪽 전자껍질의 전자 수가 7개이고 17족 원소이다.
같은 족에 속하는 원소는 Li와 Na이다.

[물질의 규칙성과 화학 결합]

9 다음 중 인체의 약 70%를 차지하며, 수소 원자 2개와 산소 원자 1개가 공유 결합하여 생성된 물질은?

① 물(H_2O)

② 암모니아(NH_3)

③ 염화 나트륨($NaCl$)

④ 수산화 나트륨($NaOH$)

ADVICE ② 암모니아 : 질소 원자 1개와 수소 원자 3개이다.
③ 염화 나트륨 : 나트륨 이온과 염화 이온이 이온 결합을 한 물질이다.
④ 수산화 나트륨 : 나트륨 이온과 수산화 이온이 이온 결합을 한 물질이다.

[자연의 구성 물질]

10 다음 신소재의 공통적인 구성 원소는?

그래핀	플러렌	탄소 나노 튜브
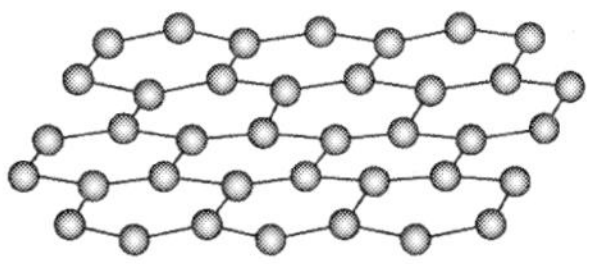	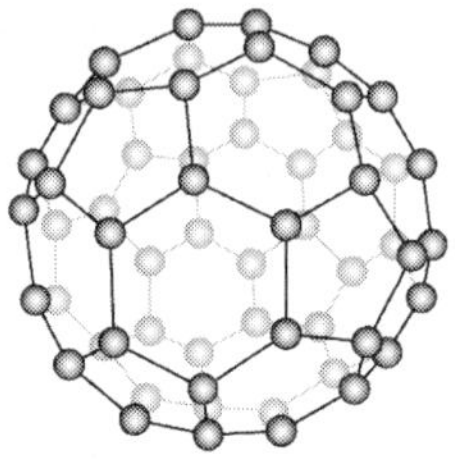	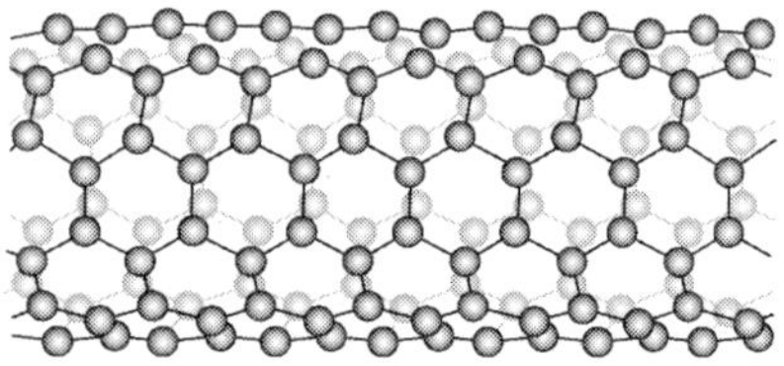

① 수소
② 염소
③ 질소
④ 탄소

ADVICE ④ 그래핀, 플러렌, 탄소 나노 튜브가 공통적으로 구성한 원소는 탄소이다.

[화학 변화]

11 다음은 몇 가지 염기의 이온화를 나타낸 것이다. 염기의 공통적 성질을 나타내는 이온은?

- $KOH \rightarrow K^{+} + OH^{-}$
- $NaOH \rightarrow Na^{+}\ OH^{-}$
- $Ca(OH)_2 \rightarrow Ca^{2+} + 2OH^{-}$

① 칼륨 이온(K^{+})
② 칼슘 이온($Ca2^{+}$)
③ 나트륨 이온(Na^{+})
④ 수산화 이온(OH^{-})

ADVICE ④ KOH(수산화 칼륨), NaOH(수산화 나트륨), $Ca(OH)_2$(수산화 칼슘)이 공통적으로 내놓는 이온은 수산화 이온(OH^{-})이다.

12 다음 중 산과 염기의 중화 반응 사례가 아닌 것은?

① 속이 쓰릴 때 제산제를 먹는다.

② 철이 공기 중의 산소와 만나 녹슨다.

③ 생선 요리에 레몬이나 식초를 뿌린다.

④ 산성화된 토양에 석회 가루를 뿌린다.

ADVICE ② 철이 산소를 만나서 산화철을 형성하는 산화 환원 반응이다.
　　　　① 위산 분비로 속이 쓰릴 때 염기성 물질이 포함된 제산제로 중화한다.
　　　　③ 생선의 비린 맛은 염기성 물질로 발생하므로 레몬이나 식초에 포함된 산성 물질이 중화시킨다.
　　　　④ 산성 물질이 많은 토양에 염기성 물질인 석회 가루를 뿌리는 중화 반응이다.

[자연의 구성물질]

13 다음 설명에 해당하는 물질은?

> • 기본 단위체인 아미노산의 다양한 조합으로 형성된 고분자 물질이다.
> • 근육과 항체의 구성 물질이다.

① 핵산　　　　　　　　　　　　② 단백질

③ 지방산　　　　　　　　　　　④ 셀룰로스

ADVICE ① 핵산 : 뉴클레오타이드라는 단위체로 연결된 중합체로 유전 정보를 저장하고 전달한다.
　　　　③ 지방산 : 지방이나 인지질을 구성하는 기본 단위체이다.
　　　　④ 셀룰로스 : 포도당 단위체들이 길게 연결되어 형성된 다당류이다.

» ANSWER 10.④　11.④　12.②　13.②

14 그림과 같이 물질을 종류에 따라 선택적으로 이동시키는 세포막의 특성은?

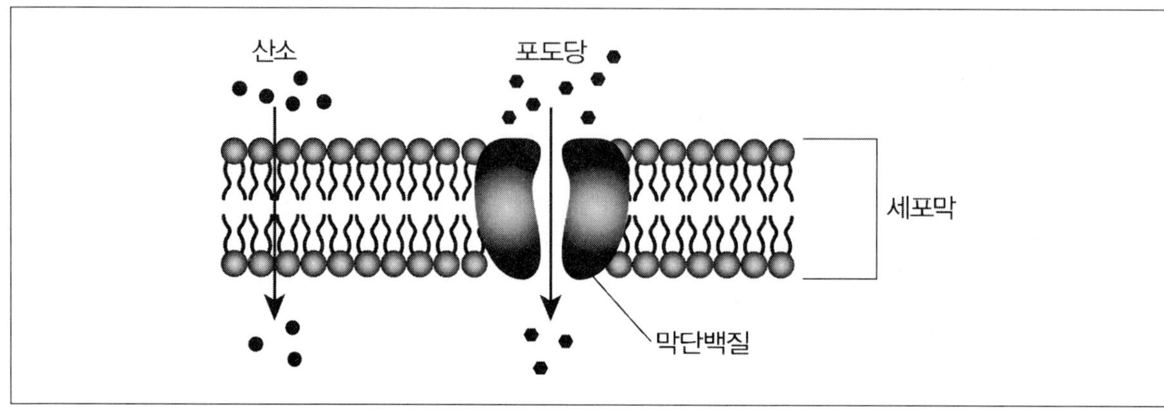

① 내성

② 주기성

③ 종 다양성

④ 선택적 투과성

ADVICE ④ 선택적으로 물질을 투과시키는 선택적 투과성에 해당한다.

15 다음 중 생명체 내에서 물질이 분해되거나 합성되는 모든 화학 반응은?

① 물질대사

② 부영양화

③ 먹이 그물

④ 유전적 다양성

ADVICE ② 부영양화 : 수생태계에 영양 염류가 유입되면서 조류나 수생식물이 과도하게 번성하는 현상이다.

③ 먹이 그물 : 생물 종들 간에 먹고 먹히는 관계 형태이다.

④ 유전적 다양성 : 한 종(種) 내의 개체들 간에 유전 정보의 변이의 다양성을 나타낸다.

[생명 시스템]

16 그림은 세포 내 유전 정보의 흐름을 나타낸 것이다. 물질 ㉠은?

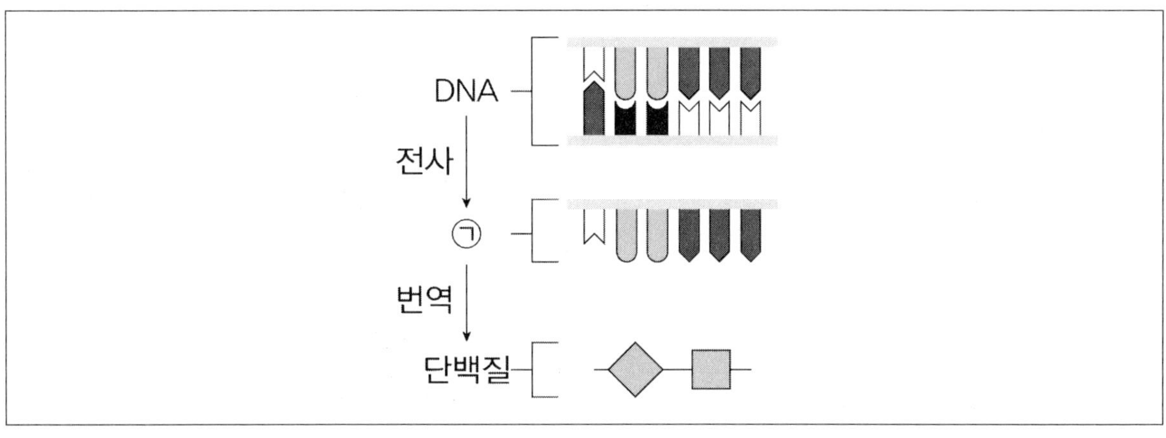

① RNA
② 인지질
③ 글리코젠
④ 중성 지방

ADVICE ① DNA가 전사되면 RNA가 되고 번역되어 단백질로 나타난다.

[생명 시스템]

17 그림은 식물 세포의 구조를 나타낸 것이다. A~D 중 세포막 바깥쪽에 있는 단단한 구조물로서 세포의 형태를 유지하는 역할을 하는 것은?

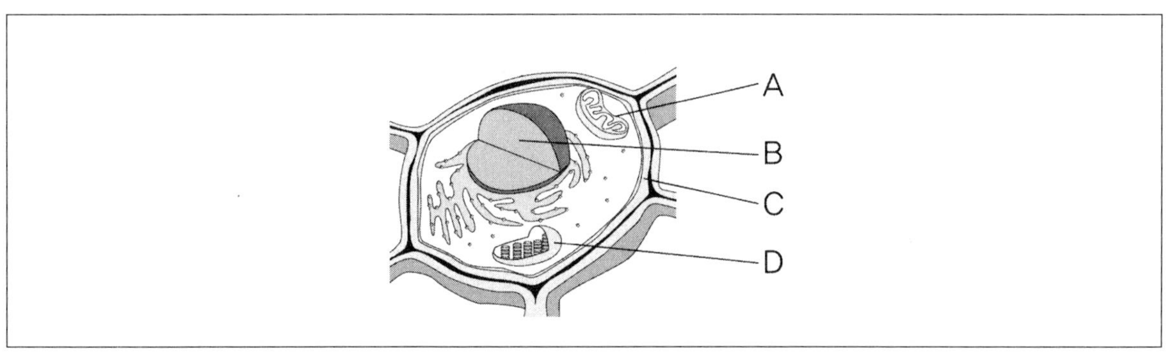

① A
② B
③ C
④ D

ADVICE ③ 세포벽(C) : 세포막 바깥쪽에 있는 단단한 구조물로서 세포의 형태를 유지한다.
① 미토콘드리아(A) : 세포 호흡을 통해 에너지를 생산한다.
② 핵(B) : 세포의 유전 정보를 담고 세포 활동을 조절한다.
④ 엽록체(D) : 광합성을 통해 포도당을 합성한다.

≫ ANSWER 14.④ 15.① 16.① 17.③

18 다음 중 벼, 메뚜기, 개구리 세 개체군이 살고 있는 지역의 안정된 생태계 평형 상태를 나타낸 것은? (단, 각 영양 단계의 면적은 생물량을 나타낸다.)

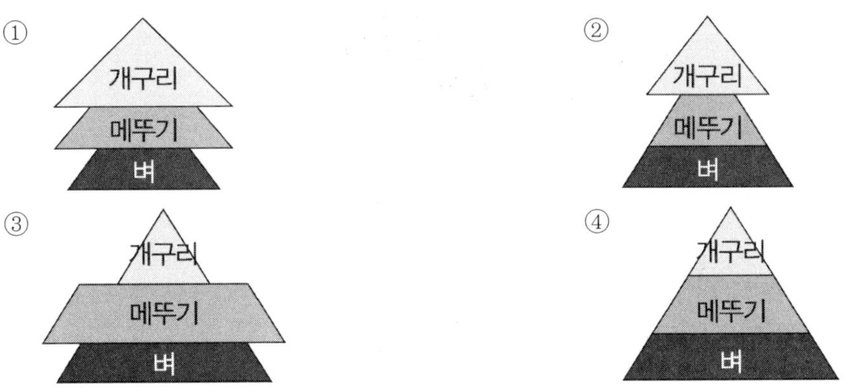

ADVICE ④ 생산자가 가장 많고 1차 소비자와 각각 상위 소비자로 갈수록 개체군의 수가 줄어드는 것이 안정된 생태계 평형 상태이다.

19 그림은 태양과 비슷한 질량을 가진 어느 별의 내부 구조이다. 다음 중 이 별에서 핵융합 반응으로 만들어진 원소는?

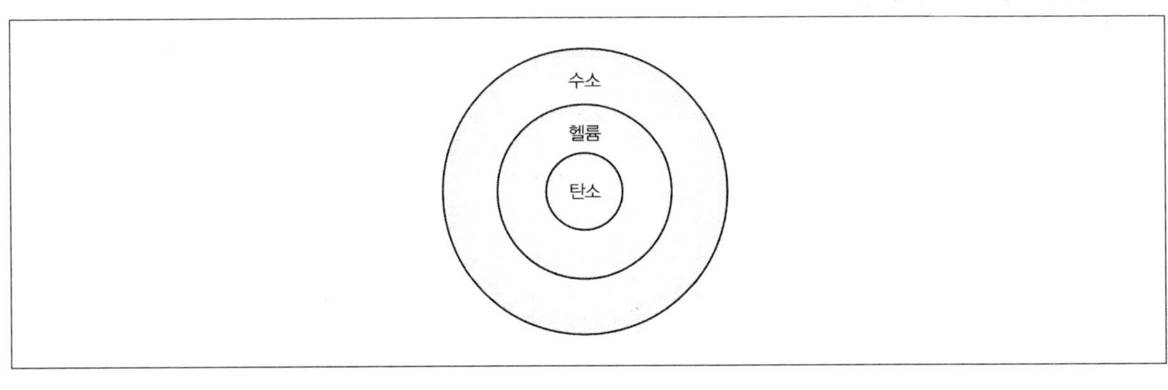

① 납   ② 철
③ 구리   ④ 헬륨

ADVICE ④ 수소 핵융합으로 헬륨 원자핵을 생성한다. 헬륨은 수소의 핵융합 반응으로 생성되는 원소에 해당한다.

20 다음 중 생태계의 비생물적 요인은?

① 세균　　　　　　　　　　　　② 온도

③ 곰팡이　　　　　　　　　　　④ 식물 플랑크톤

ADVICE ② 세균, 곰팡이, 식물 플랑크톤은 생태계의 생물적인 요인이다. 온도는 환경적인 요인으로 비생물적 요인이다.

[지구 시스템]

21 다음 중 밑줄 친 ㉠에서 상호 작용 하는 지구 시스템의 구성 요소는?

태풍

수온이 따뜻한 열대 해상에서 ㉠ 해수가 활발히 증발해 대기로 공급된 수증기가 응결하여 태풍이 발생한다.

① 수권과 기권　　　　　　　　② 수권과 지권

③ 외권과 지권　　　　　　　　④ 기권과 생물권

ADVICE ① ㉠에서 해수(수권)가 활발히 증발해서 대기로 공급(기권)된 수증기가 응결하여 태풍을 발생시키는 것은 수권과 기권의 상호작용이다.

》 ANSWER 18.④　19.④　20.②　21.①

22 그림은 남아메리카판과 아프리카판의 경계와 두 판의 이동 방향을 화살표로 나타낸 것이다. 다음 중 발산형 경계 A에서 나타나는 지형은?

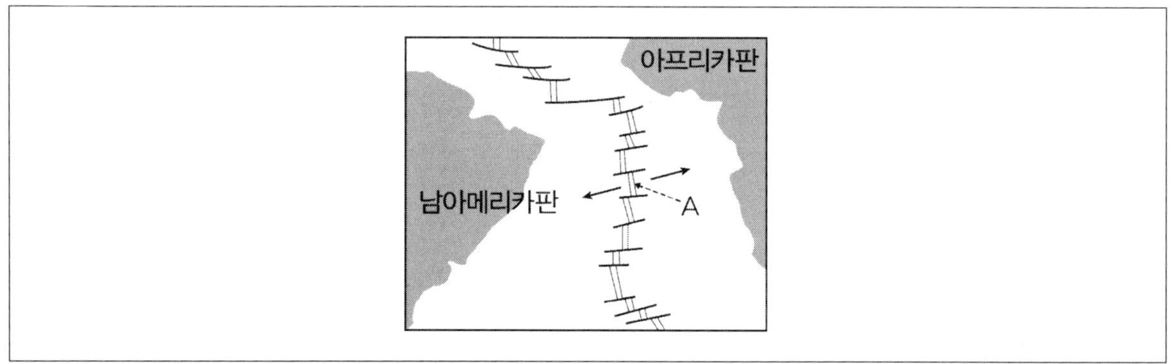

① 해구

② 해령

③ 습곡 산맥

④ 호상 열도

ADVICE ② 해령 : 해양판이 발산하는 경계에서 새로운 지각이 생성되면서 형성되는 해저 산맥으로 발산형 경계에 해당한다.
　　　① 해구 : 판 끼리 서로 충돌하여 한 쪽이 다른 쪽 밑으로 들어가는 현상이 일어난 곳에 형성되는 깊은 골짜기로 수렴형 경계에 해당한다.
　　　③ 습곡산맥 : 대륙판과 대륙판이 충돌하거나 해양판이 대륙판 아래로 들어가는 수렴형 경계에서 형성되는 거대한 산맥이다.
　　　④ 호상열도 : 해양판이 해양판 아래로 들어가는 수렴형 경계에서 마그마 분출로 형성되는 활 모양의 화산섬이다.

23 그림은 물의 순환을 나타낸 것이다. 다음 중 이 현상을 일으키는 지구 시스템의 주된 에너지원은?

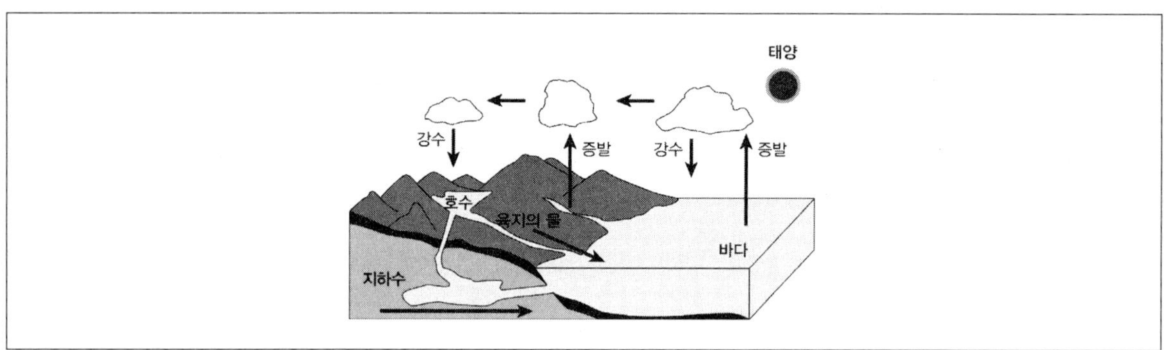

① 전기 에너지

② 조력 에너지

③ 태양 에너지

④ 지구 내부 에너지

ADVICE ③ 바다나 육지의 물이 태양 에너지에 의해서 증발하여 강수가 나타나는 것으로 주된 에너지원은 태양 에너지에 해당한다.

24 그림은 높이에 따른 기권의 기온 분포를 나타낸 것이다. A ~ D 중 자외선을 흡수하는 오존층이 있으며 대류가 일어나지 않는 안정된 층은?

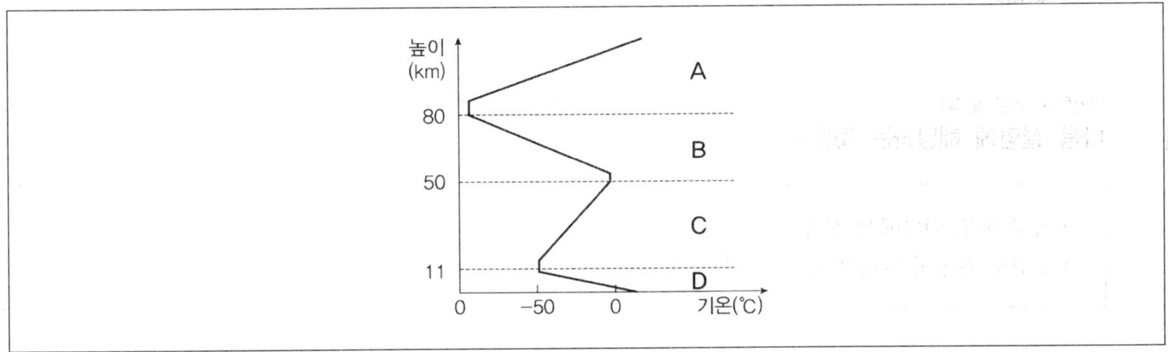

① A

② B

③ C

④ D

ADVICE ③ 성층권(C) : 높이 올라갈수록 기온이 높아지며 오존층이 존재하여 자외선을 흡수한다. 대류가 거의 없어 안정된 층이다.

① 열권(A) : 높이 올라갈수록 기온이 급격히 높아지며 오로라가 나타난다.

② 중간권(B) : 수증기가 거의 없어 기상현상이 없으며 유성이 관측되는 층이다.

④ 대류권(D) : 수증기가 존재하며 기상현상이 나타난다.

25 다음 설명에 해당하는 표준 화석은?

① 매머드

② 삼엽충

③ 화폐석

④ 암모나이트

ADVICE ② 삼엽충은 고생대에 번성하였다.

③ 화폐석은 신생대에 번성하였으나 제공된 이미지의 동물은 아니다.

④ 암모나이트는 중생대에 번성하였다.

》 ANSWER 22.② 23.③ 24.③ 25.①

CHAPTER 03

2022년 제1회 기출문제

[자연의 구성 물질]

1 다음 설명에 해당하는 것은?

> • 특정 온도 이하에서 전기 저항이 0이 된다.
> • 초전도 현상이 나타날 때 자석 위에 뜰 수 있다.

① 고무   ② 나무

③ 유리   ④ 초전도체

ADVICE ④ 특정 온도 이하에서 전기 저항이 0이 되면서 초전도 현상이 나타나는 것은 초전도체에 해당한다.

[발전과 신재생 에너지]

2 태양광 발전의 특징으로 옳은 것만을 〈보기〉에서 모두 고른 것은?

> ──── 〈보기〉 ────
> ㉠ 태양 전지를 이용한다.
> ㉡ 날씨의 영향을 받는다.
> ㉢ 우라늄을 연료로 사용한다.

① ㉠   ② ㉢

③ ㉠, ㉡   ④ ㉡, ㉢

ADVICE ㉠㉡ 태양광 발전은 태양 전지를 이용하기에 날씨의 영향을 받는다.
㉢ 우라늄을 원료로 사용하는 것은 핵발전에 해당한다.

[역학적 시스템]

3 표는 수평 방향으로 던진 물체의 수평 방향 속도와 연직 방향 속도를 시간에 따라 나타낸 것이다. ㉠＋㉡의 값은? (단, 중력 가속도는 $10m/s^2$이고, 공기 저항은 무시한다.)

물체	속도(m/s)	
	수평 방향	연직 방향
1	5	10
2	㉠	20
3	5	㉡
4	5	40

① 35

② 40

③ 45

④ 50

ADVICE ㉠ 수평 방향 속도는 일정하므로 5m/s이다.

㉡ 연직 방향은 매초 10m/s 늘어나고 있으므로 30m/s에 해당한다.

㉠과 ㉡의 합은 35가 된다.

4 그림과 같이 자석을 코일 속에 넣었다 뺐다 하면 검류계의 바늘이 움직인다. 이 현상에 대한 설명으로 옳은 것만을 〈보기〉에서 모두 고른 것은?

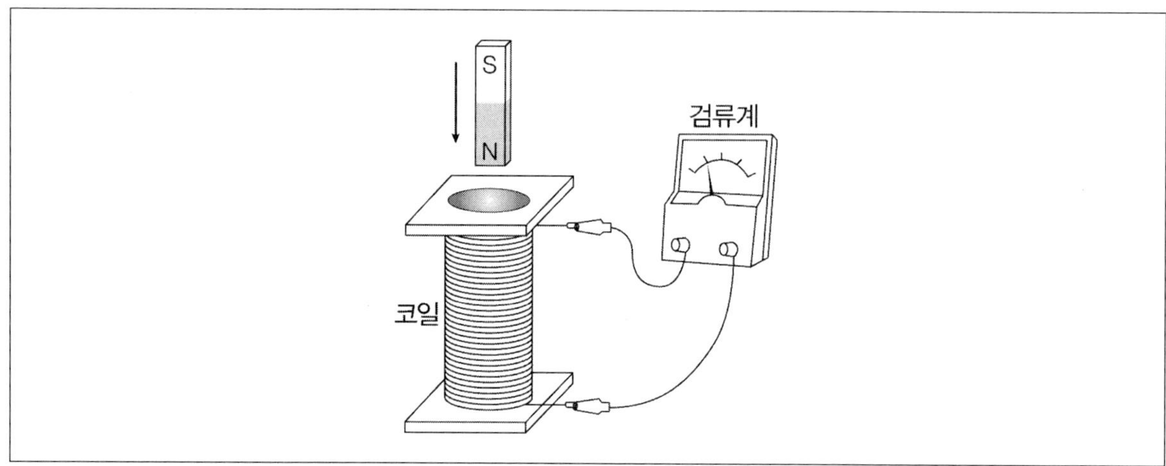

———————— 〈보기〉 ————————

㉠ 코일에 유도 전류가 흐른다.
㉡ 검류계의 바늘은 한 방향으로만 움직인다.
㉢ 발전기는 이러한 현상을 이용한다.

① ㉠
② ㉡
③ ㉠, ㉢
④ ㉡, ㉢

ADVICE ㉠ 코일 근처에서 자석을 움직이면 코일에 전류가 흐른다. 이것이 유도 전류이며 전류는 자기장의 변화를 방해하는 방향으로 흐른다.
㉢ 발전기는 코일이 회전할 때 코일을 통과하는 자기장의 변화를 통해 전기 에너지를 만드는데, 이는 전자기 유도의 원리를 활용한 것이다.
㉡ 검류계의 바늘은 자석이 움직이는 방향에 따라 달라진다.

5 그림과 같이 수평면에서 질량이 3kg인 물체가 4m/s의 일정한 속도로 운동하다가 벽에 충돌하여 정지했다. 물체가 벽으로부터 받은 충격량의 크기는 몇 N·s인가? (단, 모든 마찰은 무시한다.)

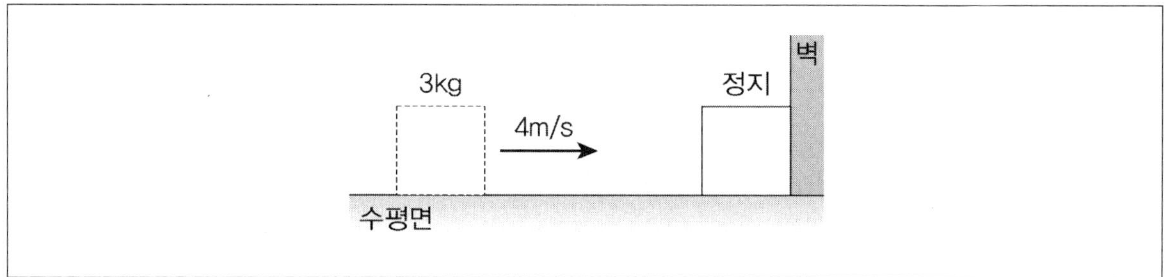

① 11

② 12

③ 13

④ 14

ADVICE ② 3kg 물체가 충돌 전에 4m/s 속도로 벽을 향하고 물체 충돌 후의 속도는 0m/s이다.
충격량은 나중 운동량에서 처음 운동량을 뺀 값이다.
충격량=나중 운동량(3kg × 0m/s)−처음 운동량(3kg × 4m/s)=−12kg·m/s에 해당한다.
절댓값을 취하는 충격량 크기는 12N·s이다.

6 **다음 중 수소와 산소의 화학 반응을 이용한 연료 전지에서의 에너지 전환은?**

① 소리 에너지 → 열에너지

② 운동 에너지 → 핵에너지

③ 파동 에너지 → 빛에너지

④ 화학 에너지 → 전기 에너지

ADVICE ④ 수소와 산소의 화학 반응을 통해서 전기 에너지를 생산하는 것은 수소와 산소의 화학 반응으로 발생하는 화학 에너지를 통해 전기를 생산하는 것이다.

> ANSWER 4.③ 5.② 6.④

[자연의 구성물질]

7　다음 중 소금을 구성하는 알칼리 금속 원소는?

① 수소

② 질소

③ 나트륨

④ 아르곤

ADVICE ③ 나트륨은 1족 알칼리 금속 원소에 해당한다.
　　　　①② 수소와 질소는 비금속 원소에 해당한다.
　　　　④ 아르곤은 비활성 기체 원소이다.

[화학 변화]

8　다음 화학 반응식에서 산화되는 반응 물질은?

$$2Ag^+ + Cu \rightarrow 2Ag + Cu^{2+}$$

① Ag^+

② Cu

③ Ag

④ Cu^{2+}

ADVICE ② Ag+(은 이온)이 Cu(구리)를 만나서 Ag로 환원되고 Cu는 산화된다. 산화되는 반응 물질은 Cu에 해당한다.

[화학 변화]

9 다음은 몇 가지 산의 이온화를 나타낸 것이다. 산의 공통적인 성질을 나타내는 이온은?

> - $HCl \rightarrow H^+ + Cl^-$
> - $H_2SO_4 \rightarrow 2H^+ + SO_4^{2-}$
> - $CH_3COOH \rightarrow H^+ + CH^3COO^-$

① 수소 이온(H^+)
② 염화 이온(Cl^-)
③ 황산 이온(SO_4^{2-})
④ 아세트산 이온(CH_3COO^-)

ADVICE ① HCl(염산), H₂SO₄(황산), CH₃COOH(아세트산)은 수소 이온(H^+)이 공통적으로 내놓는다.

[물질의 규칙성과 화학 결합]

10 그림은 플루오린 원자(F)의 전자 배치를 나타낸 것이다. 가장 바깥 전자껍질에 들어 있는 전자의 개수는?

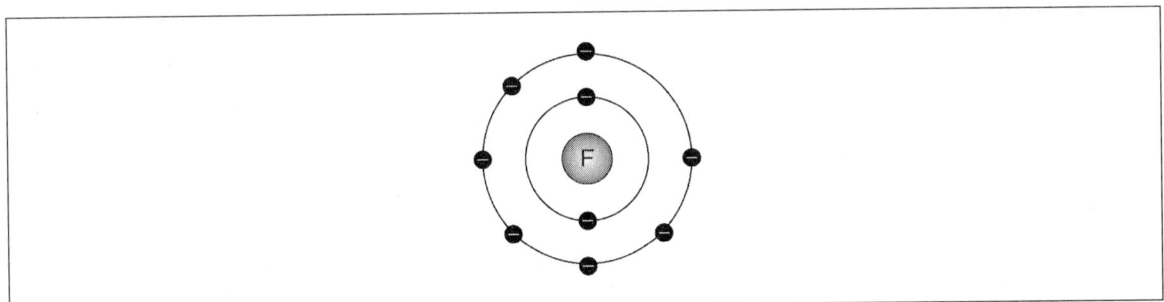

① 5개
② 6개
③ 7개
④ 8개

ADVICE ③ 가장 바깥 전자껍질에는 7개의 전자가 있다.

» **ANSWER** 7.③ 8.② 9.① 10.③

11 다음은 수소(H_2)의 연소 반응을 나타낸 화학 반응식이다. ㉠에 해당하는 것은?

$$2H_2 + (\ \text{㉠}\ ) \rightarrow 2H_2O$$

① O_2

② F_2

③ Cl_2

④ N_2

ADVICE ① 수소(H_2)는 산소(O_2)와 만나서 물(H_2O)가 된다.

[물질의 규칙성과 화학 결합]

12 그림은 주기율표의 일부를 나타낸 것이다. 임의의 원소 A~D 중 화학적 성질이 비슷한 원소끼리 짝지은 것은?

주기 \ 족	1	2	…	17	18
1	A				
2			…	B	
3		C		D	

① A, C

② A, D

③ B, C

④ B, D

ADVICE ④ 주기율표에서 같은 족에 있는 원소들은 원자가 전자 수가 같거나 비슷하여 화학적 성질이 비슷하다.
①②③ 족이 다르므로 화학적 성질이 다르다.

[생명 시스템]

13 다음 중 생명체 내에서 화학 반응에 관여하는 생체 촉매는?

① 물   ② 녹말

③ 효소   ④ 셀룰로스

ADVICE ③ 생명체 내에서 일어나는 화학 반응의 활성화 에너지를 낮춰 반응 속도를 빠르게 해주는 생체 촉매 역할을 한다.
②④ 녹말과 셀룰로스는 포도당으로 이루어진 다당류에 해당한다.

[생명 시스템]

14 그림은 세포막의 구조와 세포막을 통한 물질의 이동을 나타낸 것이다. 이에 대한 설명으로 옳은 것만을 〈보기〉에서 모두 고른 것은?

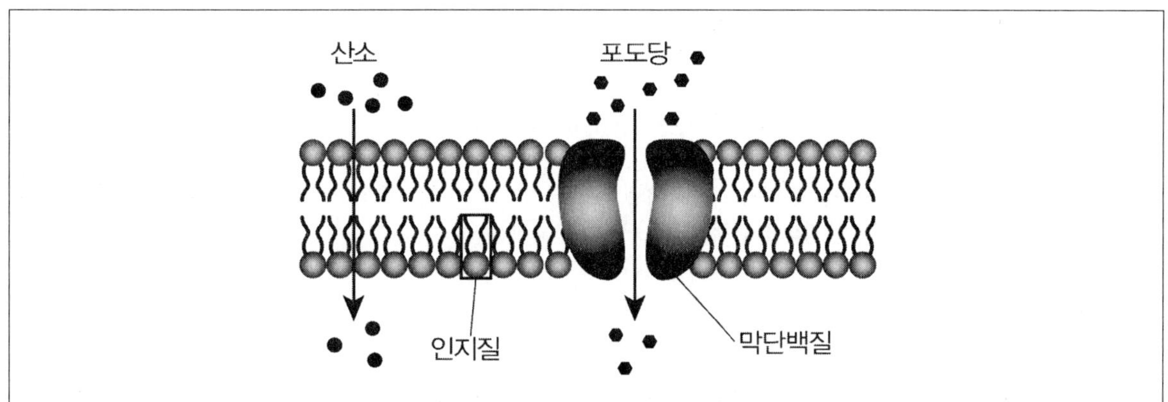

─────── 〈보기〉 ───────

㉠ 세포막은 인지질로만 구성되어 있다.
㉡ 산소는 인지질 2중층을 직접 통과한다.
㉢ 포도당은 막단백질을 통해 이동한다.

① ㉠   ② ㉢

③ ㉠, ㉡   ④ ㉡, ㉢

ADVICE ㉡ 산소는 기체 분자로 인지질 2중층을 통과하여 이동한다.
㉢ 포도당은 수용성 물질로 막단백질을 통과하여 이동한다.
㉠ 세포막은 막단백질로도 구성되어 있다.

> **ANSWER**   11.①   12.④   13.③   14.④

15 그림은 어떤 동물 세포의 구조를 나타낸 것이다. A ~ D 중 유전 물질인 DNA가 들어 있는 것은?

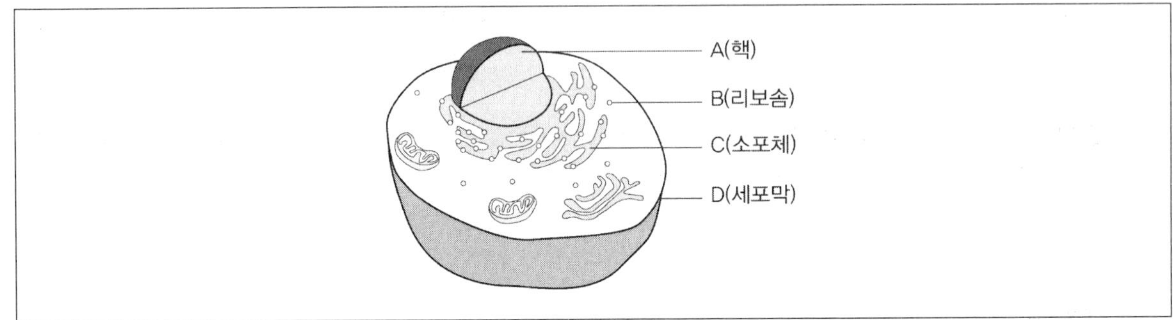

① A   ② B
③ C   ④ D

> **ADVICE** ① 핵(A) : 세포의 유전 정보를 저장한 DNA를 포함하고 있어 세포의 생명 활동을 조절하고 통제한다.
> ② 리보솜(B) : RNA와 단백질로 구성된 세포 소기관으로 단백질을 합성하는 장소이다. DNA가 mRNA를 통해서 전
> 달되면 리보솜에서 아미노산을 연결하면서 단백질을 생성한다.
> ③ 소포체(C) : 핵막과 연결되어 세포질 전체에 퍼져 있는 막 구조 그물망이다.
> ④ 세포막(D) : 세포를 둘러싸고 있는 외부 환경과 경계를 이루는 막으로 인지질과 단백질로 구성된다. 세포 형태
> 유지와 선택적 투과성을 통해 세포 내부 환경 유지를 한다.

16 그림은 지각을 구성하는 규산염 광물의 기본 구조(sio₄)를 나타낸 것이다. ㉠에 해당하는 원소는?

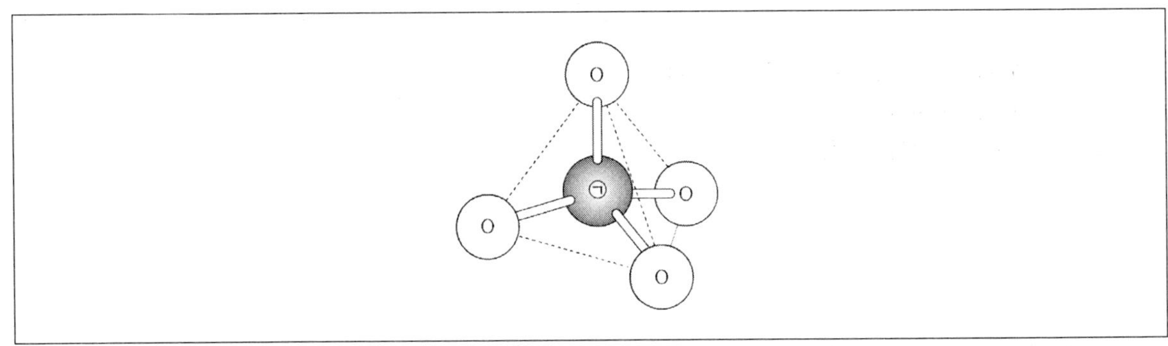

① Mg   ② Si
③ Ca   ④ F

> **ADVICE** ② ㉠에 해당하는 것은 Si(규소)에 해당한다.

[지구 시스템]

17 다음은 지구 시스템 각 권의 상호 작용에 의한 자연 현상 이다. 이와 관련된 지구 시스템의 구성 요소는?

> • 지하수의 용해 작용으로 석회 동굴이 형성되었다.
> • 파도의 침식 작용으로 해안선의 모양이 변하였다.

① 기권, 외권
② 수권, 지권
③ 외권, 생물권
④ 지권, 생물권

ADVICE ② 지하수의 용해 작용(수권)의 영향으로 석회 동굴(지권)이 형성된다.
파도의 침식 작용(수권)으로 해안선 모양(지권)이 변화한다.
따라서 지구 시스템의 수권과 지권의 요소로 상호 작용하여 나타난 자연 현상이다.

[생태계와 환경]

18 그림은 어느 해양 생태계의 에너지 피라미드를 나타낸 것이다. 다음 중 ㉠에 해당하는 생물은?

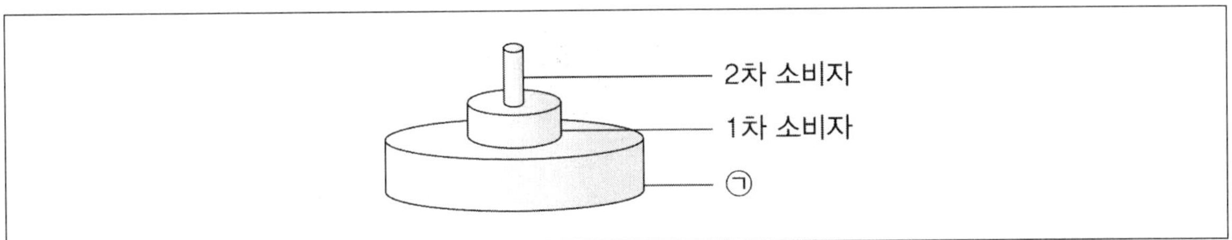

① 멸치
② 상어
③ 오징어
④ 식물 플랑크톤

ADVICE ④ ㉠은 유기물을 스스로 생산하는 생산자로 식물 플랑크톤이 이에 해당한다.

19 다음 중 생물 다양성 보전을 위한 노력으로 적절한 것은?

① 폐수 방류

② 서식지 파괴

③ 무분별한 벌목

④ 멸종 위기종 보호

ADVICE ④ 생물 다양성을 보전하기 위해서는 환경 보존이 필요하다. 이에 가장 적절한 것은 멸종 위기종을 보호하는 것이다.

20 그림은 모든 핵융합 반응을 마친 어느 별의 내부 구조를 나타낸 것이다. 다음 중 중심부 ㉠에 생성된 금속 원소는? (단, 별의 질량은 태양의 10배이다.)

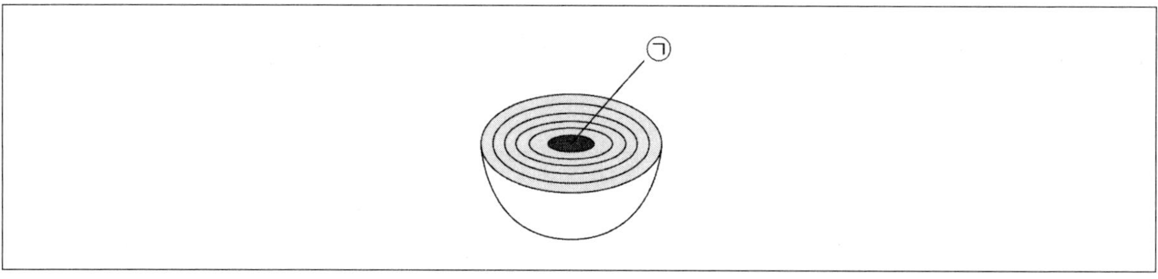

① 철

② 산소

③ 염소

④ 질소

ADVICE ① 태양과 비슷한 질량을 가진 별은 수소, 헬륨, 탄소·산소까지 핵융합 반응한다. 태양보다 질량이 무거운 경우에는 중심부 온도가 높아서 수소, 헬륨, 탄소, 산소, 네온, 규소 등의 핵융합이 차례로 일어나고 핵의 중심에는 철이 생성된다.

21 다음 설명에 해당하는 지질 시대는?

> • 판게아가 분리되었다.
> • 다양한 공룡이 번성하였다.

① 선캄브리아 시대
② 고생대
③ 중생대
④ 신생대

ADVICE ③ 판게아가 분리되고 공룡이 번성한 시대는 중생대에 해당한다.
① 선캄브리아 시대에는 판게아가 형성되지 않았다.
② 고생대에는 삼엽충이 번성하였고 초기에 생물 수가 급증하였다.
④ 신생대에는 현재와 비슷한 수륙 분포가 형성되었고 포유류가 번성하였다.

[생명 시스템]

22 다음 설명에 해당하는 물질은?

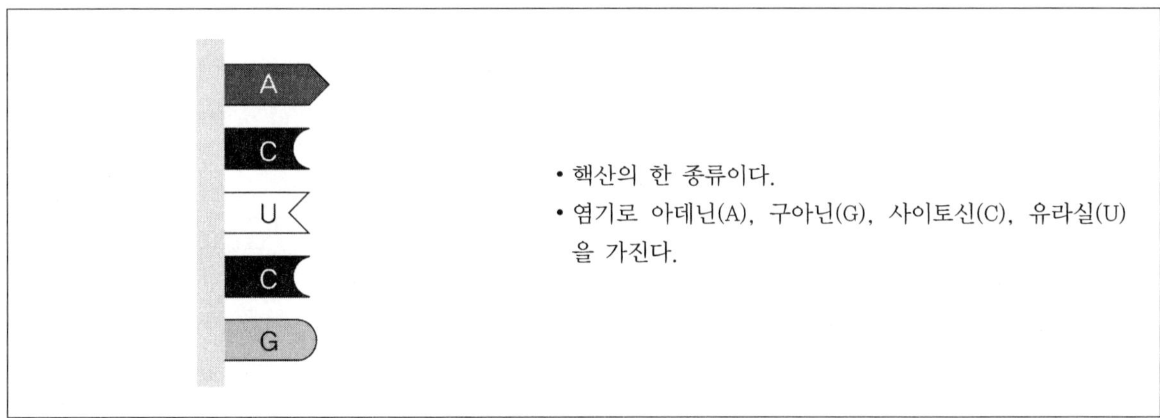

> • 핵산의 한 종류이다.
> • 염기로 아데닌(A), 구아닌(G), 사이토신(C), 유라실(U)을 가진다.

① RNA
② 지방
③ 단백질
④ 탄수화물

ADVICE ① 핵산의 한 종류로 아데닌, 구아닌, 사이토신, 유라실을 가지는 것은 RNA에 해당한다.

> **ANSWER** 19.④ 20.① 21.③ 22.①

23 다음 설명에 해당하는 것은?

> • 특정한 지역 또는 지구 전체에 존재하는 생태계의 다양한 정도를 뜻한다.
> • 사막, 숲, 갯벌, 습지, 바다 등 생물이 살아가는 서식 환경의 다양함을 뜻한다.

① 내성

② 개체군

③ 분해자

④ 생태계 다양성

ADVICE ① 내성 : 특정 환경요인에 노출되면 견디거나 영향을 받지 않는 능력이다.
② 개체군 : 특정 시간과 특정 장소에 서식하는 동일한 종의 개체들로 이루어진 집단이다.
③ 분해자 : 유기물을 무기물로 분해하여 생산자가 이용할 수 있도록 하는 생물이다.

[지구 시스템]

24 그림은 지권의 층상 구조를 나타낸 것이다. A ~ D 중 다음 설명에 해당 하는 것은?

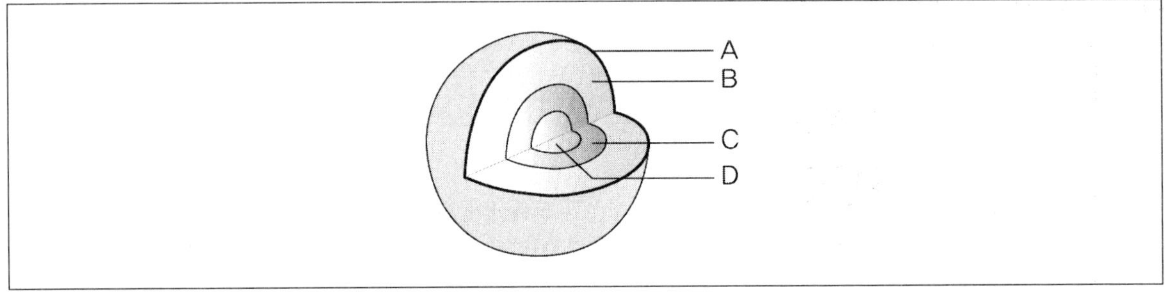

> • 맨틀 대류가 일어난다.
> • 지권 전체 부피의 대부분을 차지한다.

① A

② B

③ C

④ D

ADVICE ② 맨틀(B)에서 맨틀 대류가 나타난다.
①③④ 지각(A), 외핵(C), 내핵(D)에 해당한다.

25 그림은 수소 핵융합 반응을 나타낸 것이다. 헬륨 원자핵 1개가 생성될 때 융합하는 수소 원자핵의 개수는?

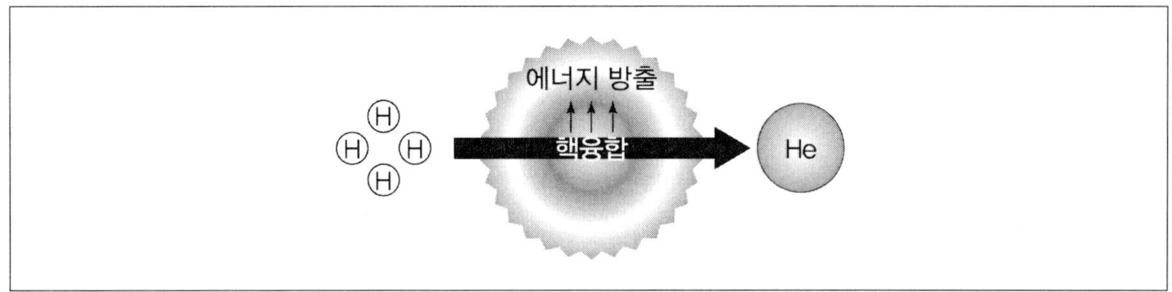

① 2개

② 4개

③ 8개

④ 16개

ADVICE ② 헬륨 원자핵이 1개가 생성될 때 융합 수소 원자핵의 개수는 4개에 해당한다.

> ANSWER 23.④ 24.② 25.②

CHAPTER 04

2022년 제2회 기출문제

[역학적 시스템]

1 그림은 수평 방향으로 던져진 공의 위치를 같은 시간 간격으로 나타낸 것이다. 공의 운동에 대한 설명으로 옳지 않은 것은? (단, 공기 저항은 무시한다.)

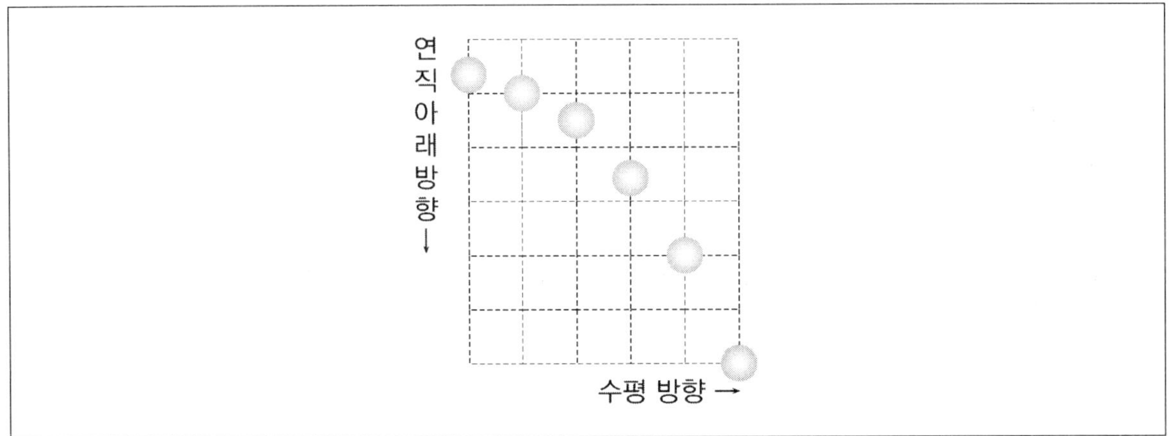

① 수평 방향의 속력은 일정하다.
② 수평 방향으로 힘이 계속 작용한다.
③ 연직 아래 방향의 속력은 증가한다.
④ 연직 아래 방향으로 힘이 계속 작용한다.

ADVICE ② 공기 저항을 무시하므로 수평 방향으로는 어떠한 힘도 작용하지 않는다.
　① 공기 저항이 없기 때문에 수평 방향으로 작용하는 힘이 없어 속력은 일정하게 유지된다.
　③ 연직 아래 방향으로는 중력이라는 일정한 힘이 작용한다. 중력 가속도에 의해서 속력이 일정하게 증가한다.
　④ 공기 저항을 무시하는 경우 물체는 중력의 힘으로 연직 아래 방향으로 작용한다.

[역학적 시스템]

2 표는 어떤 물체가 운동 방향으로 힘을 받았을 때 처음 운동량과 나중 운동량을 나타낸 것이다. 이 물체가 받은 충격량(N · s)은?

처음 운동량(kg · m/s)	1
나중 운동량(kg · m/s)	4

① 1

② 2

③ 3

④ 4

ADVICE ③ 나중 운동량에서 처음 운동량을 뺀 값이 충격량에 해당한다.
나중 운동량 4kg · m/s에서 처음 운동량 1kg · m/s를 차감하면 3N · s가 이 물체가 받은 충격량이 된다.

[생태계와 환경]

3 어떤 열기관에 공급된 열이 200 J이고 이 열기관이 외부에 한 일이 40 J일 때, 이 열기관의 열효율(%)은?

① 20

② 40

③ 60

④ 80

ADVICE ① 열효율은 $\dfrac{\text{한 일}(40J)}{\text{공급받은 열에너지}(200J)} \times 100$ 으로 구하므로 20%다.

[발전과 신재생 에너지]

4 전력 수송 과정에 대한 설명으로 옳은 것만을 〈보기〉에서 모두 고른 것은?

─ 〈보기〉 ─
ㄱ 변전소에서 전압을 변화시킨다.
ㄴ 송전 전압을 낮추면 전력 손실을 줄일 수 있다.
ㄷ 송전선에서 열이 발생하여 전기 에너지의 일부가 손실된다.

① ㄱ

② ㄴ

③ ㄱ, ㄷ

④ ㄴ, ㄷ

ADVICE ㄱ 변전소는 발전소에서 생산된 전기를 장거리로 송전하기 위해서 고전압으로 승압하거나 가정에 공급하기 위해 낮은 전압으로 감압하는 등 전압을 바꾸는 역할을 한다.
ㄷ 전기 저항이 있으므로 효율이 좋은 송전선이라도 에너지 일부가 손실된다.
ㄴ 전압을 높일수록 전류는 줄어든다. 송전 전압을 높여야 전류가 줄어들면서 전력 손실을 줄일 수 있다.

≫ **ANSWER** 1.② 2.③ 3.① 4.③

5 그림과 같은 원자로를 사용하는 핵발전에 대한 설명으로 옳은 것만을 〈보기〉에서 모두 고른 것은?

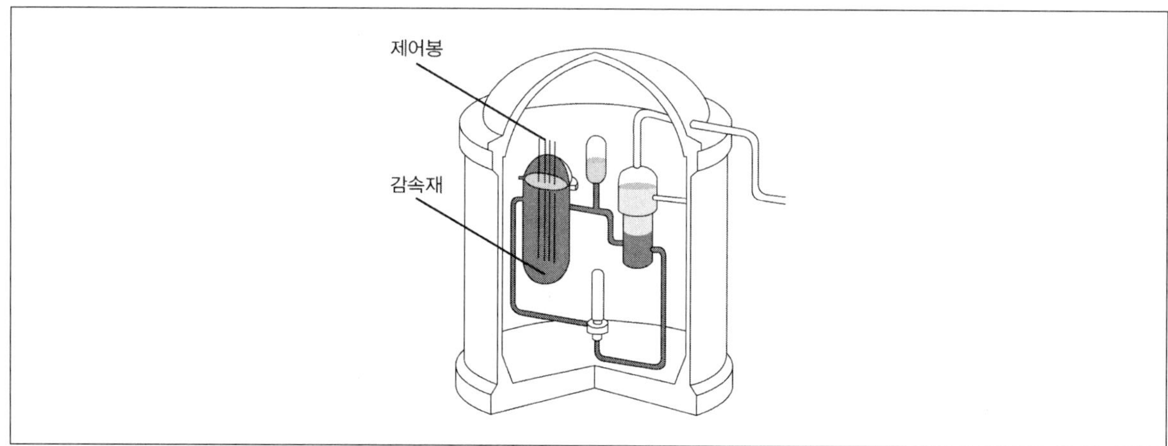

──── 〈보기〉 ────

㉠ 발전 과정에서 방사성 폐기물이 발생한다.
㉡ 핵분열에서 발생하는 열에너지를 이용하여 발전한다.
㉢ 발전 과정에서 배출되는 이산화 탄소의 양이 화력 발전보다 많다.

① ㉠　　　　　　　　　　　　　② ㉢
③ ㉠, ㉡　　　　　　　　　　　④ ㉡, ㉢

ADVICE ㉠ 우라늄과 같은 핵연료의 핵분열 반응으로 핵발전이 이루어진다. 핵분열 과정에서 핵분열 생성물인 방사성 폐기물이 발생한다.
㉡ 핵분열 반응 시 방출되는 막대한 열에너지로 발전한다.
㉢ 화석 연료를 연소시키는 화력 발전과 달리 핵발전에서는 이산화 탄소를 배출하지 않는다.

6 다음 중 태양 전지를 이용하여 태양의 빛에너지를 전기 에너지로 직접 전환하는 발전 방식은?

① 수력 발전　　　　　　　　　② 풍력 발전
③ 화력 발전　　　　　　　　　④ 태양광 발전

ADVICE ① 수력발전 : 물의 위치 에너지와 운동 에너지를 이용하여 전기를 생산하는 방식이다.
② 풍력발전 : 바람의 운동 에너지를 이용하여 전기를 생산하는 방식이다.
③ 화력발전 : 화석 연료를 태워 발생하는 열에너지로 전기를 생산하는 방식이다.

7 그림은 주기율표의 일부를 나타낸 것이다. 원소 ㈎, ㈏에 대한 설명으로 옳은 것은?

주기＼족	1	2	…	17	18
1					
2	㈎		…	㈏	
3					

① ㈎와 ㈏는 같은 족이다.

② ㈎와 ㈏는 같은 주기이다.

③ 원자 번호는 ㈎가 ㈏보다 크다.

④ ㈎는 비금속 원소, ㈏는 금속 원소이다.

ADVICE ① ㈎는 1족이고 ㈏는 17족이다.

③ ㈎ 리튬의 원자번호는 3번이고 ㈏ 플루오린의 원자 번호는 9번이다.

④ ㈎ 리튬은 금속 원소이고 ㈏ 플루오린은 비금속 원소이다.

8 소금의 주성분인 염화 나트륨(NaCl)에 대한 설명으로 옳은 것만을 〈보기〉에서 모두 고른 것은?

―――――――――― 〈보기〉 ――――――――――

㉠ 공유 결합 물질이다.

㉡ 고체 상태에서 전기가 잘 흐른다.

㉢ 물에 녹으면 양이온과 음이온으로 나누어진다.

① ㉠

② ㉢

③ ㉠, ㉡

④ ㉡, ㉢

ADVICE ㉢ 염화 나트륨은 물에 녹으면 양이온과 음이온이 해리되어 나누어진다.

㉠ 염화 나트륨은 나트륨과 염소의 이온 결합 물질이다.

㉡ 염화 나트륨은 고체 상태에서 결정격자들이 묶여 있어 움직이지 못하므로 전기가 잘 흐르지 않는다.

➤ **ANSWER** 5.③ 6.④ 7.② 8.②

9 그래핀에 대한 설명으로 옳은 것만을 〈보기〉에서 모두 고른 것은?

〈보기〉

㉠ 규소(Si) 원자로 이루어져 있다.
㉡ 한 층으로 이루어진 평면 구조이다.
㉢ 전기 전도성이 있다.

---

① ㉠
② ㉢
③ ㉠, ㉡
④ ㉡, ㉢

ADVICE ㉡ 그래핀은 탄소원자들이 단일 원자 두께로 이루어진 2차원 평면 구조이다.
㉢ 전자가 빠르게 이동할 수 있는 전자 구조로 전기 전도성이 있다.
㉠ 그래핀은 탄소 원자로 이루어져 있다.

[화학 변화]

10 다음 화학 반응식은 마그네슘(Mg)과 산소(O_2)의 반응을 나타낸 것이다. 이 반응에 대한 설명으로 옳은 것은?

$$2Mg + O_2 \rightarrow 2MgO$$

① MgO은 생성물이다.
② 반응물의 종류는 1가지이다.
③ Mg은 환원된다.
④ O_2는 전자를 잃는다.

ADVICE ① 마그네슘과 산소의 반응으로 MgO가 생성된다.
② 반응물은 마그네슘과 산소 두 가지 종류가 있다.
③ 마그네슘은 산소와 결합하면서 산소를 얻었으므로 산화된다.
④ 산소는 전자를 얻는다.

11 다음 중 물에 녹아 산성을 나타내는 물질은?

① HCl
② KOH
③ NaOH
④ Ca(OH)$_2$

> **ADVICE** ① HCl 염화 수소는 수소 이온(H$^+$)를 내놓으면서 산성이 되고, KOH, NaOH, Ca(OH)$_2$는 수산화 이온(OH$^-$)을 내놓으면서 염기성이 된다.

[자연의 구성 물질]

12 단백질에 대한 설명으로 옳지 않은 것은?

① 항체의 주성분이다.
② 단위체는 포도당이다.
③ 세포막의 구성 성분이다.
④ 단위체가 펩타이드 결합으로 연결된 물질이다.

> **ADVICE** ② 단백질의 단위체는 아미노산이다. 포도당은 탄수화물의 단위체이다.

[생명 시스템]

13 그림은 식물 세포의 구조를 나타낸 것이다. A ~ D 중 빛에너지를 흡수하여 포도당을 합성하는 것은?

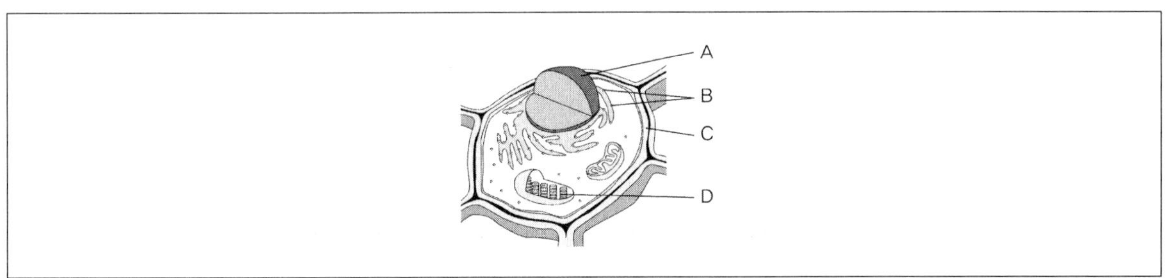

① A
② B
③ C
④ D

> **ADVICE** ④ 엽록체(D)는 빛에너지를 흡수하여 포도당을 합성하는 광합성이 일어난다.
> ① 핵(A)은 세포의 유전 정보를 담고 있다.
> ② 리보솜(B)은 단백질을 합성한다.
> ③ 세포벽(C)은 식물 세포의 바깥층으로 세포를 보호하고 형태를 유지한다.

> ❯❯ **ANSWER** 9.④ 10.① 11.① 12.② 13.④

14 물질대사에 대한 설명으로 옳은 것만을 〈보기〉에서 모두 고른 것은?

> ㉠ 세포 호흡은 물질대사에 속한다.
> ㉡ 에너지의 출입이 일어나지 않는다.
> ㉢ 효소는 물질대사에서 반응 속도를 변화시킨다.

① ㉠
② ㉡
③ ㉠, ㉢
④ ㉡, ㉢

ADVICE ㉠ 세포 호흡은 유기물을 분해하여 에너지를 얻는 과정이다.
㉢ 효소는 생체 촉매로 활성화 에너지를 낮춰서 반응 속도를 빠르게 한다.
㉡ 물질 대사를 하면 에너지를 흡수하는 동화작용과 방출하는 이화작용이 동반된다.

15 그림은 두 가닥으로 구성된 DNA와 이 DNA에서 전사된 RNA를 나타낸 것이다. ㉠과 ㉡에 해당하는 염기는?

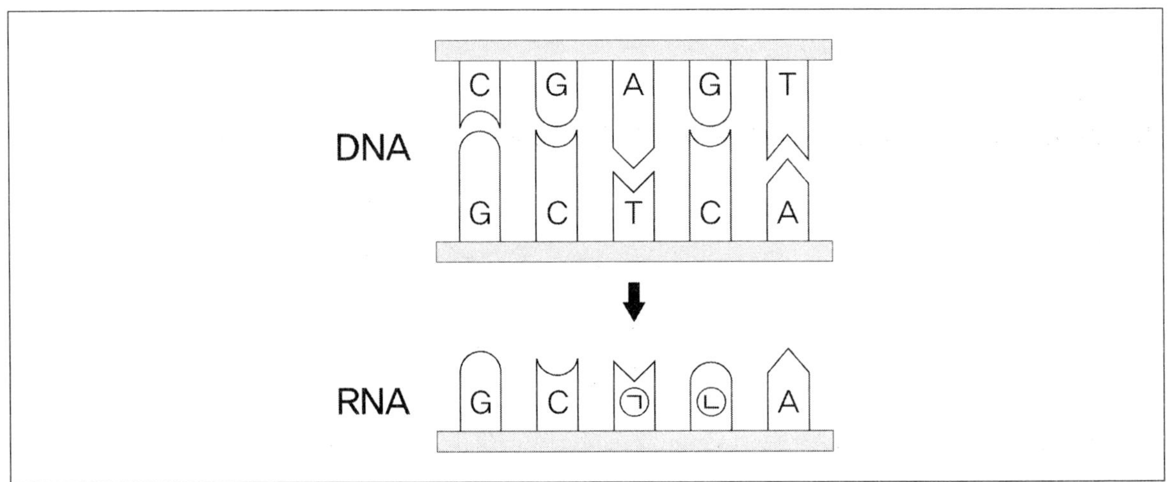

	㉠	㉡
①	T	A
②	T	C
③	U	A
④	U	C

ADVICE ④ A(아데닌)은 U(유라실), G(구아닌)은 C(사이토신)로 전사된다.

[생물 다양성]

16 생물 다양성에 대한 설명 중 옳은 것만을 〈보기〉에서 모두 고른 것은?

> ㉠ 종 다양성은 동물에서만 나타난다.
> ㉡ 생태계 다양성은 종 다양성에 영향을 주지 않는다.
> ㉢ 유전적 다양성은 개체군 내에 존재하는 유전자의 변이가 다양한 정도를 말한다.

① ㉠
② ㉢
③ ㉠, ㉡
④ ㉡, ㉢

ADVICE ㉢ 유전적 다양성이 높으면 동일한 종 내의 개체들 사이에 유전 정보 차이가 큰 것으로 환경 변화에 적응력이 높아진다.
㉠ 종 다양성은 동물뿐만 아니라 식물, 균류, 미생물 등 모든 생명체를 포함한다.
㉡ 생태계가 다양하면 더 많은 종이 서식할 수 있어 종 다양성이 높아진다.

[생태계와 환경]

17 다음은 어떤 환경 요인에 대한 생물의 적응 현상이다. 이 환경 요인은?

> 사막여우는 북극여우에 비해 몸집은 작고, 몸의 말단 부위인 귀가 크다.

① 물
② 공기
③ 온도
④ 토양

ADVICE ③ 추운 지방에 사는 동물은 몸집이 크고 말단 크기가 작으며, 더운 지방에 사는 동물은 몸집이 작고 말단부가 크다. 북극여우와 사막여우는 온도 요인으로 나타난다.

➤ **ANSWER** 14.③ 15.④ 16.② 17.③

18 그림은 안정된 생태계의 생태 피라미드를 나타낸 것이다. 이에 대한 설명으로 옳은 것은?

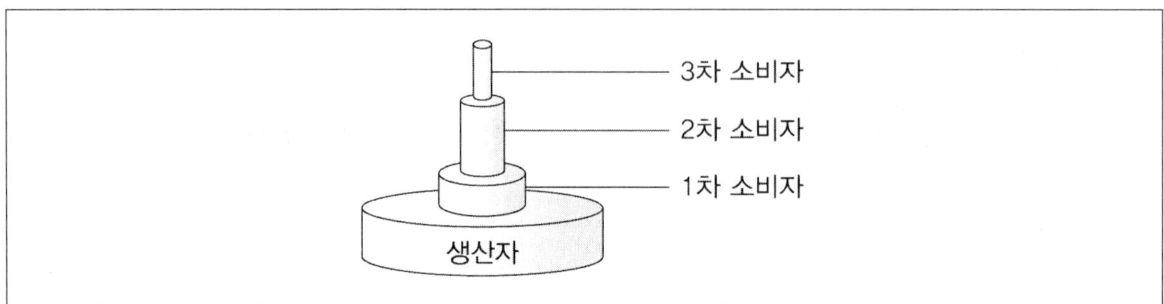

① 식물은 1차 소비자에 해당한다.

② 생물량은 2차 소비자가 가장 많다.

③ 초식동물은 3차 소비자에 해당한다.

④ 상위 영양 단계로 갈수록 에너지 양은 줄어든다.

ADVICE ④ 영양 단계가 높을수록 에너지 이용량은 급격하게 줄어든다.
　① 식물은 유기물을 스스로 생산하므로 생산자이다.
　② 하위 영양 단계로 갈수록 생물량이 많다. 생산자가 생물량이 가장 많다.
　③ 초식동물은 생산자를 먹고 살기 때문에 1차 소비자이다.

19 별의 진화 과정에서 원소의 생성에 대한 설명으로 옳은 것만을 〈보기〉에서 모두 고른 것은?

─── 〈보기〉 ───

㉠ 헬륨의 핵융합 반응으로 탄소가 생성된다.
㉡ 초신성 폭발로 철보다 무거운 원소가 생성된다.
㉢ 질량이 태양과 비슷한 별의 중심에서 철이 생성된다.

① ㉠　　　　　　　　　　　② ㉢
③ ㉠, ㉡　　　　　　　　　④ ㉡, ㉢

ADVICE ㉠ 헬륨 핵융합을 통해 탄소 원자핵이 생성된다.
　㉡ 철보다 무거운 원소는 격렬한 현상인 초신성 폭발로 생성된다.
　㉢ 질량이 태양과 비슷한 별은 중심부 온도가 높지 않다. 주로 수소 핵융합으로 헬륨을 만들고 헬륨 핵융합으로
　　 탄소와 산소까지 생성하고 나면 더 이상 핵융합을 하지 못한다. 철은 태양보다 질량이 큰 별에서만 생성된다.

20 식물이 이산화 탄소를 대기로부터 흡수하는 과정에서 상호 작용하는 지구 시스템의 구성 요소는?

① 수권과 기권　　　　　　　　　　② 수권과 지권

③ 생물권과 기권　　　　　　　　　④ 생물권과 지권

ADVICE ③ 식물(생물권)이 이산화 탄소를 대기에서 흡수하는 과정(기권)은 생물권과 기권의 상호작용이다.

21 그림은 지질 시대 A ~ D의 길이를 상대적으로 나타낸 것이다. A ~ D 중 삼엽충이 번성한 시기는?

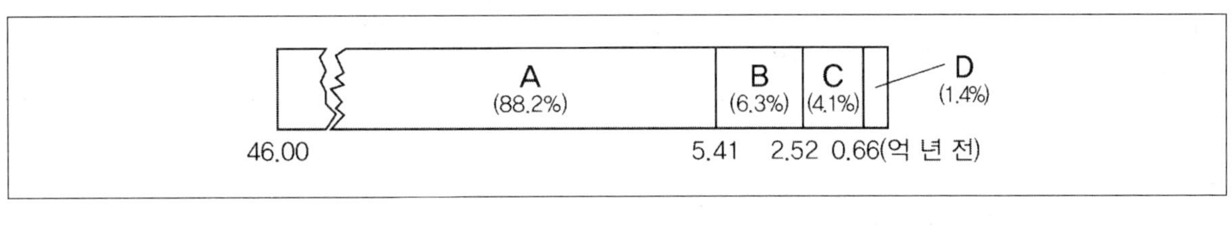

① A　　　　　　　　　　② B

③ C　　　　　　　　　　④ D

ADVICE ② A 선캄브리아시대, B 고생대, C 중생대, D 신생대에 해당한다. 삼엽충은 고생대에 번성하였으므로 B에 해당한다.

22 그림은 지각과 맨틀의 일부를 나타낸 것이다. A ~ D에 대한 설명으로 옳은 것은?

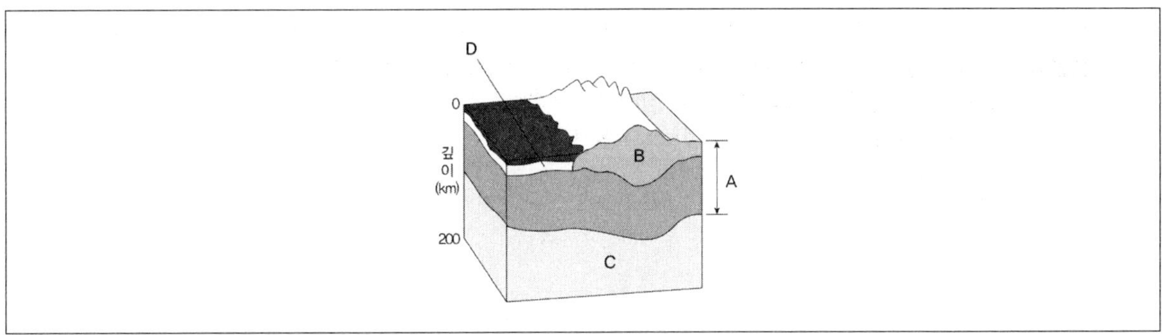

① A는 암석권이다.　　　　　　　② B는 맨틀이다.

③ C는 유동성이 없다.　　　　　　④ D는 대륙 지각이다.

ADVICE ② B는 대륙 지각에 해당한다
　　　　③ C는 연약권으로 유동성을 가진다.
　　　　④ D는 해양 지각에 해당한다.

> **ANSWER**　18.④　19.③　20.③　21.②　22.①

23 그림은 어떤 지역의 해수 깊이에 따른 수온 분포를 나타낸 것이다. 이에 대한 설명으로 옳은 것만을 〈보기〉에서 모두 고른 것은?

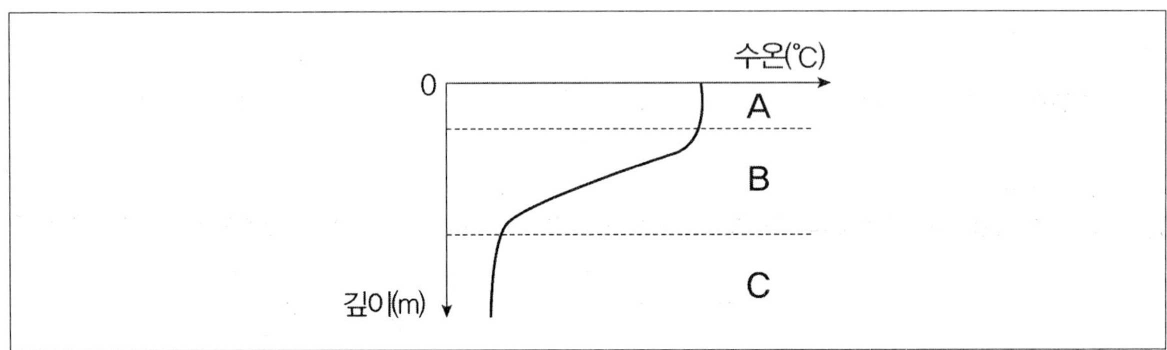

─────── 〈보기〉 ───────

㉠ A에서는 바람에 의해 해수가 잘 섞인다.
㉡ B는 수온약층이다.
㉢ 수온은 A에서가 C에서보다 낮다

① ㉠

② ㉢

③ ㉠, ㉡

④ ㉡, ㉢

ADVICE ㉠ A는 혼합층으로 태양 에너지를 흡수하고 파도의 영향으로 활발하게 섞인다.
㉡ B는 수온 약층으로 수온이 급격히 낮아지는 층이다.
㉢ 수온은 혼합층(A)이 심해층(C)에서보다 높다.

24 빅뱅 우주론에 따른 우주의 생성 과정에 대한 설명으로 옳은 것만을 〈보기〉에서 모두 고른 것은?

〈보기〉

㉠ 우주가 팽창하면서 우주의 온도가 낮아진다.
㉡ 수소 원자가 수소 원자핵보다 먼저 만들어졌다.
㉢ 헬륨 원자핵이 수소 원자핵보다 먼저 만들어졌다.

① ㉠
② ㉡
③ ㉠, ㉢
④ ㉡, ㉢

ADVICE ㉡ 우주 초기에 양성자가 수소 원자핵의 형태로 먼저 존재했다. 우주 온도가 낮아지면서 수소 원자가 만들어졌다.
㉢ 빅뱅 핵 합성 시기에 수소 원자핵과 중성자가 먼저 형성된 다음에 헬륨 원자핵을 형성하였다.

25 지구 온난화로 인한 최근의 지구 환경 변화로 옳은 것만을 〈보기〉에서 모두 고른 것은?

〈보기〉

㉠ 지구의 평균 기온 하강
㉡ 해수면의 평균 높이 상승
㉢ 대륙 빙하의 분포 면적 증가

① ㉠
② ㉡
③ ㉠, ㉢
④ ㉡, ㉢

ADVICE ㉡㉢ 빙하가 녹으면서 분포 면적은 줄어들고 해수면의 평균 높이가 상승한다.
㉠ 지구의 평균 기온이 상승한다.

≫ ANSWER 23.③ 24.① 25.②

2023년 제1회 기출문제

1 그림은 핵분열 반응을 나타낸 것이다. 다음 중 이 반응을 이용하는 핵발전의 연료에 해당하는 것은?

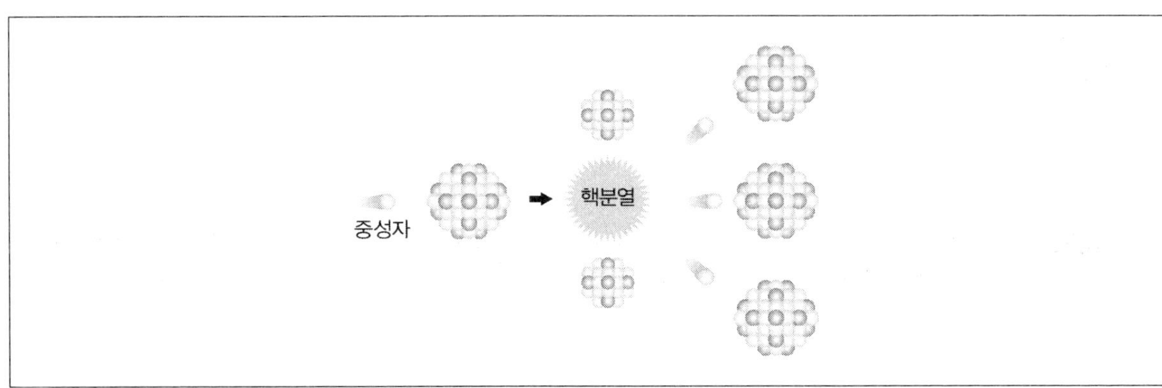

① 바람 　　　　　　　　　　② 석탄

③ 수소 　　　　　　　　　　④ 우라늄

ADVICE ③ 중성자 하나가 큰 원자핵에 충돌하여 원자핵이 쪼개지고 여러 개의 작은 원자핵과 함께 또 다른 중성자들이 방출되는 과정에서 엄청난 에너지가 방출된다. 이 연료는 핵분열성 물질 중 하나인 우라늄에 해당한다.

[생태계와 환경]

2 열효율이 20%인 열기관에 공급된 열에너지가 100J일 때 이 열기관이 한 일은?

① 10J

② 20J

③ 30J

④ 40J

ADVICE ② 열효율(η)은 열기관이 한 일(W)을 공급받은 열에너지(Q)로 나누고 100을 곱한 값이다.

$$\frac{W}{1000(J)} \times 100 = 20\%,\ \frac{W}{100(J)} = \frac{2}{100}$$

따라서 열기관이 한 일은 20J이다.

3 그림은 자유 낙하하는 물체를 같은 시간 간격으로 나타낸 것이다. 구간 A ~ C에서 물체의 운동에 대한 설명으로 옳은 것은? (단, 공기 저항은 무시한다.)

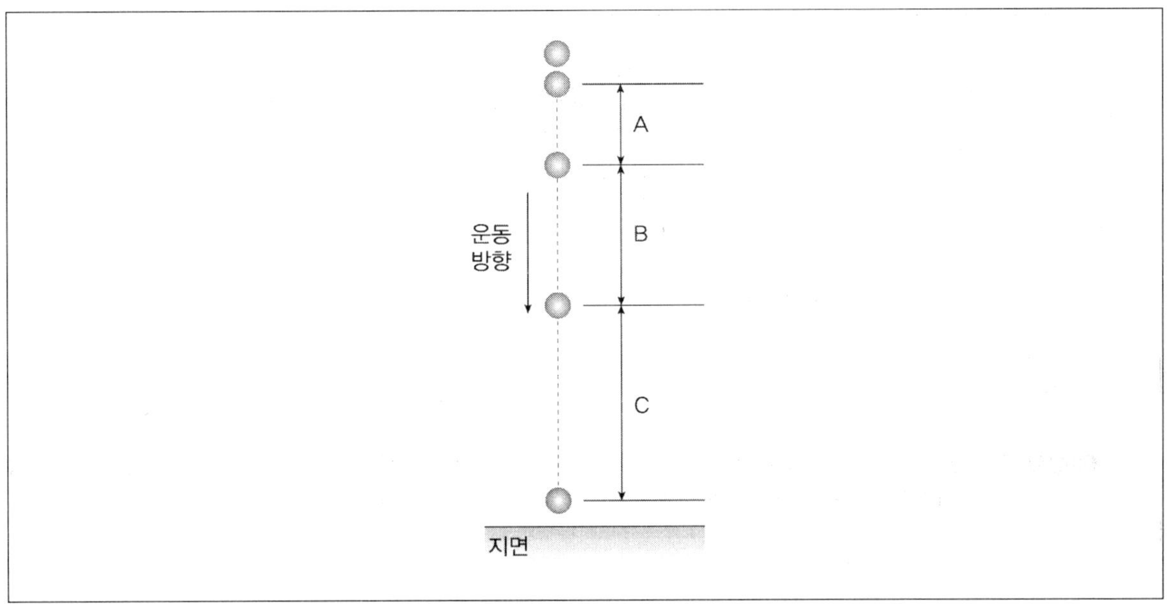

① A에서 가속도는 0이다.

② B에서 속도는 일정하다.

③ C에서 물체에 작용하는 힘은 0이다.

④ A와 B에서 물체에 작용하는 힘의 방향은 같다.

ADVICE ④ 공기 저항을 무시할 때, 자유 낙하하는 물체에 작용하는 유일한 힘은 중력이다. 항상 지구의 중심 방향, 즉 연직 아래 방향으로 작용한다. A 지점과 B 지점 모두에서 물체에 작용하는 힘(중력)의 방향은 연직 아래로 같다.
① 물체가 자유 낙하하는 동안에는 항상 중력의 영향을 받으므로 가속도(g, 중력 가속도)는 0이 아니다.
② 자유 낙하하는 물체는 중력 가속도에 의해 속도가 계속 증가한다.
③ 공기 저항을 무시하면 물체에는 항상 중력이라는 힘이 작용하므로 0은 아니다.

» ANSWER 1.④ 2.② 3.④

4 그림은 질량이 다른 두 물체 A, B가 수평면에서 각각 일정한 속도로 운동하고 있는 모습을 나타낸 것이다. 두 물체의 운동량의 크기가 같을 때 B의 속도 v는?

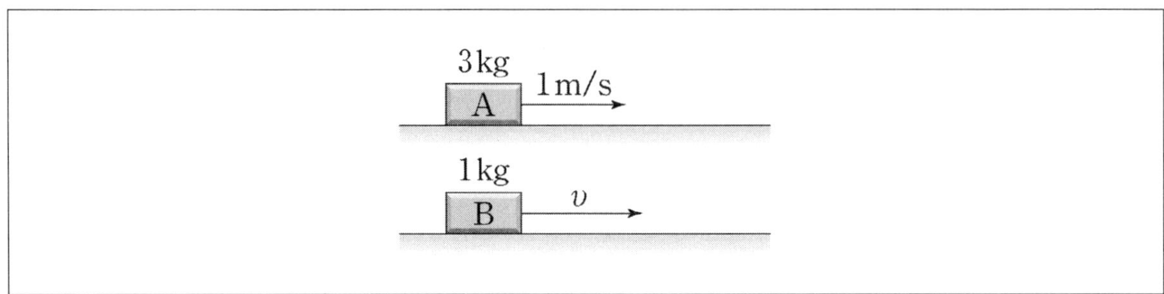

① 3m/s　　　　　　　　　　　② 5m/s

③ 7m/s　　　　　　　　　　　④ 9m/s

ADVICE ① 운동량은 물체의 질량과 속도의 곱으로 구할 수 있다. 물체 A의 운동량은 질량 3kg에 속도 1m/s를 곱하여 3에 해당한다. 물체 b와 운동량이 같으므로 속도는 3m/s에 해당한다.

5 다음 설명에 해당하는 신소재는?

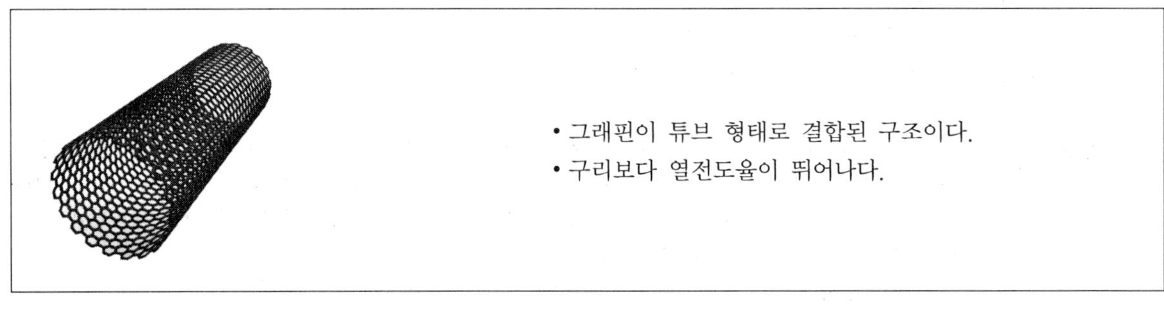

① 고무　　　　　　　　　　　② 유리

③ 나무　　　　　　　　　　　④ 탄소 나노 튜브

ADVICE ④ 탄소 나노 튜브는 흑연의 한 층인 그래핀이 원통형으로 말려 튜브 형태를 이룬 구조이다. 탄소 나노 튜브는 매우 뛰어난 열전도율을 가진다.

6 설탕과 염화 나트륨(NaCl)에 대한 설명으로 옳은 것만을 〈보기〉에서 모두 고른 것은?

〈보기〉

㉠ 설탕은 이온 결합 물질이다.
㉡ 설탕을 물에 녹이면 대부분 이온이 된다.
㉢ NaCl은 수용액 상태에서 전기가 통한다.

① ㉠

② ㉢

③ ㉠, ㉡

④ ㉡, ㉢

ADVICE ㉢ 염화 나트륨은 이온 결합 물질로 물에 녹으면 이온이 분리하면서 전류가 흐른다.
㉠ 설탕은 공유 결합 물질에 해당한다.
㉡ 설탕은 물에 녹아도 이온이 되지 않고 분자 상태로 녹는다.

7 그림은 전기 에너지의 생산과 수송 과정을 나타낸 것이다. 이에 대한 설명으로 옳지 않은 것은?

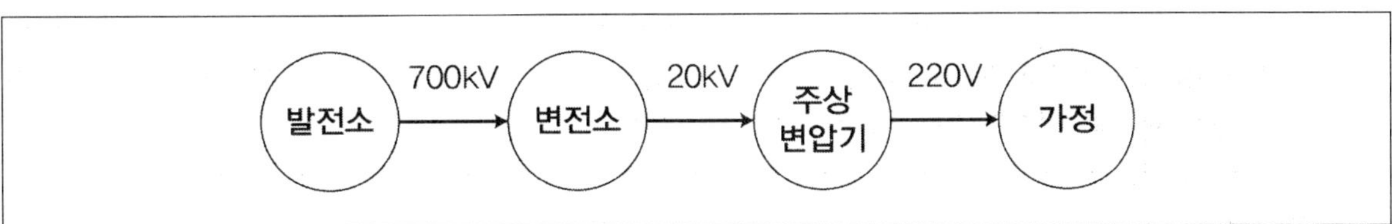

① 발전소는 전기 에너지를 생산하는 곳이다.

② 변전소는 전압을 바꾸는 역할을 한다.

③ 전력 수송 과정에서 전력 손실은 발생하지 않는다.

④ 주상 변압기는 전압을 220V로 낮춰 가정으로 전기 에너지를 공급한다.

ADVICE ③ 전기가 송전선을 통해 수송되면 전기 에너지의 일부가 열에너지로 전환되어 손실이 발생한다.

≫ ANSWER 4.① 5.④ 6.② 7.③

8 그림은 산소와 네온 원자의 전자 배치를 나타낸 것이다. 산소 원자가 안정한 원소인 네온과 같은 전자 배치를 하기 위해 얻어야 하는 전자의 개수는?

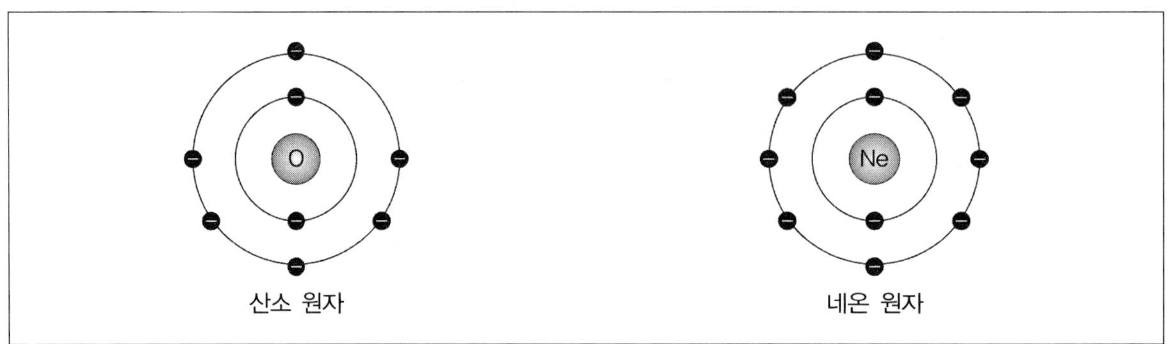

① 1개

② 2개

③ 3개

④ 4개

> **ADVICE** ② 산소는 중성 상태의 원자는 8개이고 네온 원자는 10개에 해당한다. 산소가 네온과 같은 전자 배치를 가지려면 2개의 전자를 더 얻어야 한다.

9 다음 설명의 ㉠에 해당하는 것은?

> 질산 은($AgNO_3$) 수용액에 구리(Cu) 선을 넣어 두면 구리는 3전자를 잃어 구리 이온($Cu2^+$)으로 산화되고, 은 이온(Ag^{2+})은 전자를 얻어 은(Ag)으로 (㉠)된다.

① 산화

② 연소

③ 중화

④ 환원

> **ADVICE** ④ 질산 은 수용액에 구리선을 넣으면 구리는 전자를 잃어 구리 이온으로 산화된다. 은 이온은 전자를 얻어 은이 되는 환원을 하게 된다.

10 수산화 나트륨(NaOH) 수용액은 붉은색 리트머스 종이를 푸른색으로 변하게 하는 성질이 있다. 다음 물질의 수용액 중 이와 같은 성질을 나타내는 것은?

① HCl

② KOH

③ HNO_3

④ H_2SO_4

> **ADVICE** ② 수산화 나트륨(NaOH) 수용액은 염기성으로 붉은색 리트머스 종이를 푸른색으로 변하게 한다. KOH(수산화 칼륨)만 염기성이고 HCl, HNO_3, H_2SO_4는 산성 물질에 해당한다.

11 다음 화학 반응식에서 수소 이온(H^+)과 수산화 이온(OH^-)이 반응하는 개수비는?

$$H^+ + OH^- \rightarrow H_2O$$

  H^+ OH^- H^+ OH^-

① 1 : 1   ② 1 : 2

③ 2 : 1   ④ 3 : 2

ADVICE ① 수소 이온과 수산화 이온이 반응하여 물을 생성하는 것으로 수소 이온이 1개, 수산화 이온이 1개 만나면서 물 분자 1개가 생성된다. 수소 이온과 수산화 이온의 개수비는 1:1에 해당한다.

12 그림은 단백질의 형성 과정을 나타낸 것이다. 단백질을 구성하는 단위체 A는?

① 녹말   ② 핵산

③ 포도당   ④ 아미노산

ADVICE ④ 단위체 A는 아미노산이 펩타이드 결합을 하여 폴리펩타이드가 되고 단백질이 되는 단백질 형성 과정이다.

13 다음 설명의 ㉠에 해당하는 것은?

> 한 생물종 내에서도 개체마다 유전자가 달라 다양한 형질이 나타난다. 하나의 종에서 나타나는 유전자의 다양한 정도를 (㉠)이라고 한다.

① 군집   ② 개체군

③ 유전적 다양성   ④ 생태계 다양성

ADVICE ③ 유전자가 다양하여 다양한 형질이 나타나는 것으로 ㉠은 유전적 다양성에 해당한다.

▶ **ANSWER** 8.② 9.④ 10.② 11.① 12.④ 13.③

[생명 시스템]

14 다음 중 생물이 생명 유지를 위해 생명체 내에서 물질을 분해하거나 합성하는 모든 화학 반응을 무엇이라고 하는가?

① 삼투

② 연소

③ 확산

④ 물질대사

ADVICE ① 삼투 : 반투과성 막을 통해 용매가 농도가 낮은 곳에서 높은 곳으로 이동하는 현상이다.
② 연소 : 물질이 산소와 격렬하게 반응하여 빛과 열을 내는 현상이다.
③ 확산 : 물질이 농도가 높은 곳에서 낮은 곳으로 스스로 퍼져 나가는 현상이다.

[생명 시스템]

15 그림과 같이 광합성이 일어나는 식물의 세포 소기관은?

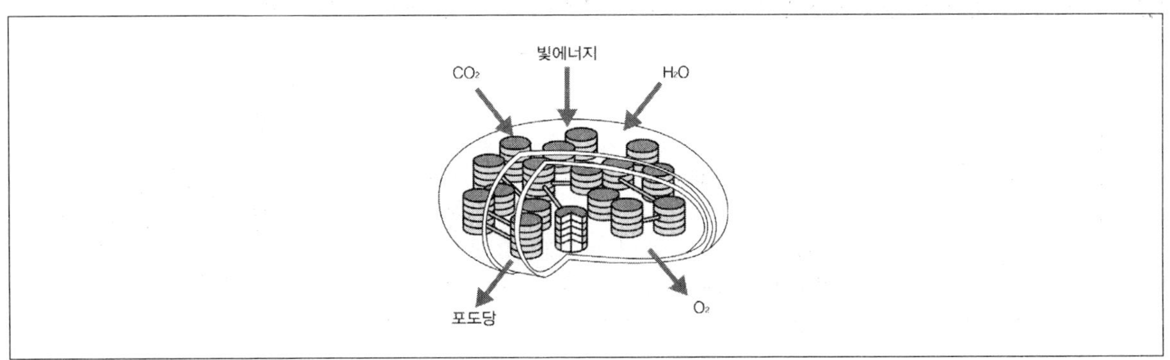

① 핵

② 엽록체

③ 세포막

④ 미토콘드리아

ADVICE ② 엽록체 : 녹색 색소인 엽록소가 빛 에너지를 흡수하여 광합성을 하는 기관이다.
① 핵 : 세포의 유전 정보를 저장하고 세포 활동을 조절한다.
③ 세포막 : 세포의 경계를 이루며 물질 출입을 조절한다.
④ 미토콘드리아 : 세포 호흡을 통해 유기물을 분해하여 에너지를 생산한다.

16 그림은 세포 내 유전 정보의 흐름을 나타낸 것이다. ㉠과 ㉡에 해당하는 물질은?

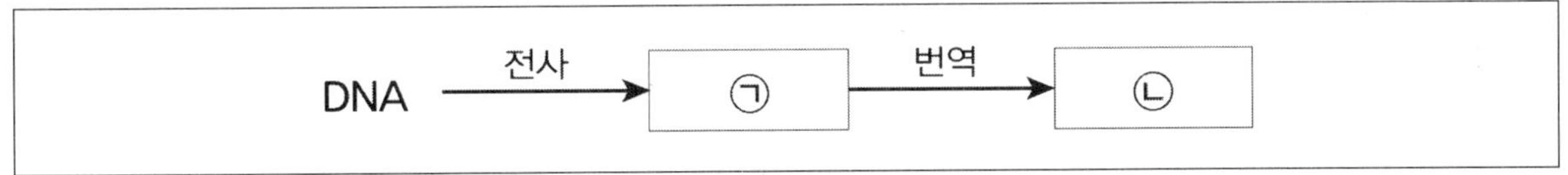

	㉠	㉡
①	단백질	단백질
②	단백질	RNA
③	RNA	단백질
④	RNA	RNA

ADVICE ③ DNA가 전사되면 ㉠RNA가 된다. RNA가 번역되면 ㉡단백질이 된다.

17 다음 설명에 해당하는 것은?

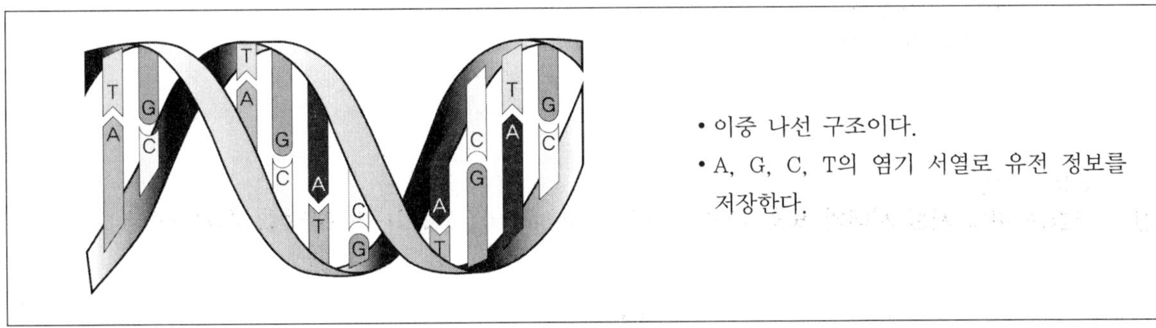

- 이중 나선 구조이다.
- A, G, C, T의 염기 서열로 유전 정보를 저장한다.

① 지방   ② 효소

③ 단백질   ④ DNA

ADVICE ④ 이중 나선 구조로 유전 정보를 저장하는 것은 DNA에 해당한다.

≫ ANSWER 14.④ 15.② 16.③ 17.④

18 그림은 생태계의 구성 요소 중 생물적 요인을 나타낸 것이다. A에 해당하는 생물은?

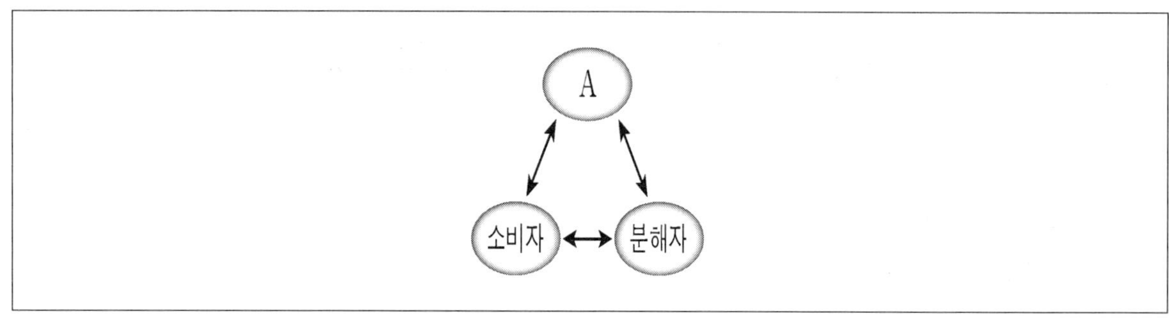

① 벼

② 토끼

③ 독수리

④ 곰팡이

ADVICE ① A는 무기물로부터 유기물을 스스로 합성하는 생산자이다. 벼는 광합성으로 유기물을 생산하는 생산자에 해당
한다.
②③ 소비자에 해당한다.
④ 분해자에 해당한다.

19 그림은 어느 지질 시대의 표준 화석을 나타낸 것이다. 이 생물이 번성하였던 지질 시대는?

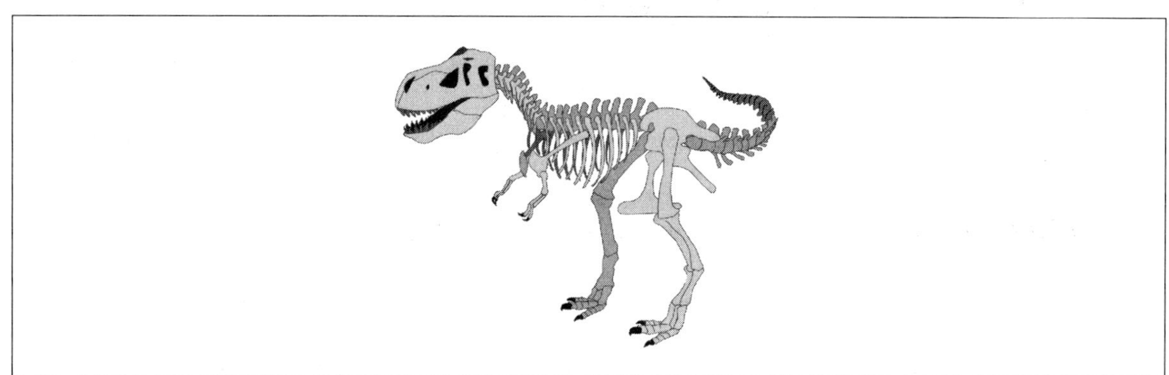

① 신생대 ② 중생대

③ 고생대 ④ 선캄브리아 시대

ADVICE ② 공룡이 번성한 지질 시대는 중생대에 해당한다.

20 그림은 **지구 내부의 층상 구조를 나타낸 것이다. A ~ D는 각각 지각, 맨틀, 외핵, 내핵 중 하나이다.
액체 상태인 층은?**

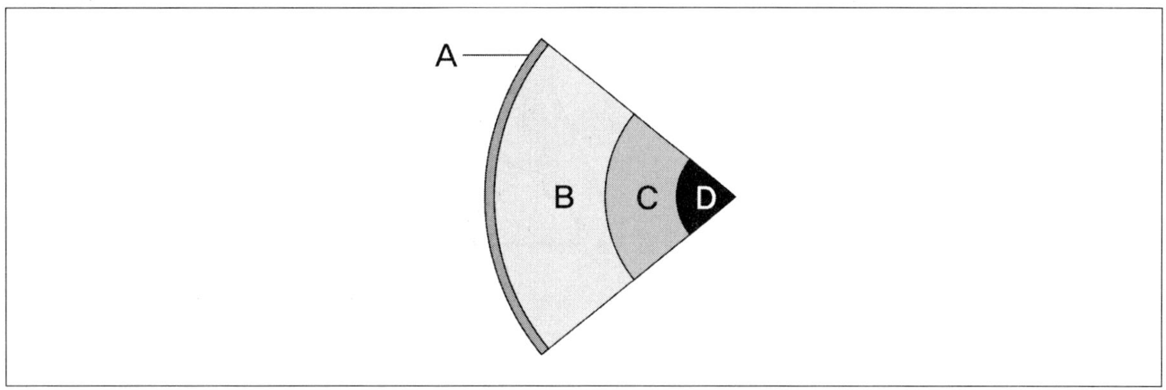

① A   ② B
③ C   ④ D

ADVICE ③ 지각(A), 맨틀(B), 내핵(D)은 고체상태이다. 외핵(C)은 액체상태이다.

21 **다음 판의 경계에 발달하는 지형은?**

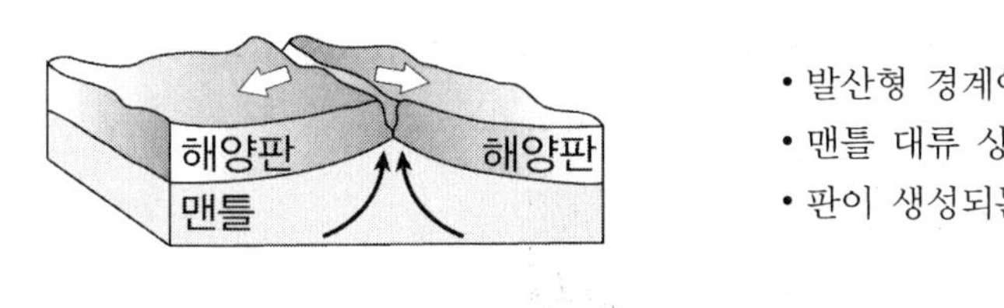

- 발산형 경계이다.
- 맨틀 대류 상승부이다.
- 판이 생성되는 곳이다.

① 해령   ② 해구
③ 호상 열도   ④ 변환 단층

ADVICE ① 해령 : 해양판이 발산하는 경계에서 맨틀 대류 상승부로부터 마그마가 솟아올라 새로운 해양 지각을 생성하며
형성되는 해저 산맥이다.
② 해구 : 판 끼리 서로 충돌하여 한 쪽이 다른 쪽 밑으로 들어가는 현상이 일어난 곳에 형성되는 깊은 골짜기로
수렴형 경계에 해당한다.
③ 호상 열도 : 수렴형 경계에서 흔히 나타나며 해양판이 다른 해양판 아래로 들어가는 수렴형 경계에서 마그마가
분출하여 형성된다.
④ 변환 단층 : 두 판이 스쳐 지나가는 보존형 경계에서 형성된다.

➤ **ANSWER** 18.① 19.② 20.③ 21.①

22 그림은 지구 시스템을 이루는 각 권의 상호 작용을 나타낸 것이다. A~D 중 화산 활동에 의한 화산 가스가 대기 중에 방출 되는 것에 해당하는 상호 작용은?

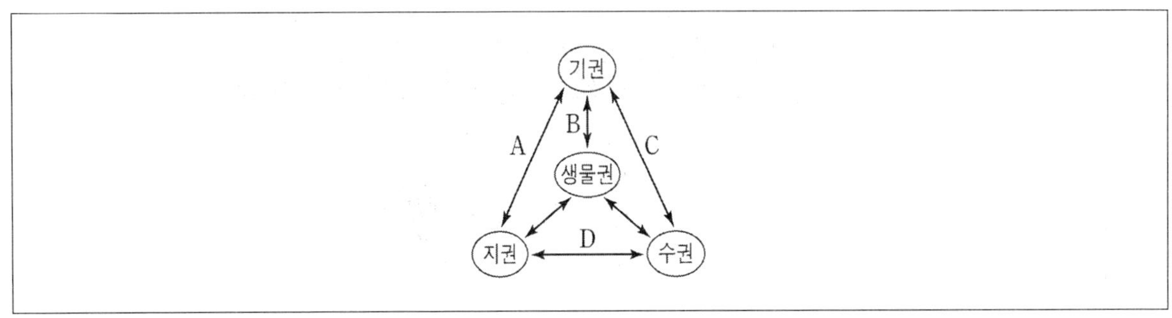

① A

② B

③ C

④ D

ADVICE ① 화산 활동(지권)에 의해서 화산 가스가 대기 중에 방출(기권) 상호작용은 A에 해당한다.

23 그림은 질량이 태양 정도인 별의 중심부에서 핵융합 반응이 모두 끝났을 때의 내부 구조를 나타낸 것이다. ㉠에 해당하는 원소는?

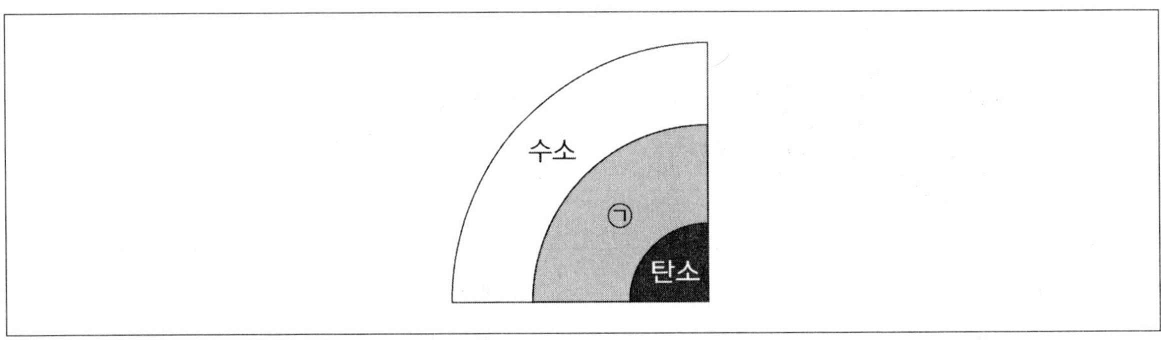

① 헬륨

② 산소

③ 철

④ 우라늄

ADVICE ① 가장 먼저 일어나는 핵융합 반응은 수소 핵융합이다. 수소 원자핵이 융합하면서 헬륨 원자핵을 생성한다. 헬륨 원자핵이 융합하면 탄소를 생성한다. 수소층과 탄소 핵 사이에는 헬륨이 존재한다.

24 그림은 수소 기체 방전관에서 나온 빛의 방출 스펙트럼을 분광기를 이용하여 맨눈으로 관찰한 것을 나타 낸 것이다. 이에 대한 설명으로 옳은 것만을 〈보기〉에서 모두 고른 것은?

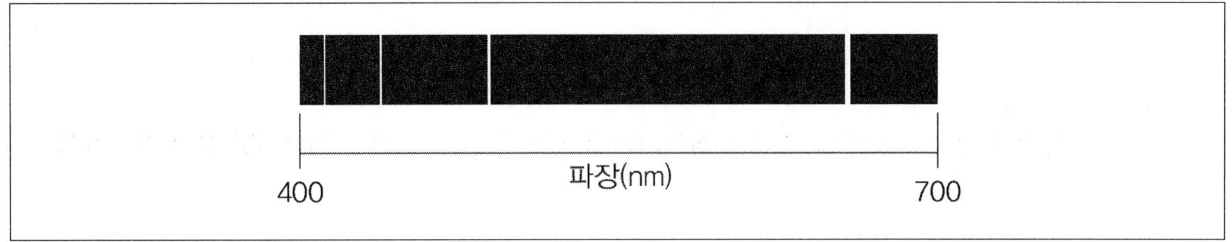

─── 〈보기〉 ───

㉠ 선 스펙트럼이다.
㉡ 가시광선 영역에 속한다.
㉢ 헬륨의 스펙트럼도 같은 위치에 선이 나타난다.

① ㉠ ② ㉡
③ ㉠, ㉡ ④ ㉡, ㉢

ADVICE ㉠ 특정 파장에서만 밝은 선이 나타나는 것은 선 스펙트럼이다.
㉡ 파장 범위 400nm에서 700nm는 가시광선 영역에 해당한다.
㉢ 각 원소는 고유한 전자 에너지 준위를 가지고 있으므로 빛의 파장이 모두 다르다.

[생태계와 환경]

25 다음 설명의 ㉠에 해당하는 것은?

태평양의 적도 부근에서 부는 무역풍이 몇 년에 한 번씩 약해지면서 남적도 해류의 흐름이 느려져서, 태 평양 적도 해역의 표층 수온이 평상시보다 높아진다. 이러한 현상을 (㉠)라고 한다.

① 사막화 ② 산사태
③ 엘니뇨 ④ 한파

ADVICE ③ 엘니뇨 : 동태평양 적도 부근 해수면 온도가 0.5℃ 이상 높은 상태로 5개월 이상 지속되는 것이다.
① 사막화 : 가뭄 장기화, 기온 상승이나 무분별한 방목 등으로 토지가 황폐화 되면서 사막처럼 변해가는 현상이다.
② 산사태 : 비나 눈, 지진 등으로 산의 비탈면이 불안정해지면서 흙이나 돌이 중력의 영향으로 아래로 쏟아져 내 리는 현상이다.
④ 한파 : 겨울철 대륙 고기압의 확장으로 기온이 크게 떨어지는 현상이다.

≫ ANSWER 22.① 23.① 24.③ 25.③

CHAPTER 06

2023년 제2회 기출문제

[발전과 신재생 에너지]

1 다음 중 밀물과 썰물에 의한 해수면의 높이차인 조차를 이용하여 전기 에너지를 생산하는 발전 방식은?

① 핵발전

② 조력 발전

③ 풍력 발전

④ 화력 발전

ADVICE ① 핵발전 : 핵분열성 물질의 원자핵이 분열할 때 방출되는 막대한 에너지를 이용하여 전기를 생산하는 발전 방식이다.

③ 풍력 발전 : 바람의 운동 에너지를 이용해서 전기를 생산하는 방식이다.

④ 화력 발전 : 석탄, 석유, 천연가스 등 화석 연료를 연소시켜 전기를 생산하는 방식이다.

[역학적 시스템]

2 그림과 같이 물체에 한 방향으로 10N의 힘이 5초 동안 작용 했을 때 이 힘에 의해 물체가 받은 충격량의 크기는?

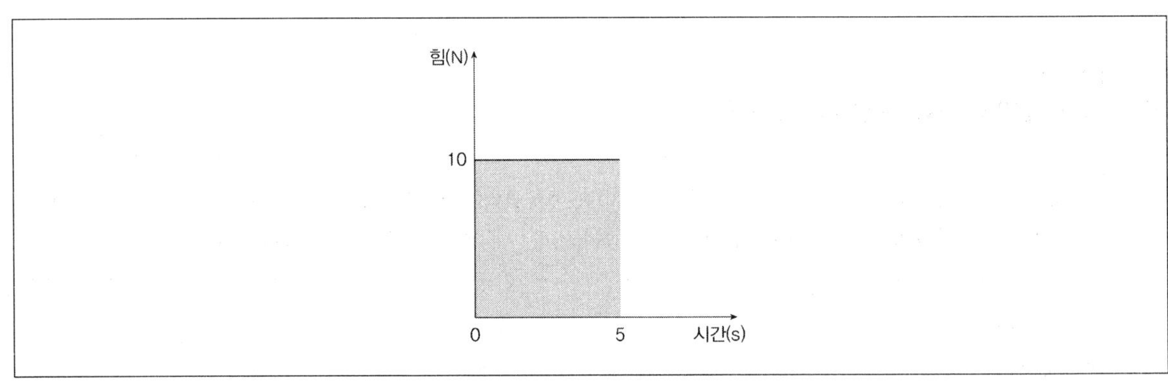

① 12N · s

② 30N · s

③ 50N · s

④ 80N · s

ADVICE ③ 충격량은 물체에 작용한 힘과 힘이 작용한 시간의 곱으로 구할 수 있다. 힘 10N과 힘이 작용한 시간 5s를 곱하면 충격량은 50N · s이다.

3 그림과 같이 막대자석을 코일 속에 넣었다 뺐다 하면 코일의 도선에 전류가 유도되어 검류계의 바늘이 움직인다. 이 현상은?

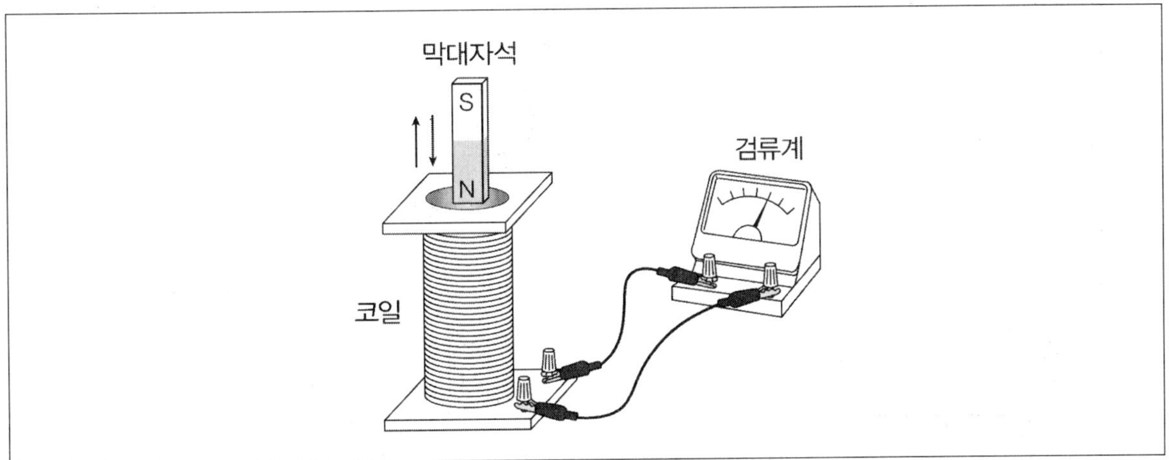

① 대류

② 삼투

③ 초전도

④ 전자기 유도

ADVICE ① 대류 : 유체의 온도가 균일하지 않을 때 밀도의 차이로 물질 자체가 이동하면서 열을 전달하는 현상이다.
② 삼투 : 반투과성 막을 경계로 농도 낮은 쪽에서 농도 높은 쪽으로 물 분자가 이동하는 현상이다.
③ 초전도 : 임계 온도 이하로 냉각될 때 전기 저항이 0이 되고 외부 자기장을 밀어내는 현상이다.

» **ANSWER** 1.② 2.③ 3.④

4 그림과 같이 공이 자유 낙하 하는 동안 시간에 따른 속력의 그래프로 옳은 것은?(단, 공기 저항은 무시한다.)

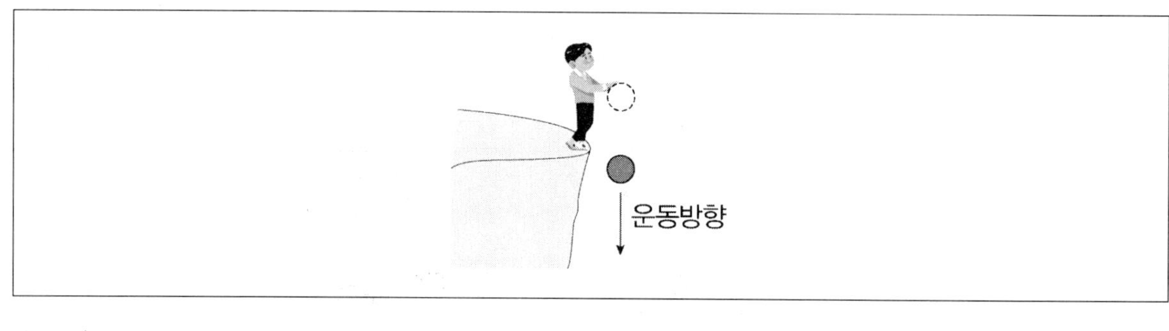

① 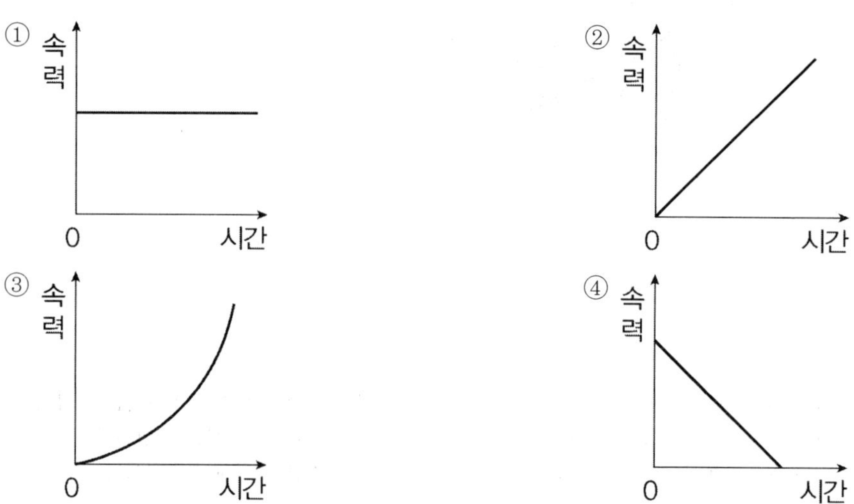

②

③

④

ADVICE ② 물체는 중력의 영향을 받아서 일정한 가속도로 운동한다. 가속도가 일정하기 때문에 시간이 지나면서 속력이 일정하게 증가한다.

5 그림은 고열원에서 1000J의 열에너지를 흡수하여 일 W를 하고 저열원으로 600J의 열에너지를 방출하는 열기관의 1회 순환 과정을 나타낸 것이다. 이 열기관의 열효율은?

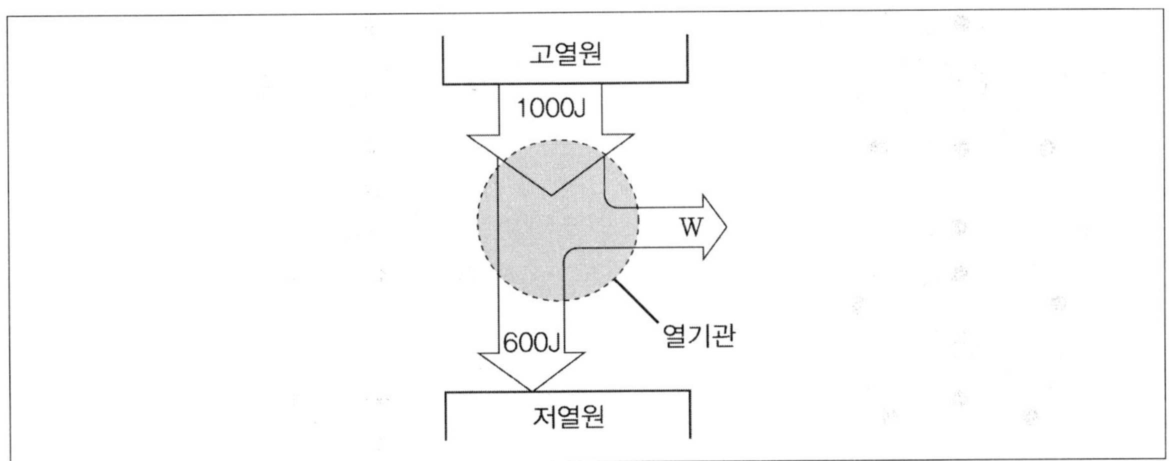

① 20%

② 40%

③ 80%

④ 100%

ADVICE ② 고열원에서 공급받은 열에너지 1,000J은 열기관 외부에서 한 일과 저열원으로 방출한 열에너지 600J의 합이다. 열기관이 외부에 한 일은 400J이다.

$$\eta = \frac{\text{한 일}}{\text{공급받은 열에너지}} = \frac{400J}{1000J} \times 100\% = 40\% \text{로 열기관 열효율은 40\%이다.}$$

6 신재생 에너지에 대한 설명으로 옳은 것만을 〈보기〉에서 모두 고른 것은?

─── 〈보기〉 ───

㉠ 화석 연료보다 친환경적이다.
㉡ 태양광 에너지는 신재생 에너지의 한 종류이다.
㉢ 인류 문명의 지속 가능한 발전을 위해 신재생 에너지 개발이 필요하다.

① ㉠, ㉡

② ㉠, ㉢

③ ㉡, ㉢

④ ㉠, ㉡, ㉢

ADVICE ㉠ 화석 연료를 연소시키면 대기 오염물질을 배출하지만 신재생 에너지는 오염 문제가 거의 없어 화석 연료보다 친환경적이다.
㉡ 태양으로부터 오는 빛 에너지를 전기로 전환하는 신재생 에너지에 해당한다.
㉢ 한정된 화석 연료에 대비하여 지속 가능한 신재생 에너지를 개발해야 한다.

》 ANSWER 4.② 5.② 6.④

7 다음 원자의 전자 배치 중 원자가 전자가 4개인 것은?

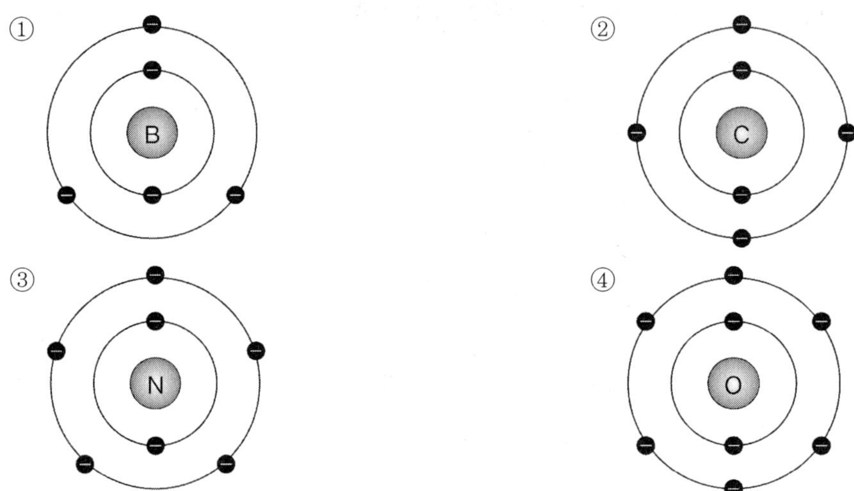

ADVICE ② 원자가 전자가 4개인 것은 C 탄소에 해당한다. 최외각 전자껍질에 전자가 4개 있다.

8 다음 중 그림과 같이 양이온과 음이온의 정전기적 인력에 의해 형성된 이온 결합 물질은?

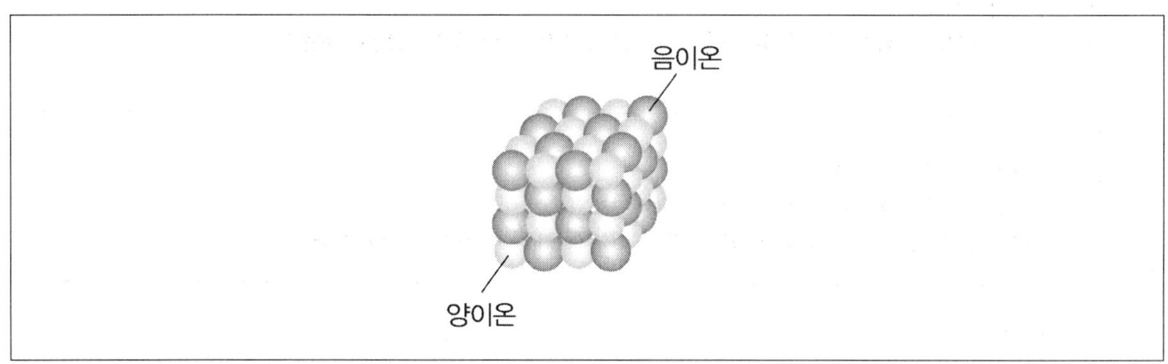

① 철(Fe) 　　　　　　　　② 구리(Cu)
③ 마그네슘(Mg) 　　　　　④ 염화 나트륨(NaCl)

ADVICE ④ 금속 원소와 비금속 원소가 결합하여 형성하는 것이다. 금속 원소인 나트륨과 비금속 원소인 염소가 결합한 염화 나트륨이 정전기적 인력에 의해 형성된 이온 결합 물질이다.

9 그림은 주기율표의 일부를 나타낸 것이다. 임의의 원소 A ~ D 중 원자 번호가 가장 큰 것은?

주기 \ 족	1	2	...	17	18
1	A				
2		B	...	C	
3					D

① A

② B

③ C

④ D

ADVICE ④ A는 수소이고 원자번호는 1번이다. B는 베릴륨으로 원자번호는 4번이다. C는 플루오린으로 원자번호는 9번이다. D는 아르곤으로 원자번호는 18번이다. 원자번호가 가장 큰 것은 D이다.

10 그림은 메테인(CH₄)의 분자 구조 모형을 나타낸 것이다. 메테인을 구성하는 탄소(C) 원자와 수소(H) 원자의 개수비는?

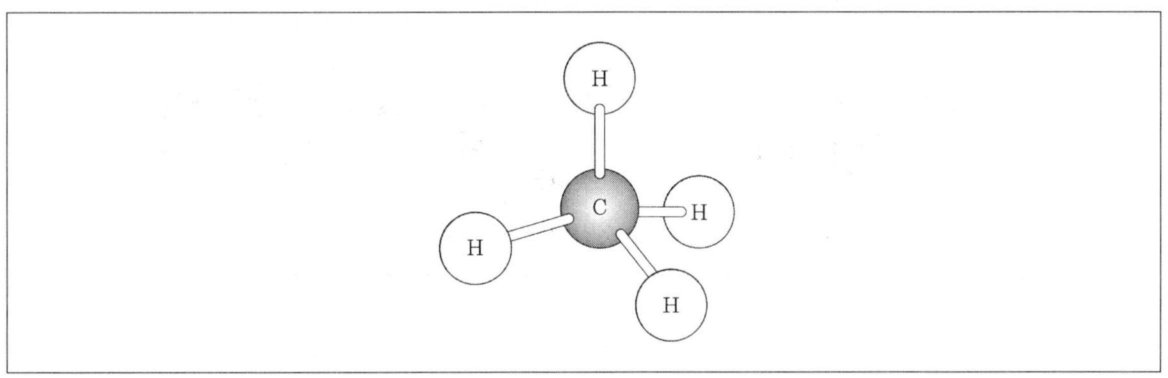

   C H

① 1 : 2

② 1 : 3

③ 1 : 4

④ 2 : 3

ADVICE ③ C는 1개, H는 4개가 있다.

➤ **ANSWER** 7.② 8.④ 9.④ 10.③

11 다음은 철의 제련 과정에서 일어나는 산화 환원 반응의 화학 반응식이다. 이 반응에서 산소를 잃어 환원되는 반응 물질은?

$$Fe_2O_3 \quad + \quad 3CD \quad \rightarrow \quad 2Fe \quad + \quad 3CO_2$$
$$\text{산화 철(Ⅲ)} \qquad \text{일산화 탄소} \qquad \text{철} \qquad \text{이산화 탄소}$$

① Fe_2O_3

② CO

③ Fe

④ CO2

ADVICE ① 산소를 잃어서 환원이 되는 것은 산화 철(Ⅲ)에 해당한다. Fe_2O_3는 산소를 포함하고 있지만 반응 후에 산소를 잃어 환원되었다.

12 그림은 묽은 염산(HCl)과 수산화 나트륨(NaOH) 수용액의 중화 반응 모형을 나타낸 것이다. 이온 ㉠은?

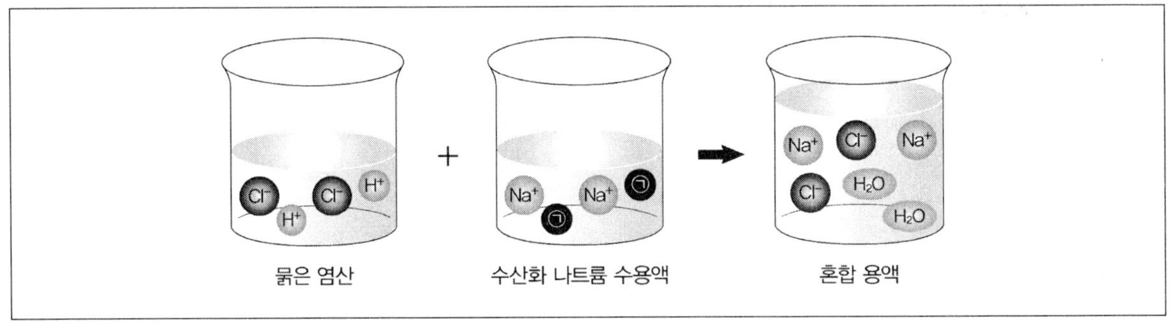

① OH^-

② Br^-

③ Cl^-

④ F^-

ADVICE ① 수산화 나트륨 수용액에는 NA^+와 OH^- 이온이 존재한다. 그러므로 ㉠은 OH^-이다.

[자연의 구성물질]

13 다음 중 세포에서 유전 정보를 저장하거나 전달하는 물질은?

① 물

② 지질

③ 핵산

④ 탄수화물

ADVICE ③ 유전 정보를 저장하거나 전달하는 물질은 핵산에 해당한다. 물, 지질, 탄수화물은 유전정보를 저장하고 있지 않다.

[생명 시스템]

14 그림은 어떤 동물 세포의 구조를 나타낸 것이다. A~D 중 세포 호흡이 일어나 생명 활동에 필요한 에너지를 생산하는 세포 소기관은?

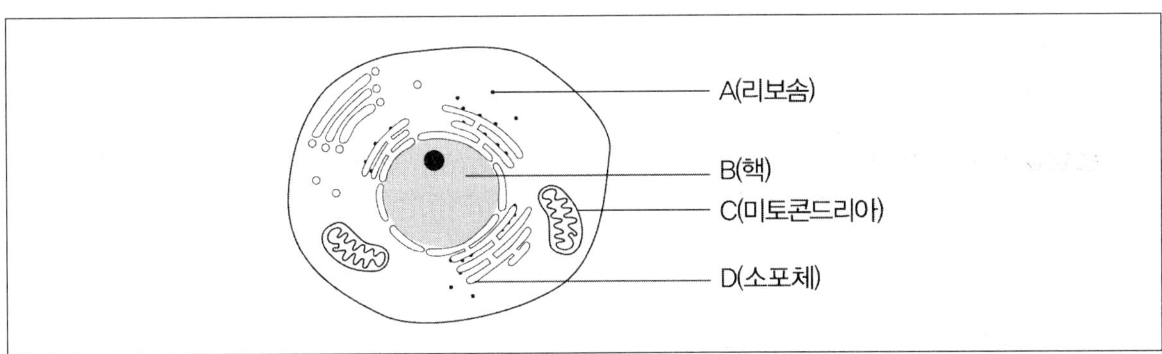

① A

② B

③ C

④ D

ADVICE ③ 미토콘드리아(C) : 세포 호흡이 일어나 생명 활동에 필요한 에너지를 생산한다.

① 리보솜(A) : RNA와 단백질로 구성된 세포 소기관으로 단백질을 합성하는 장소이다. DNA가 mRNA를 통해서 전달되면 리보솜에서 아미노산을 연결하면서 단백질을 생성한다.

② 핵(B) : 세포의 유전 정보를 저장한 DNA를 포함하고 있어 세포의 생명 활동을 조절하고 통제한다.

④ 소포체(D) : 핵막과 연결되어 세포질 전체에 퍼져 있는 막 구조 그물망이다.

» **ANSWER** 11.① 12.① 13.③ 14.③

15 다음은 세포막을 경계로 물질이 이동하는 방법을 설명한 것이다. ㉠에 해당하는 것은?

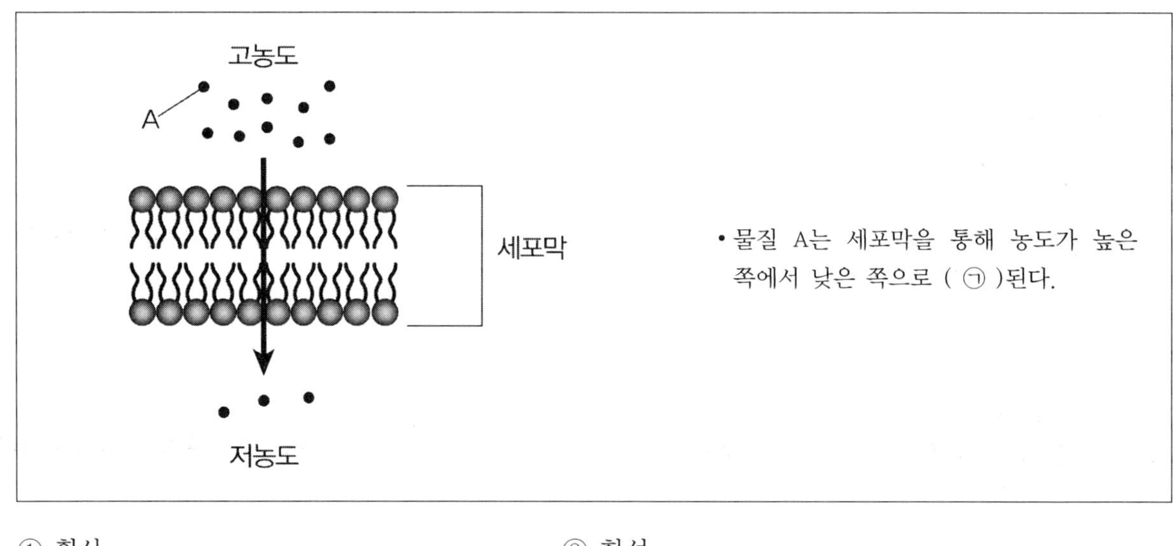

① 확산　　　　　　　　　　② 합성

③ 이화　　　　　　　　　　④ 복제

ADVICE ① 물질 A는 고농도에서 세포막을 통해 이동하여 저농도 방향으로 향하고 있다. 이는 농도 기울기에 따라 이동하고 에너지를 소비하지 않으면서 인지질 2중층을 직접 통과하는 확산에 해당한다.

16 그림은 과산화 수소의 분해 반응에서 효소인 카탈레이스가 있을 때와 없을 때의 에너지 변화를 나타낸 것이다. 이 반응에서 효소가 있을 때의 활성화 에너지는?

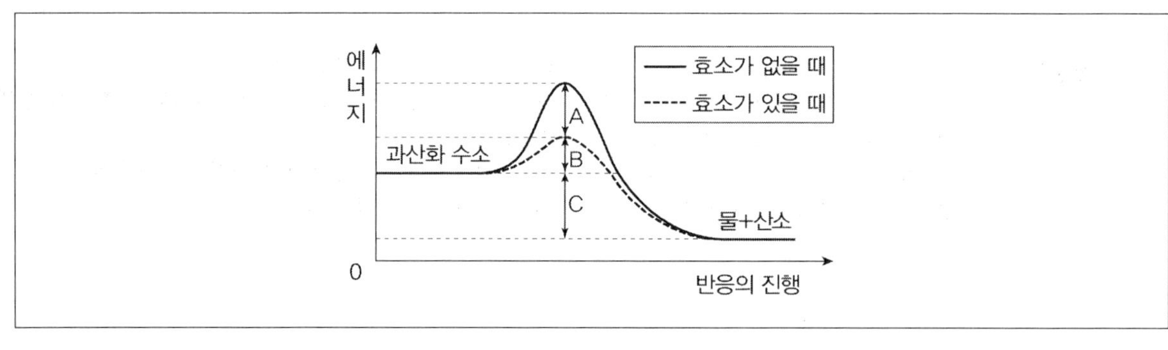

① A　　　　　　　　　　② B

③ A+B　　　　　　　　　④ B+C

ADVICE ② 효소가 없을 때에는 활성화 에너지는 A에 해당하지만, 효소가 있을 때에는 활성화 에너지는 B에 해당한다.

17 그림은 세포 내 유전 정보의 흐름 중 일부를 나타낸 것이다. 과정 (가)와 염기 ㉠은?

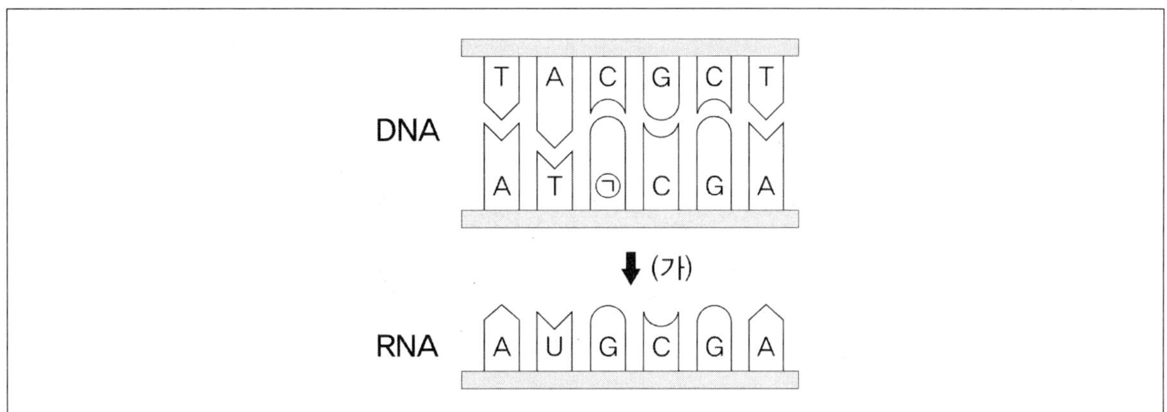

	(가)	㉠
①	전사	A
②	전사	G
③	번역	C
④	번역	T

ADVICE ② (가) DNA 유전정보를 RNA로 전달하는 과정은 전사에 해당한다.
㉠ C(사이토신)은 G(구아닌)과 상보적으로 결합한다.

ANSWER 15.① 16.② 17.②

18 그림은 생태계 평형이 유지되고 있는 생태계에서의 먹이 그물을 나타낸 것이다. 이 먹이 그물에서 개체 수가 가장 많은 생물은?

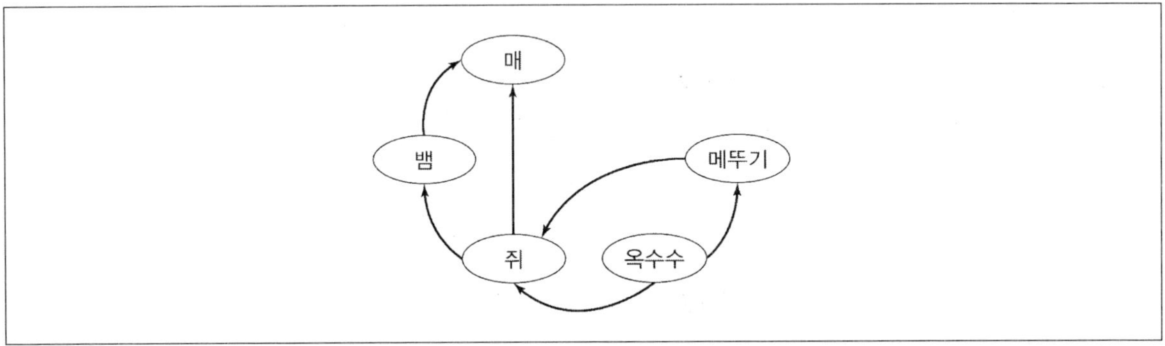

① 뱀

② 쥐

③ 메뚜기

④ 옥수수

ADVICE ④ 개체수가 가장 많은 것은 생산자에 해당하는 옥수수이다.

19 다음 설명의 ㉠에 해당하는 것은?

(㉠)은 생태계 내에 존재하는 생물의 다양한 정도를 의미하며 유전적 다양성, 종 다양성, 생태계 다양성을 포함한다.

① 초원

② 개체군

③ 외래종

④ 생물 다양성

ADVICE ④ 생물계에 다양한 생물이 있다는 의미의 ㉠은 생물 다양성을 의미한다.

20 그림은 빅뱅 우주론을 모형으로 나타낸 것이다. 빅뱅 이후 시간의 흐름에 따라 증가하는 물리량으로 옳은 것만을 〈보기〉에서 모두 고른 것은?

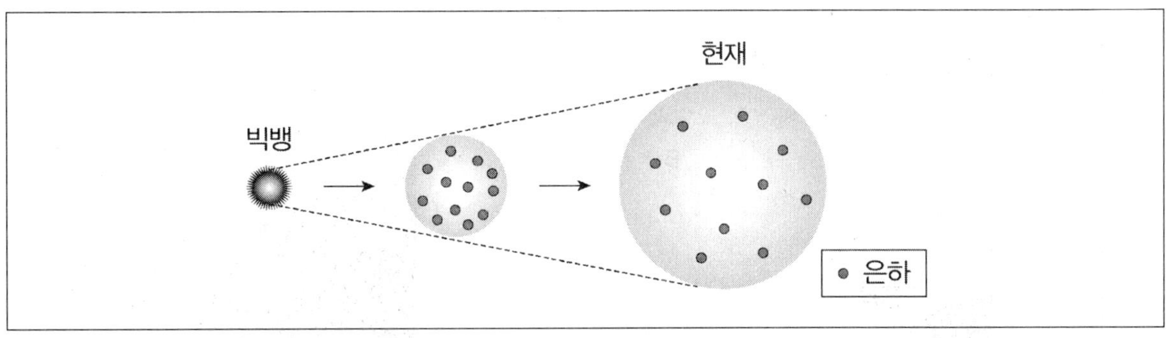

〈보기〉

㉠ 우주의 크기
㉡ 우주의 평균 밀도
㉢ 우주의 평균 온도

① ㉠   ② ㉢

③ ㉠, ㉡   ④ ㉡, ㉢

ADVICE ㉠ 빅뱅 우주론에 따라 우주는 계속해서 팽창하고 있다. 제시된 그림에 따라서도 우주의 크기가 팽창하고 있음을 알 수 있다.

㉡ 우주의 부피가 팽창하고 커지면서 평균 밀도는 감소한다.

㉢ 우주가 팽창하면서 우주를 구성하는 입자들의 평균 운동 에너지가 줄어들고 평균 온도도 감소한다.

21 다음 중 지구에서 온실 효과를 일으키는 기체가 아닌 것은?

① 헬륨   ② 메테인

③ 수증기   ④ 이산화 탄소

ADVICE ① 헬륨 : 매우 안정적인 비활성 기체로 다른 물질과 반응을 잘 하지 않는다. 또한 온실 효과를 일으키지 않는다.

② 메테인 : 이산화 탄소 다음으로 온실가스의 요인에 해당한다. 습지, 가축 소화과정, 유기물 분해 등으로 발생한다.

③ 수증기 : 자연적인 온실가스에 해당한다. 기온 변화와 수증기량의 변화는 온실 효과와 연관이 있다.

④ 이산화탄소 : 화석 연료 활동 등으로 가장 많이 배출되는 온실가스로 지구 온난화의 주요 원인이다.

》 ANSWER   18.④   19.④   20.①   21.①

22 그림은 질량이 서로 다른 2개의 별 중심부에서 모든 핵융합 반응이 끝난 직후 내부 구조의 일부를 각각 나타낸 것이다. 지점 A ~ D 중 가장 무거운 원소가 생성된 곳은?

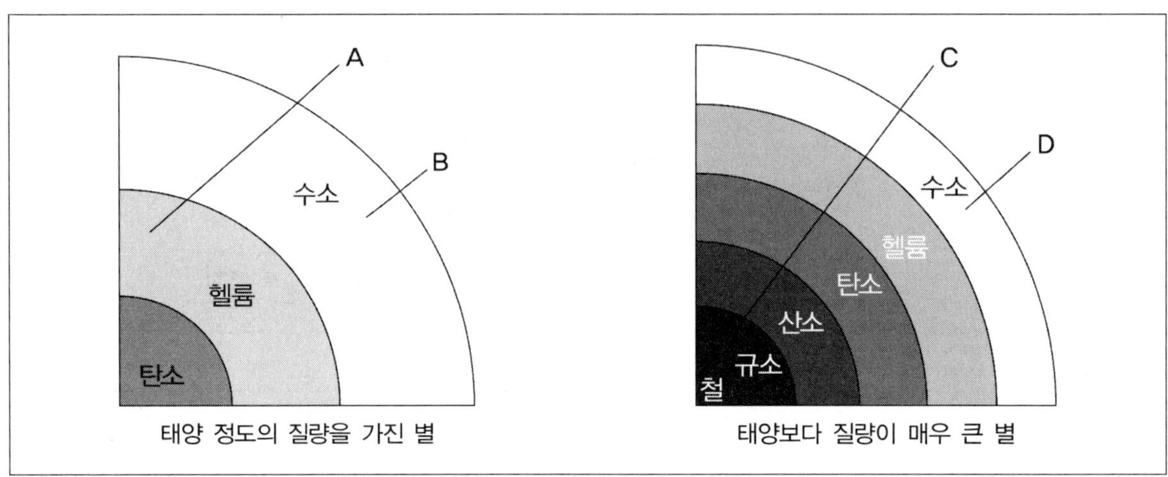

① A

② B

③ C

④ D

ADVICE ③ 별의 핵융합 반응은 원자 번호가 큰 원소일수록 중심부의 더 높은 온도와 압력에서 나타난다. 철은 별 내부의 핵융합으로 만들 수 있는 가장 무거운 원소이다. 가장 무거운 원소는 태양보다 질량이 매우 큰 별의 중심부에 있는 철(C)에 해당한다.

23 다음 중 대기 중의 이산화 탄소가 바닷물에 녹아 들어가는 과정에서 상호 작용하는 지구 시스템의 구성 요소는?

① 기권과 수권

② 지권과 수권

③ 기권과 생물권

④ 지권과 생물권

ADVICE ① 대기 중의 이산화 탄소는 기권에 해당하고 바닷물에 녹아 들어가는 과정은 수권에 해당한다.

24 **다음 설명에 해당하는 지형은?**

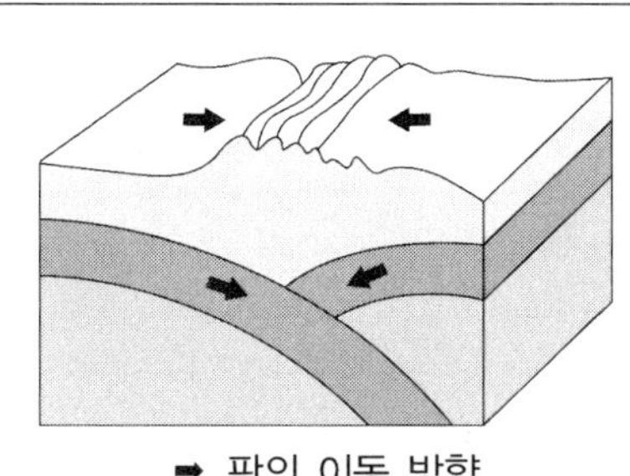

- 두 판이 충돌하면서 높이 솟아올라 형성된 거대한 산맥이다.
- 수렴형 경계가 존재하는 지역에서 발달할 수 있다.

① 해령
② 열곡
③ 습곡 산맥
④ 변환 단층

ADVICE ① 해령 : 해저에 발달한 거대한 산맥으로 두 해양판이 맨틀 대류의 상승부에서 서로 멀어지는 발산형 경계이다.
② 열곡 : 판이 발산하는 경계에서 지각이 갈라지고 확장되면서 형성되는 거대한 선형 함몰 지형이다.
④ 변환 단층 : 두 판이 서로 스쳐지나가는 보존형 경계에서 형성되는 단층이다.

25 **다음 설명에 해당하는 지질 시대는?**

- 지질 시대 중 기간이 가장 짧다.
- 매머드와 같은 포유류가 매우 번성하였고 인류의 조상이 출현하였다.

① 선캄브리아 시대
② 고생대
③ 중생대
④ 신생대

ADVICE ④ 매머드는 신생대 시대 생물이다.

> **ANSWER** 22.③ 23.① 24.③ 25.④

CHAPTER 07

2024년 제1회 기출문제

[발전과 신재생 에너지]

1 다음에서 설명하는 발전 방식은?

- 파도 상황에 따라 전력 생산량이 일정하지 않다.
- 파도의 운동 에너지를 전기 에너지로 전환한다.

① 파력 발전　　　　　　　　　　② 화력 발전

③ 원자력 발전　　　　　　　　　④ 태양광 발전

ADVICE ② 화력 발전 : 석탄, 석유, 천연가스 등 화석 연료를 연소시켜 전기를 생산하는 방식이다.
③ 원자력 발전 : 핵분열성 물질의 원자핵이 분열할 때 방출되는 막대한 열에너지를 이용하여 전기를 생산하는 방식이다.
④ 태양광 발전 : 태양 빛 에너지를 직접 전기 에너지로 변환하는 방식이다.

[역학적 시스템]

2 표는 같은 직선상에서 운동하는 물체 A ~ D의 처음 운동량과 나중 운동량을 나타낸 것이다. 물체 A ~ D 중 받은 충격량의 크기가 가장 큰 것은?

운동량(kg · m/s) 물체	처음 운동량	나중 운동량
A	2	5
B	3	7
C	3	8
D	4	10

① A　　　　　　　　　　　　　② B

③ C　　　　　　　　　　　　　④ D

ADVICE ④ 충격량은 나중 운동량에서 처음 운동량을 빼면 구할 수 있다.
A 3, B 4, C 5, D 6에 해당하므로 D의 충격량이 가장 크다.

3 그림은 전기 에너지의 생산과 수송 과정을 나타낸 것이다. 이에 대한 설명으로 옳은 것만을 〈보기〉에서 모두 고른 것은?

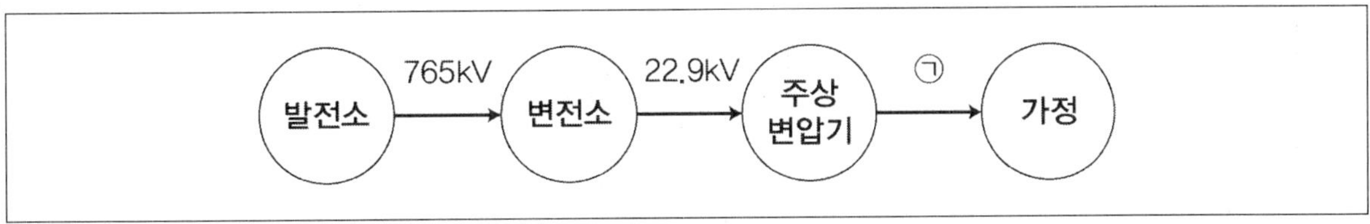

〈보기〉

㉠ 발전소에서 전기 에너지를 생산한다.
㉡ ㉠에 해당하는 전압은 22.9 kV보다 작다.
㉢ 수송 과정에서 손실되는 전기 에너지는 없다.

① ㉠
② ㉢
③ ㉠, ㉡
④ ㉡, ㉢

ADVICE ㉠ 발전소는 다양한 방식으로 전기 에너지를 생산한다.
㉡ 주상 변압기는 22.9kV 전압을 가정에서 사용하는 전압으로 낮추는 역할을 한다.
㉢ 전기가 송전선을 통해 수송될 때 송전선 저항으로 열에너지가 발생하는데, 이는 전기 에너지의 일부가 변환된 것이다. 따라서 수송 과정에서 전기 에너지는 손실된다.

4 다음은 태양 내부에서 일어나는 반응에 대한 설명이다. ㉠에 해당하는 원소는?

고온·고압인 태양에서 수소 원자핵이 융합하여 (㉠) 원자핵이 생성되는 동안 줄어든 질량이 에너지로 전환된다.

① 질소
② 칼슘
③ 헬륨
④ 나트륨

ADVICE ③ 태양의 주된 에너지원인 수소 핵융합 반응을 통해서 수소 원자핵이 헬륨 원자핵을 만든다. 이때 엄청난 양의 에너지가 방출된다. 그러므로 ㉠은 헬륨에 해당한다.

》 ANSWER 1.① 2.④ 3.③ 4.③

5 그림은 고열원에서 100J의 열에너지를 공급 받아 W의 일을 하는 열기관을 나타낸 것이다. 열기관에서 저열원으로 50J의 열에너지를 방출할 때, 열기관이 한 일 W의 양은?

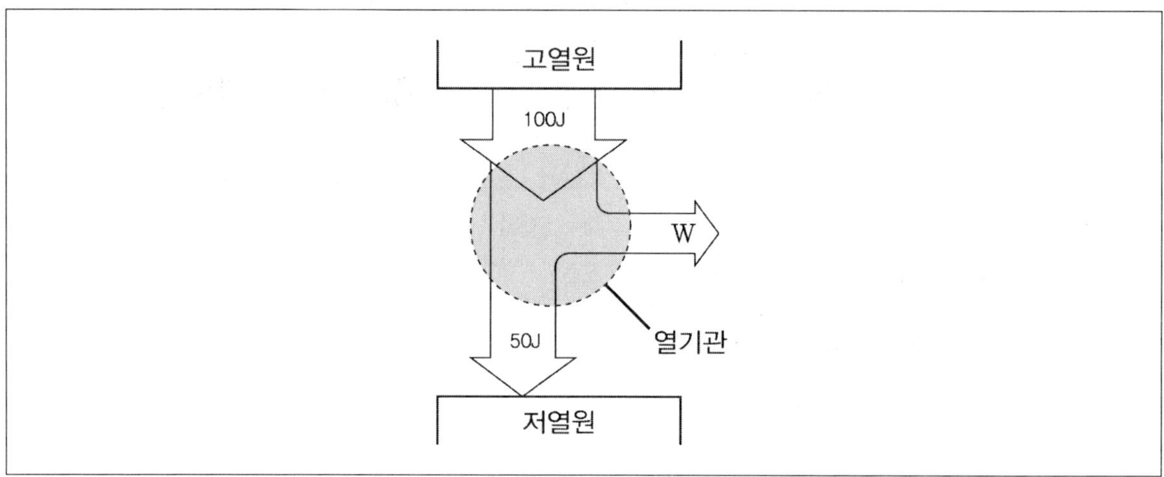

① 30J

② 40J

③ 50J

④ 60J

ADVICE ③ 고열원에서 공급받은 열에너지는 열기관이 외부에서 한 일과 저열원에서 방출한 열에너지의 합으로 구할 수 있다.
100J(고열원에서 공급받은 열에너지) = W + 50J(저열원으로 방출한 열에너지)로 W=50J

6 그림은 자유 낙하하는 물체의 위치를 일정한 시간 간격으로 나타낸 것이다. A ～ D 지점 중 물체의 속도가 가장 빠른 지점은? (단, 중력 가속도는 $10m/s^2$ 이고, 공기 저항은 무시한다.)

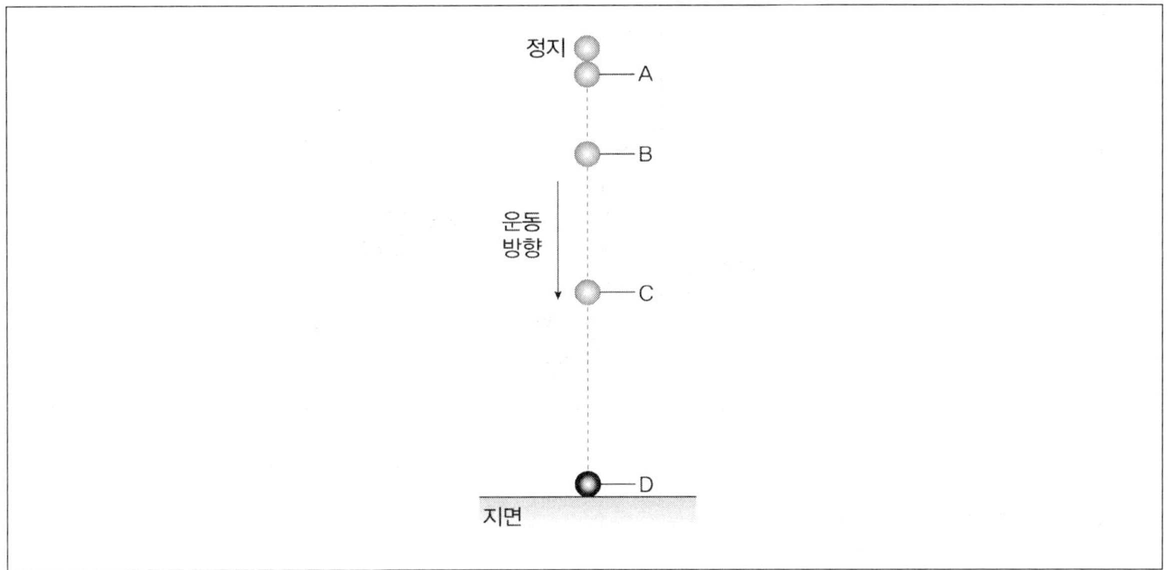

① A

② B

③ C

④ D

ADVICE ④ A는 낙하 시점으로 정지상태이다. 낙하 거리가 길어질수록 속도가 빨라지므로 지면에 도달하기 직전이거나 지면에 닿는 순간인 D가 물체의 속도가 가장 빠른 지점에 있다.

≫ ANSWER 5.③ 6.④

7 그림과 같이 자석을 코일 속에 넣을 때 발생하는 유도 전류의 방향을 변화시킬 수 있는 요인으로 옳은 것만을 〈보기〉에서 모두 고른 것은?

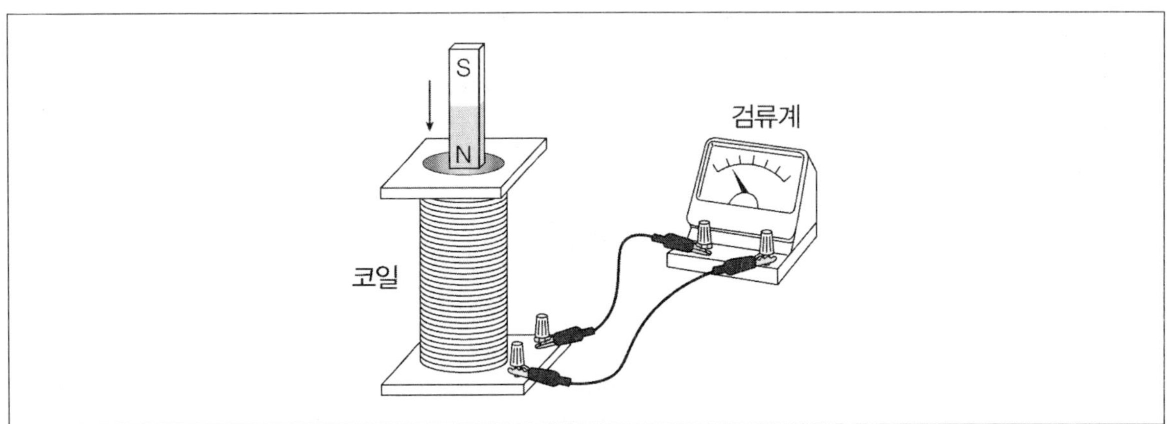

─── 〈보기〉 ───

㉠ 자석의 극을 바꾼다.
㉡ 자석을 더 빠르게 넣는다.
㉢ 더 강한 자석을 사용한다.

① ㉠

② ㉢

③ ㉠, ㉡

④ ㉠, ㉢

ADVICE ㉠ N극으로 코일을 넣고 있으므로 자석의 극을 바꾼다. 극이 바뀌면 유도전류의 방향이 바뀐다.

㉡ 자석을 빠르게 넣으면 자기장 변화 속도가 빨라지면서 유도 전류 세기가 증가한다. 하지만 유도 전류 방향은 변화하지 않는다.

㉢ 강한 자석을 사용하면 자기장 변화의 크기는 커지지만 방향을 변화시키지 않는다.

8 그림은 주기율표의 일부를 나타낸 것이다. 임의의 원소 A ~ D 중 원자가 전자 수가 가장 큰 원소는?

주기 \ 족	1	2	…	16	17	18
1						
2	A		…	B		
3	C				D	

① A

② B

③ C

④ D

ADVICE ④ A 리튬, B 산소, C 나트륨, D 염소에 해당한다. A와 C는 1족으로 원자가 전자 수는 1개, B는 16족으로 원자가 전자 수는 6개, D는 17족으로 원자가 전자 수는 7개에 해당한다. 원자가 전자 수가 가장 큰 원소는 D에 해당한다.

9 그림은 나트륨 이온의 생성 과정을 모형으로 나타낸 것이다. 나트륨 원자가 잃은 전자의 개수는?

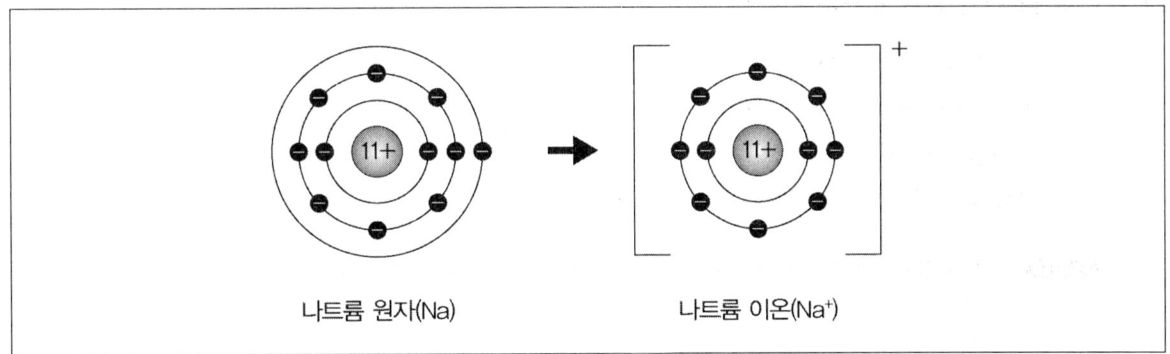

① 1개

② 2개

③ 3개

④ 4개

ADVICE ① 11+로 원자핵이 표시되어 있으므로 양성자는 11개이다. 첫 번째 껍질 2개, 두 번째 껍질 8개, 세 번째 껍질 1개로 총 11개의 전자가 있다. 나트륨 이온도 11+로 양성자가 11개이고 첫 번째 껍질 2개, 두 번째 껍질 8개이고 가장 바깥쪽 껍질은 사라져서 총 10개의 전자가 있다. 바깥 껍질에 1개의 전자를 잃었다.

» ANSWER 7.① 8.④ 9.①

10 **다음에서 설명하는 화학 결합에 의해 형성된 물질은?**

> • 금속 원소와 비금속 원소 사이에서 형성된다.
> • 양이온과 음이온의 정전기적 인력에 의해 형성된다.

① 은(Ag)

② 구리(Cu)

③ 산소(O_2)

④ 염화 나트륨(NaCl)

ADVICE ④ 염화 나트륨(NaCl)은 금속 원소 나트륨과 비금속 원소 염소가 결합하여 형성된 것이다. Na^+이온과 Cl^- 이온 사이에 정전기적 인력으로 결합한다.
①② 은과 구리는 금속 결합으로 형성된 단일 원소 물질이다.
③ 산소(O_2)는 두 개의 비금속 원자인 산소 원자의 공유 결합 물질이다.

11 **다음 중 산화 환원 반응의 사례가 아닌 것은?**

① 도시가스를 연소시킨다.

② 철이 공기 중에서 붉게 녹슨다.

③ 산성화된 토양에 석회 가루를 뿌린다.

④ 사과를 깎아 놓으면 산소와 반응하여 색이 변한다.

ADVICE ③ 산화 환원 반응이 아니라 중화 반응에 해당한다. 산성화된 토양에 염기성의 석회 가루를 뿌리면서 중성인 물을 생성한다.

12 그림은 묽은 염산과 묽은 황산의 이온화된 모습을 나타낸 것이다. 두 수용액에 공통적으로 존재하는 ㉠에 해당하는 이온은? (단, ●, ■, ○는 서로 다른 이온이다.)

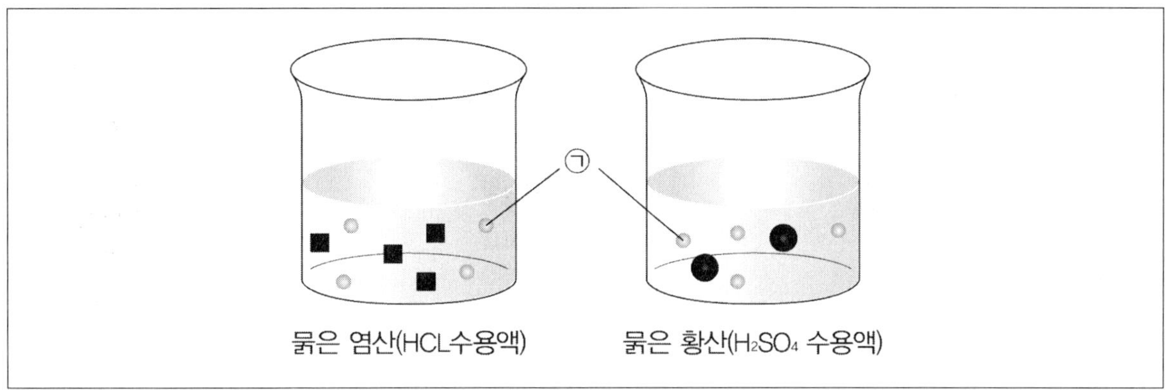

① 산화 이온(O^{2-})　　　　　② 수소 이온(H^+)

③ 염화 이온(Cl^-)　　　　　④ 황산 이온(SO_4^{2-})

ADVICE 묽은 염산 수용액에는 H^+, Cl^- 이온이 이온화 되어 있고, 묽은 황산 수용액에는 H^+와 SO_4^{2-}가 이온화되어 있다. 공통적으로 존재하는 ○은 수소 이온에 해당한다.

13 그림은 단위체의 결합으로 물질 A가 만들어지는 과정을 나타낸 것이다. A에 해당하는 물질은?

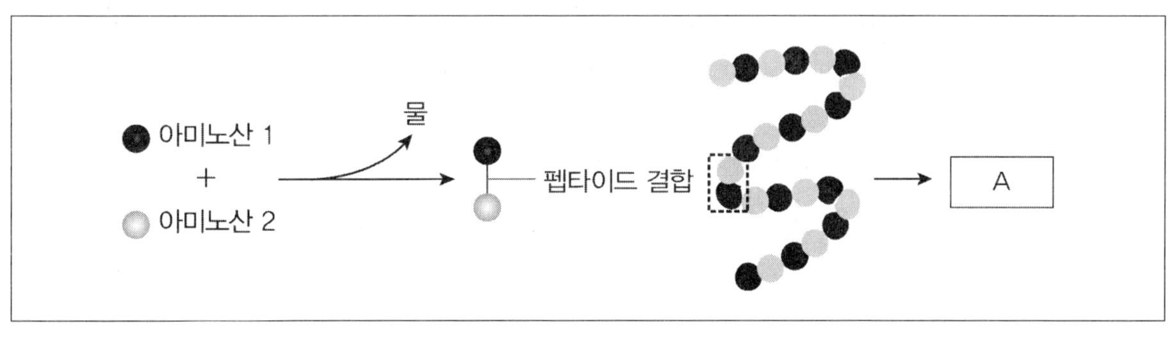

① 핵산　　　　　② 단백질

③ 포도당　　　　　④ 글리코젠

ADVICE ② 아미노산이 펩타이드 결합을 하여 폴리펩타이드가 되는 것이다. 폴리펩타이드 사슬이 결합을 하면서 단백질이 된다. 단백질은 폴리펩타이드 3차 구조로 효소, 호르몬, 항체 등 다양한 기능을 한다.

» ANSWER 10.④　11.③　12.②　13.②

14 그림은 서로 다른 지역에 서식하는 여우의 형태를 나타낸 것이다. 이러한 여우의 형태 차이에 영향을 주는 환경 요인은?

① 물 ② 산소

③ 온도 ④ 토양

ADVICE ③ 몸집이 크면 표면적 비율이 작아지면서 열 발산이 줄어들어 체온 유지에 유리해진다. 북극여우, 사막여우, 붉은 여우는 살고 있는 지역의 온도에 따라서 몸집 크기와 돌출된 신체 부위의 크기가 다르다.

15 다음은 안정된 생태계의 개체 수 피라미드에서 생태계 평형이 깨진 후 평형을 회복하는 과정의 일부를 설명한 것이다. ㉠과 ㉡에 들어갈 말로 옳게 짝지어진 것은?

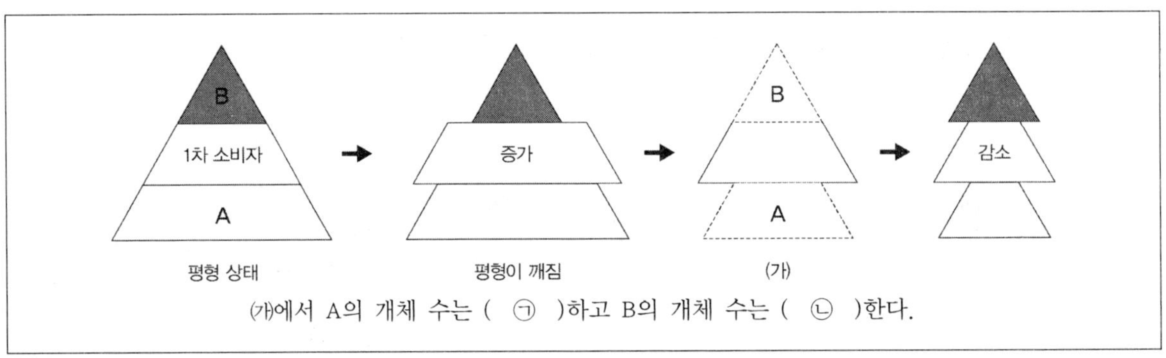

	㉠	㉡
①	감소	감소
②	감소	증가
③	증가	감소
④	증가	증가

ADVICE ② 1차 소비자의 개체가 급증하면 A(생산자)의 개체는 급격히 ㉠감소한다. 1차 소비자를 먹이로 삼는 B(2차 소비자)는 먹이가 풍부해지면서 개체 수가 ㉡증가한다.

16 다음은 생명 시스템 유지에 필요한 물질에 대한 설명이다. ㉠에 해당하는 것은?

> • 만일 (㉠)이/가 없다면 음식을 먹어도 영양소를 소화, 흡수할 수 없다.
> • 생명체는 물질대사를 하며, 물질대사에는 (㉠)이/가 관여한다.

① 녹말   ② 효소

③ 인지질   ④ 셀룰로스

ADVICE ① 녹말 : 포도당이 연결되어 만들어진 단당류이다.

       ③ 인지질 : 친수성 머리 부분과 소수성 꼬리 부분을 가진 지질의 한 종류이다.

       ④ 셀룰로스 : 포도당 단위체가 길게 연결된 다당류이다.

17 그림은 DNA에서 RNA가 전사되는 과정을 나타낸 것이다. ㉠에 해당하는 염기는? (단, 돌연변이는 없다.)

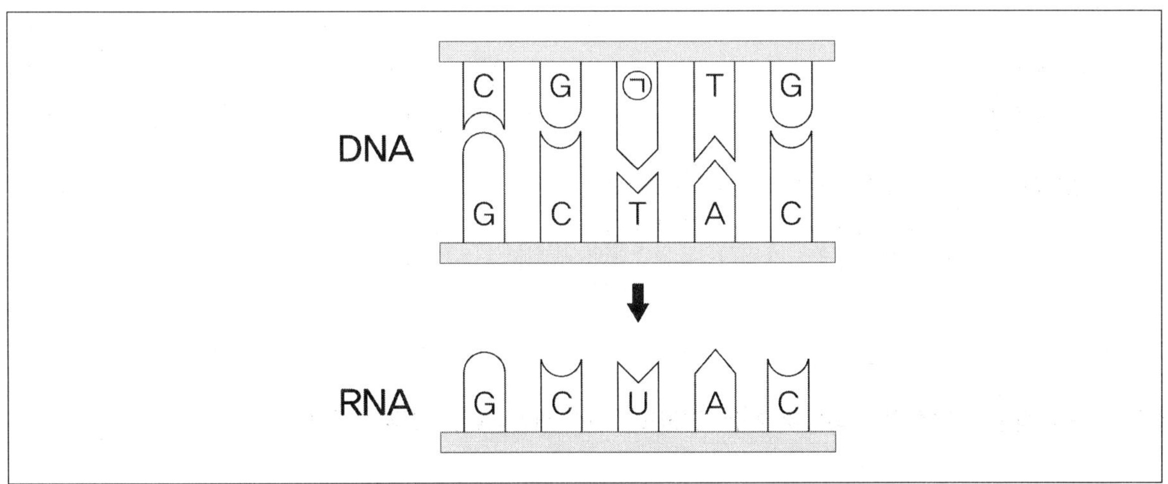

① A   ② T

③ G   ④ C

ADVICE ① DNA에서 RNA로 전사되면 A(아데닌)과 U(유라실)이 상보적인 관계로 ㉠은 A에 해당한다.

>> **ANSWER**   14.③   15.②   16.②   17.①

[생명 시스템]

18 세포막을 경계로 세포 안팎에 농도가 다른 용액이 있을 때, 물 분자가 세포막을 통해 농도가 낮은 곳에서 높은 곳으로 이동하는 현상은?

① 삼투 ② 호흡

③ 광합성 ④ 이화 작용

> **ADVICE** ② 호흡 : 유기물을 분해하여 생명 활동에 필요한 에너지를 얻는 과정이다.
> ③ 광합성 : 태양 빛 에너지를 이용하여 유기물을 합성하는 과정이다.
> ④ 이화 작용 : 생체 내에 분해과정에서 에너지를 방출하는 모든 화학 반응이다.

[생물 다양성]

19 다음 설명에 해당하는 것은?

> • 일정 지역에 서식하는 생물종의 다양한 정도이다.
> • 서식하는 생물종이 많고 그 분포가 고르게 나타날수록 높다.

① 개체 ② 군집

③ 개체군 ④ 종 다양성

> **ADVICE** ① 개체 : 생태계 구성의 기본 단위에 해당한다.
> ② 군집 : 특정 지역에 서식하는 다양한 종의 개체군이 모인 집단이다.
> ③ 개체군 : 특정 지역에 서식하는 동일한 종의 개체들의 집단이다.

[지구 시스템]

20 화산 활동과 관련된 설명으로 옳은 것만을 〈보기〉에서 모두 고른 것은?

> ─── 〈보기〉 ───
> ㉠ 화산 활동은 태양 에너지에 의해 일어난다.
> ㉡ 대규모의 화산 폭발은 주변의 지형을 변화시킨다.
> ㉢ 화산 활동은 온천, 지열 발전 등과 같이 이롭게 활용되기도 한다.

① ㉠ ② ㉢

③ ㉠, ㉡ ④ ㉡, ㉢

> **ADVICE** ㉡ 화산 폭발시 분출되는 용암류, 화산재가 주변을 뒤덮거나 산의 형태를 바꾸어 새로운 지형을 형성할 수 있다.
> ㉢ 화산 활동으로 열이 지하수를 데워 온천을 형성하거나 지역 발전소에서 전기 생산에 활용되기도 한다.
> ㉠ 화산 활동은 지구 내부 에너지에 의해서 일어난다.

21 다음은 규산염 사면체에 대한 설명이다. ㉠에 해당하는 것은?

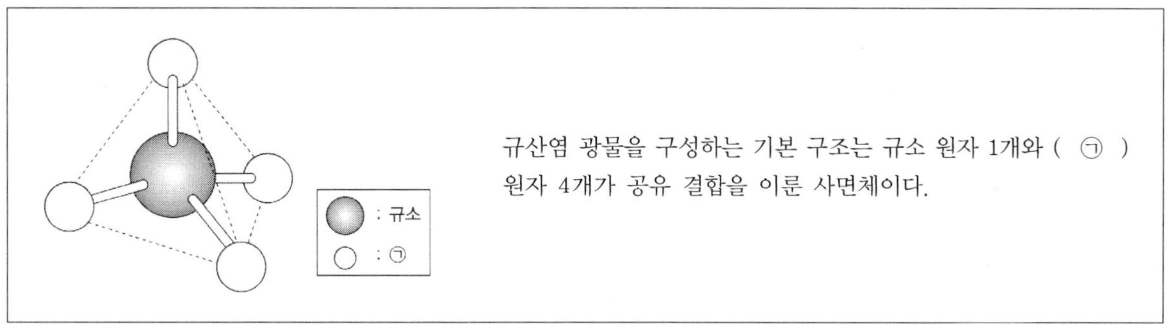

① 산소   ② 질소

③ 탄소   ④ 마그네슘

ADVICE ① 규산염은 규소 원자 1개와 산소 원자 4개가 공유 결합을 이룬 사면체이다.

[지구 시스템]

22 그림은 지구 시스템을 이루는 각 권의 상호 작용을 나타낸 것이다. 해저 지진 활동으로 인해 지진 해일이 발생 하는 것에 해당하는 상호 작용은?

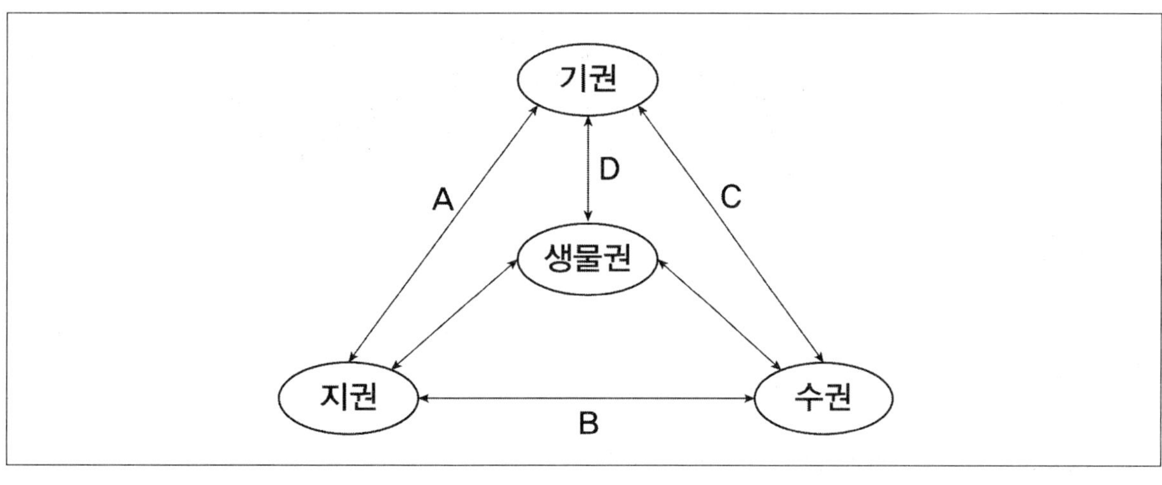

① A   ② B

③ C   ④ D

ADVICE ② A 기권↔지권, B 지권↔수권, C 수권↔기권, D 기권↔생물권에 해당한다. 해저 지진 활동(지권)으로 지진 해일(수권)이므로 B에 해당한다.

> **ANSWER** 18.① 19.④ 20.④ 21.① 22.②

23 다음 설명에 해당하는 현상은?

> 화석 연료 등의 사용으로 온실 기체의 농도가 크게 증가 하여 지구의 평균 기온이 상승하는 현상이다.

① 황사

② 사막화

③ 엘니뇨

④ 지구 온난화

ADVICE ① 황사 : 사막이나 황토지대에서 발생한 흙먼지가 바람을 타고 날아오는 현상이다.

② 사막화 : 기후 변화나 인간의 활동으로 토지가 황폐해지고 생물이 생선성을 잃어 사막처럼 변하는 현상이다.

③ 엘니뇨 : 동태평양 적도 부근의 해수면 온도가 평년보다 0.5℃ 이상 높은 상태로 5개월 이상 지속되는 현상이다.

[지구 시스템]

24 그림은 판의 이동과 맨틀 대류를 나타낸 것이다. A~D 중 발산형 경계에 해당하는 것은?

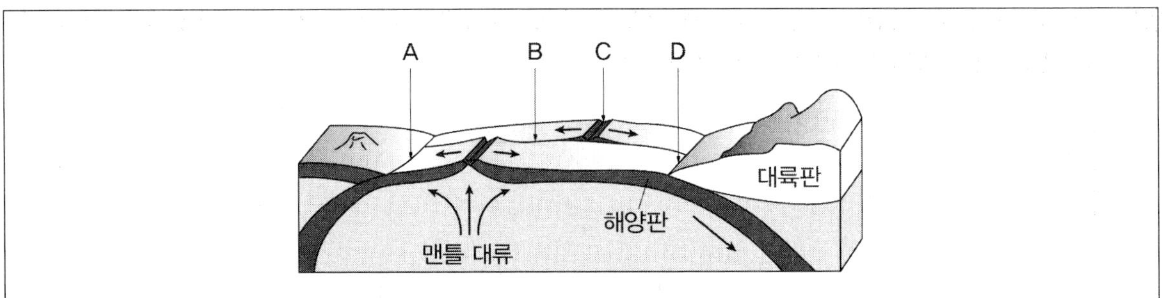

① A

② B

③ C

④ D

ADVICE ③ 발산형 경계는 판과 판이 벌어지는 것이다.

② B는 보존형 경계이다.

①④ A, D는 수렴형 경계이다.

25 그림은 지질 시대 동안 생물 과의 수 변화와 대멸종 시기를 나타낸 것이다. A에서 멸종한 생물은?

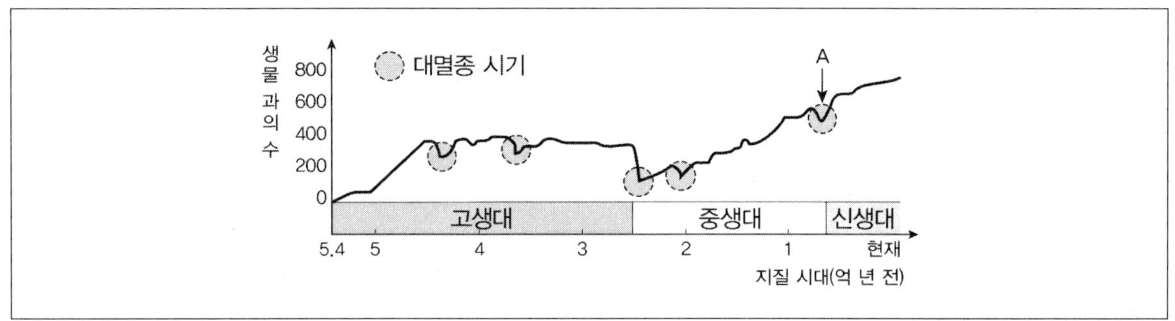

① 공룡

② 매머드

③ 삼엽충

④ 화폐석

ADVICE ① 공룡은 중생대(트라이아스기, 쥬라기, 백악기)에 번성하여 중생대의 백악기 말에 멸종되었다.

②④ 화폐석과 매머드는 신생대에 번성하였다.

③ 삼엽충은 고생대에 번성하였다.

≫ ANSWER 23.④ 24.③ 25.①

CHAPTER 08 2024년 제2회 기출문제

1 다음 설명에 해당하는 발전 방식은?

> 태양 전지를 사용하여 태양의 빛에너지를 전기 에너지로 직접 전환하며, 일조량에 따라 전력 생산량이 달라질 수 있다.

① 수력 발전

② 조력 발전

③ 파력 발전

④ 태양광 발전

ADVICE ① 수력 발전 : 높은 곳의 물이 낮은 곳으로 떨어지는 힘으로 전기를 생산하는 방식이다.
② 조력 발전 : 밀물과 썰물에 의한 바닷물의 수위 변화로 전기를 생산하는 방식이다.
③ 파력 발전 : 파도의 움직임의 운동 에너지로 전기를 생산하는 방식이다.

[역학적 시스템]

2 그림과 같이 마찰이 없는 수평면에서 질량이 2kg인 물체가 6m/s의 일정한 속력으로 운동할 때 이 물체의 운동량(kg · m/s)의 크기는?

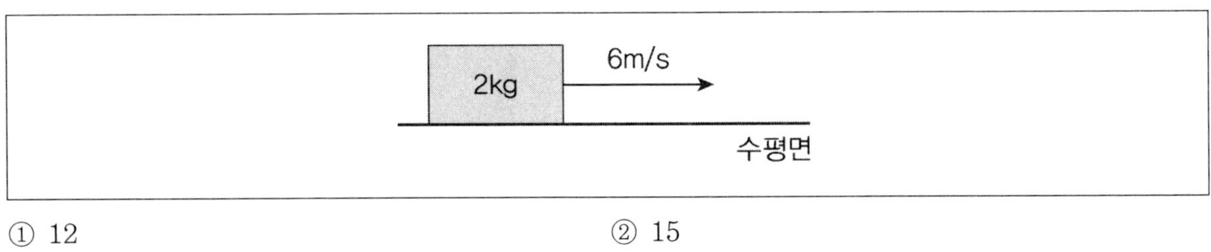

① 12

② 15

③ 18

④ 21

ADVICE ① 물체의 질량 2kg이고 물체의 속력은 6m/s이다. 운동량은 질량에 속력을 곱한 값이다.
$p = mv = 2\text{kg} \times 6\text{m/s} = 12\text{kg} \cdot \text{m/s}$이다.

3 그림은 수평 방향으로 던진 공의 위치를 일정한 시간 간격으로 나타낸 것이다. A와 B 지점에서의 물리량이 같은 것만을 〈보기〉에서 모두 고른 것은? (단, 중력 가속도는 $10m/s^2$이고, 공기 저항은 무시한다.)

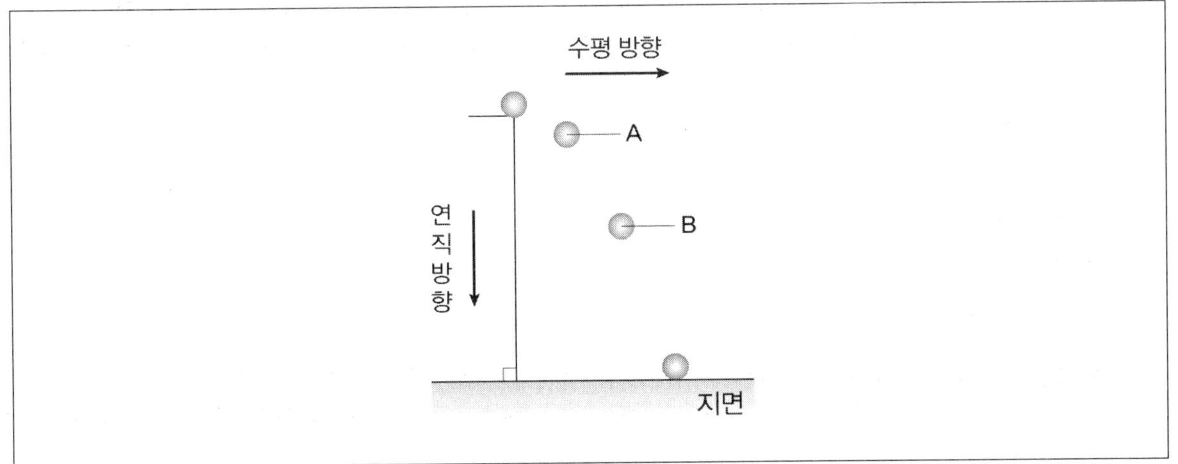

─── 〈보기〉 ───

㉠ 공의 수평 방향 속력
㉡ 공의 연직 방향 속력
㉢ 공에 작용하는 힘의 크기

① ㉡
② ㉢
③ ㉠, ㉡
④ ㉠, ㉢

ADVICE ㉠ 공기 저항을 무시하기 때문에 수평 방향엔 힘이 작용되지 않아서 수평 방향으로 등속 운동을 한다. A 지점과 B 지점에 수평 속도 성분은 크기와 방향 모두 동일하다.
㉢ 공기 저항이 없으므로 수평으로 던질 때 유일한 힘은 중력이다. 중력의 크기와 방향이 동일하므로 작용하는 힘은 일정한 중력의 크기이다.
㉡ 중력만 아래 방향으로 작용하고 있다. 중력 가속도에 의해서 연직 방향으로는 속도가 증가하는 등가속도운동하기 때문에 연직 속도는 다르다.

> **ANSWER** 1.④ 2.① 3.④

4　다음 설명에서 ㉠에 공통으로 해당하는 것은?

- 코일 근처에서 자석을 움직이면 코일에 전류가 유도되는데 이러한 현상을 (㉠)(이)라 한다.
- 변압기는 (㉠)을/를 이용하여 전압을 변화시키는 장치로, 각 코일에 걸린 전압은 코일의 감은 수에 비례한다.

---

① 열효율
② 핵발전
③ 전자기 유도
④ 초전도 현상

ADVICE ① 열효율 : 열기관이 공급받은 열에너지 중에서 유효하게 전환되는 에너지의 비율이다.
　　　② 핵발전 : 핵분열성 물질의 원자핵이 분열할 때 방출되는 막대한 에너지를 이용하여 전기를 생산하는 발전 방식이다.
　　　④ 초전도 현상 : 임계 온도 이하로 냉각되면 전기 저항이 완전히 0이 되고 외부 자기장을 밀어내는 현상이다.

5　다음은 그래핀에 대한 설명이다. ㉠에 해당하는 것은?

- 전기 전도성이 뛰어나다.
- (㉠) 원자가 육각형 모양으로 배열된 평면 구조이다.

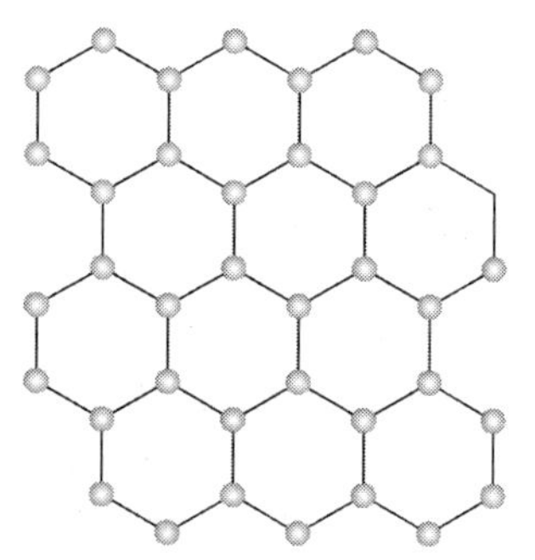

---

① 규소　　　　　　　　　　　　② 산소
③ 질소　　　　　　　　　　　　④ 탄소

ADVICE ④ 그래핀은 탄소 원자가 육각형 형태로 배열되어 평면적으로 이루어진 물질이다.

6 어떤 열기관이 75J의 열에너지를 공급받아 외부에 15J의 일을 하고 60J의 열에너지를 방출할 때 이 열기관의 열효율은?

① 10%

② 15%

③ 20%

④ 25%

ADVICE ③ 열효율은 한 일에서 공급받은 열에너지를 나누면 구할 수 있다.

이 공식에 따라서 $\eta = \dfrac{\text{한 일}}{\text{공급받은 열에너지}} \times 100\% = \dfrac{1500}{75} = 20(\%)$에 해당한다.

[물질의 규칙성과 화학 결합]

7 다음은 원자의 전자 배치를 나타낸 것이다. 13족 원소는?

① 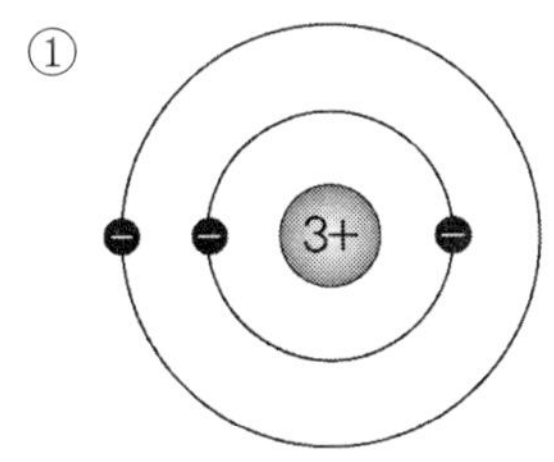

③ 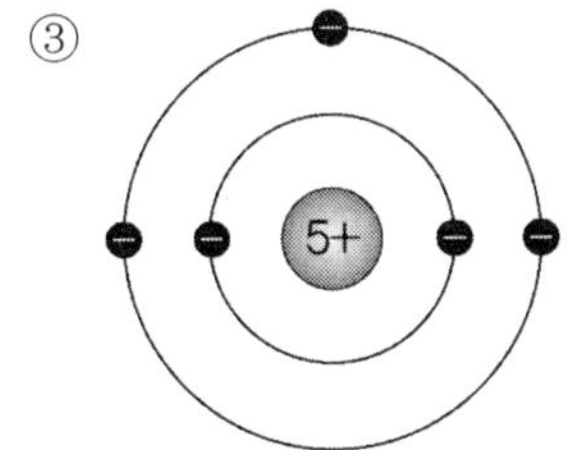

② ④ 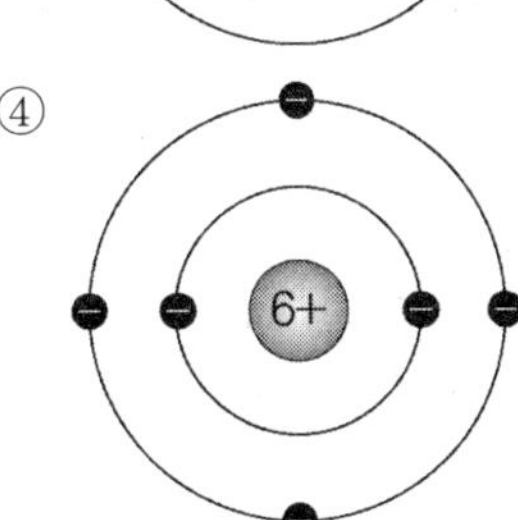

ADVICE ③ 원자핵 5+가 적혀있는 것은 양성자가 5개임을 나타낸다. 총 전자의 수는 5개이다. 전자껍질이 2개 있으므로 2주기 원소이며, 바깥 전자껍질에 전자가 3개 있으므로 13족 원소에 해당한다.

① 바깥 전자껍질에 전자의 수가 1개인 경우는 수소를 제외하고 1족에 해당한다.

② 바깥 전자껍질에 전자의 수가 2개인 경우는 2족에 해당한다.

④ 바깥 전자껍질에 전자의 수가 4개인 경우는 14족에 해당한다.

❯ **ANSWER** 4.③ 5.④ 6.③ 7.③

8 그림은 주기율표의 일부를 나타낸 것이다. 원소 (가) ~ (라) 중 가장 바깥 전자껍질의 전자 수가 8개이고 반응성이 거의 없는 것은?

족 주기	1	2	...	16	17	18
1			...			
2				(가)		(나)
3	(다)				(라)	

① (가) ② (나)
③ (다) ④ (라)

ADVICE ② 네온에 해당한다. 반응성이 거의 없는 비금속 원소이다. 최외각 전자가 8개로 안정적이다.
① 산소에 해당한다. 반응성이 매우 큰 비금속 원소이다.
③ 나트륨에 해당한다. 반응성이 매우 큰 금속 원소이다.
④ 염소에 해당한다. 반응성이 매우 큰 비금속 원소이다.

9 이온 결합 물질에 대한 설명으로 옳은 것만을 〈보기〉에서 모두 고른 것은?

─── 〈보기〉 ───

㉠ 산소 기체(O_2)가 해당한다.
㉡ 수용액 상태에서 전류가 흐른다.
㉢ 양이온과 음이온의 정전기적 인력에 의해 생성된다.

① ㉠ ② ㉡
③ ㉠, ㉢ ④ ㉡, ㉢

ADVICE ㉡ 수용액 상태에서는 이온 결합 물질이 이온이 전하 운반체 역할을 하면서 용액 내에 전류를 흐르게 한다.
㉢ 서로 다른 양이온과 음이온 사이에서 강한 정전기적 인력이 작용한다.
㉠ 산소는 이온 결합 물질이 아닌 공유 결합 물질에 해당한다.

10 다음 중 물에 녹아 염기성을 나타내는 물질은?

① HCl

② $Ca(OH)_2$

③ H_2SO_4

④ CH_3COOH

> **ADVICE** ② 수산화 칼슘($Ca(OH)_2$)는 물에 녹으면 염기성이 된다.
> ①③④ 염화 수소(HCl), 황산(H_2SO_4), 아세트산(CH_3COOH)은 물에 녹으면 산성이다.

[화학 변화]

11 그림은 수산화 나트륨(NaOH) 수용액에 A 수용액을 넣어 중화 반응시키는 과정을 나타낸 것이다. A에 해당하는 것은?

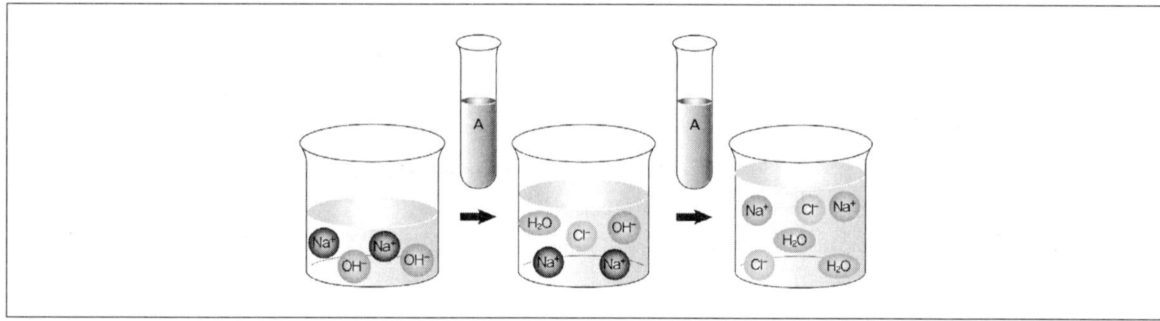

① HCl

② HNO_3

③ H_2CO_3

④ H_2SO_4

> **ADVICE** ① 첫 번째 비커에는 Na^+와 OH^-가 있다. 이 비커에 A 수용액이 들어가면서 H_2O, Cl^-가 생성되었다. A 수용액이 추가로 들어가면서 H_2O, Na^+, Cl^-가 비커 안에 있고 OH^- 이온이 사라졌다. A 수용액에는 H^+와 Cl^- 이온이 포함되어 있어서 수산화 나트륨 수용액의 OH^-와 반응하여 물을 만드는 중화 반응이 나타났다. A 수용액은 HCl(염화 수소)에 해당한다.

12 다음 화학 반응에서의 반응 물질 중 산화되는 것은?

$$2CuO \quad + \quad C \quad \rightarrow \quad 2Cu \quad + \quad CO_2$$
$$\text{산화 구리(II)} \qquad \text{탄소} \qquad \text{구리} \qquad \text{이산화 탄소}$$

① CuO

② C

③ Cu

④ CO_2

ADVICE ② 산화는 산소를 얻고, 수소·전자를 잃는 반응을 의미한다. 산화 구리(II)는 구리로 변하면서 산소를 잃었다. 탄소는 이산화 탄소로 변하면서 산소를 얻었다. 그러므로 산화된 것은 탄소(C)에 해당한다.

13 다음 설명에서 ㉠에 해당하는 것은?

같은 종의 무당벌레 개체군에서 겉날개의 색과 반점 무늬가 개체마다 달라지면 (㉠)이/가 증가한다.

① 생물 대멸종

② 외래종 도입

③ 서식지 단편화

④ 유전적 다양성

ADVICE ④ 같은 종의 무당벌레에 겉날개 색과 반점무늬가 달라지면 유전자 다양성이 증가하여 다양한 형질이 나타날 수 있다.

14 다음 설명에 해당하는 물질은?

• 핵산을 구성하는 기본 단위체이다.
• 염기 및 당과 인산으로 구성되어 있다.

① 지질

② 포도당

③ 아미노산

④ 뉴클레오타이드

ADVICE ① 지질 : 탄소, 수소, 산소로 구성되며 많은 에너지를 저장한다.
② 포도당 : 탄수화물 기본 단위체 중에 하나인 단당류에 해당한다. 녹말, 셀룰로스 등을 구성한다.
③ 아미노산 : 단백질을 구성하는 기본 단위체이다.

15 그림은 세포 내 유전 정보의 흐름을 나타낸 것이다. ㉠, ㉡에 해당하는 것은?

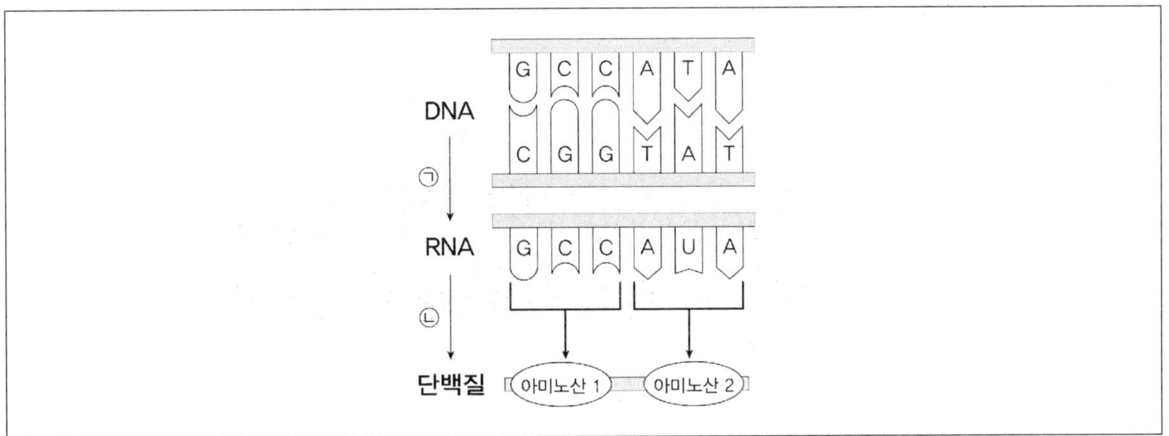

	㉠	㉡
①	번역	전사
②	전도	번역
③	전사	번역
④	전사	전도

ADVICE ㉠ DNA가 RNA로 전사되는 것이다.
㉡ RNA가 단백질로 번역되는 것이다.

ANSWER 12.② 13.④ 14.④ 15.③

16 그림은 세포막의 구조와 세포막을 통한 물질 A와 B의 이동을 나타낸 것이다. 이에 대한 설명으로 옳은 것만을 〈보기〉에서 모두 고른 것은?

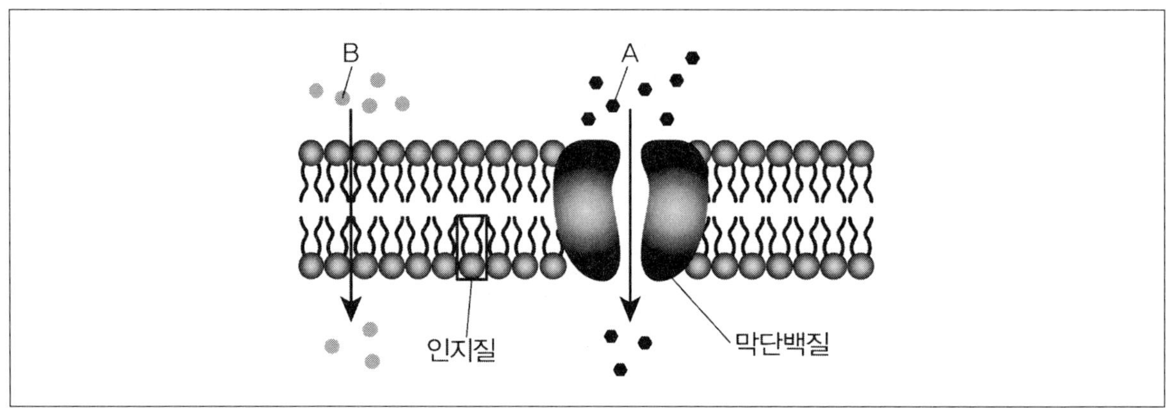

─── 〈보기〉 ───

㉠ A는 막단백질을 통해 이동한다.
㉡ B는 인지질 사이로 확산한다.
㉢ 세포막은 막단백질로만 구성되어 있다.

① ㉠
② ㉢
③ ㉠, ㉡
④ ㉡, ㉢

ADVICE ㉠ A는 막단백질을 통해서 이동하고 있다.
㉡ B는 인지질 사이로 확산하고 있다.
㉢ 세포막은 인지질과 막단백질로 구성되어 있다.

17 다음 설명에서 ㉠에 해당하는 것은?

> 항생제를 반복적으로 사용하다 보면 세균 집단 내에 항생제 내성 세균의 비율이 증가하게 된다. 이러한 현상은 다윈의 (㉠)(으)로 설명할 수 있다.

① 자연 선택
② 생태계 평형
③ 생태 피라미드
④ 생명 중심 원리

ADVICE ① 자연 선택은 환경에 잘 적응한 개체가 경쟁에서 살아남아 더 많은 자손을 남기고 해당 환경에 유리한 형질을 가진 개체의 비율이 상승하게 되는 이론이다. 항생제에 내성을 가진 세균이 항생제가 있는 환경에서도 살아남아 번식하고 그 유전자를 다음 세대에 물려주게 되는데, 이것은 자연 선택에 의한 생물의 진화이다.

[생태계와 환경]

18 다음 설명에서 밑줄 친 ㉠, ㉡이 해당되는 생태계 구성 요소는?

> 한 그루의 ㉠<u>참나무</u>를 관찰했더니 ㉡<u>햇빛</u>을 강하게 받은 잎이 약하게 받은 잎보다 두꺼운 것이 확인되었다.

	㉠	㉡
①	생산자	분해자
②	생산자	비생물적 요인
③	소비자	비생물적 요인
④	소비자	비생물적 요인

ADVICE ㉠ 참나무는 생태계 구성요소에서 생산자에 해당한다.
㉡ 햇빛은 생산자나 소비자가 아닌 비생물적 요인에 해당한다.

> ▶ **ANSWER** 16.③ 17.① 18.②

19 그림은 어떤 안정된 생태계의 개체 수 피라미드를 나타낸 것이다. 이 생태계에 대한 설명으로 옳은 것만을 〈보기〉에서 모두 고른 것은?

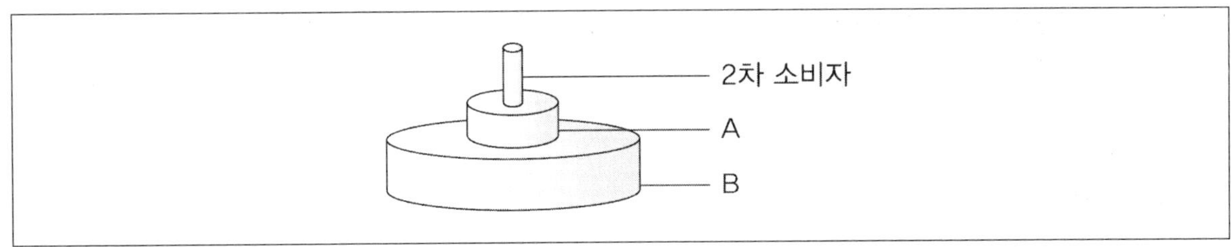

─── 〈보기〉 ───

㉠ A는 1차 소비자이다.
㉡ 참새는 B에 해당한다.
㉢ 상위 영양 단계로 갈수록 개체 수는 증가한다.

① ㉠   ② ㉢
③ ㉠, ㉡   ④ ㉡, ㉢

ADVICE ㉠ A는 1차 소비자에 해당한다.
㉡ B는 생산자에 해당한다.
㉢ 상위 영양 단계로 갈수록 개체 수는 감소한다.

20 다음 설명에서 ㉠, ㉡에 해당하는 것은?

태양 중심부에서는 (㉠) 원자핵 4개가 융합하여 (㉡) 원자핵 1개로 변환되는 수소 핵융합 반응이 일어난다.

	㉠	㉡
①	수소	철
②	수소	헬륨
③	헬륨	철
④	헬륨	수소

ADVICE ② ㉠ 수소 원자핵 4개가 융합하여 ㉡ 헬륨 원자핵 1개로 변환된다.

21 다음 설명에서 ㉠에 공통으로 해당하는 것은?

〈보기〉

- 구의 지각을 구성하는 암석은 주로 규소와 (㉠)이/가 결합한 규산염 광물로 이루어져 있다.
- (㉠)은/는 사람을 구성하는 원소 중 가장 많은 질량을 차지한다.

---

① 수소
② 탄소
③ 산소
④ 칼슘

ADVICE ③ 암석은 규소와 산소가 결합한 규산염 광물로 이루어져 있다. 인체에서 가장 많은 질량을 차지하는 것은 산소이다.

22 그림은 어느 해역의 깊이에 따른 수온 변화를 나타낸 것이다. 층 A ~ C에 대한 설명으로 옳은 것만을 〈보기〉에서 모두 고른 것은?

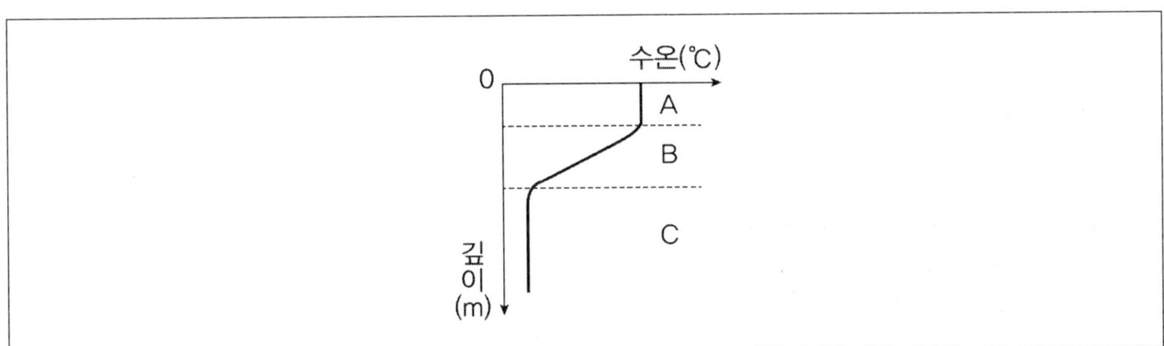

〈보기〉

㉠ A에서는 기권과 상호 작용이 일어난다.
㉡ B에서는 깊어질수록 수온이 높아진다.
㉢ C는 수온 약층이다.

---

① ㉠
② ㉡
③ ㉠, ㉢
④ ㉡, ㉢

ADVICE ㉠ A는 혼합층으로 수온이 일정하게 유지되며 태양 복사 에너지를 많이 흡수하여 수온이 비교적 높다.
㉡ B는 수온약층으로 수심이 깊어질수록 수온이 급격하게 낮아진다.
㉢ C는 심해층에 해당한다.

» **ANSWER** 19.① 20.② 21.③ 22.①

23 그림의 A, B는 판의 경계를 나타낸 것이다. 이에 대한 설명으로 옳은 것만을 〈보기〉에서 모두 고른 것은?

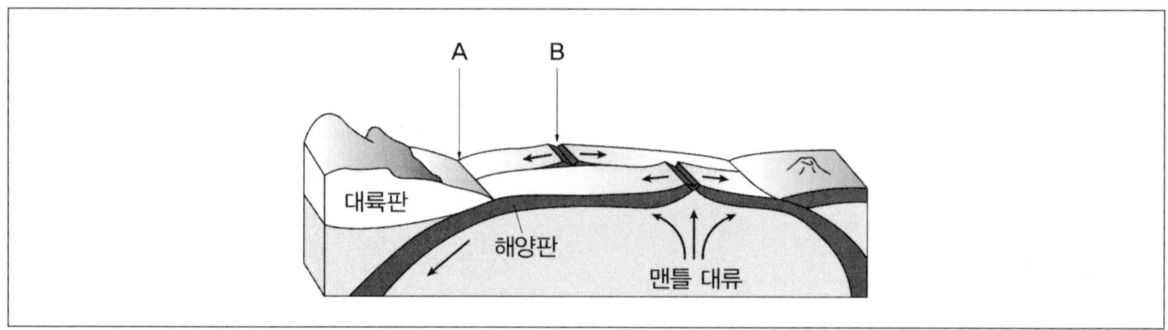

─── 〈보기〉 ───

㉠ A는 발산형 경계이다.
㉡ B에서는 판이 생성된다.
㉢ A, B에서는 모두 해구가 발달한다.

① ㉠

② ㉡

③ ㉠, ㉢

④ ㉡, ㉢

ADVICE ㉡ B는 발산형 경계로 해양판이 생성된다.
　　　㉠ A는 수렴형 경계에 해당한다.
　　　㉢ 수렴형 경계인 A에서 해구가 형성된다.

24 그림은 서로 다른 지질 시대 A ~ C의 표준 화석을 나타낸 것이다. 오래된 시대부터 순서대로 나열한 것은?

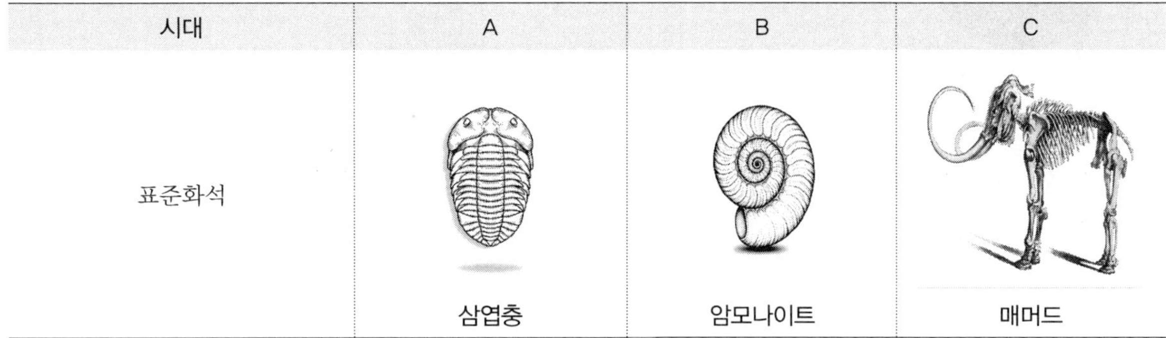

시대	A	B	C
표준화석	삼엽충	암모나이트	매머드

① A−B−C

② A−C−B

③ B−A−C

④ C−A−B

ADVICE ① 가장 오래된 것은 삼엽충, 암모나이트, 매머드 순서이다.

삼엽충(A) : 고생대에 번성했다.

암모나이트(B) : 중생대에 번성하였다.

매머드(C) : 신생대에 번성하였다.

25 다음 현상을 일으키는 지구 시스템의 주된 에너지원은?

> • 지진과 화산 활동을 일으킨다.
> • 맨틀 대류를 일으켜 판을 이동시킨다.

① 조력 에너지

② 풍력 에너지

③ 바이오 에너지

④ 지구 내부 에너지

ADVICE ① 조력 에너지 : 달과 태양의 인력에 의해 발생하는 조석 현상(밀물과 썰물)의 높이 차이로 전기를 생산한다.

② 풍력 에너지 : 바람의 운동 에너지로 전기를 생산한다.

③ 바이오 에너지 : 생물체인 바이오매스를 연료화하여 에너지를 얻는다.

>> ANSWER 23.② 24.① 25.④

2025년 제1회 기출문제

[발전과 신재생 에너지]

1 그림은 수소 연료 전지의 구조를 나타낸 것이다. ㉠에 해당하는 기체는?

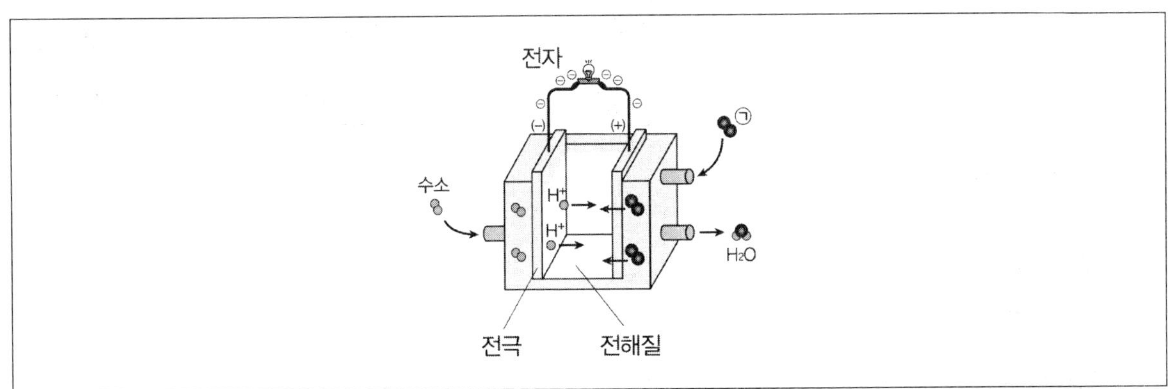

① 네온

② 산소

③ 헬륨

④ 아르곤

> **ADVICE** ② 수소 연료 전지는 수소 기체가 공급되면서 수소 이온으로 분리되면서 외부 회로를 통해 전구를 밝히고 수소 이온은 전해질을 통해서 오른쪽으로 이동한다. 수소 이온과 ㉠이 반응하여 물(H_2O)를 생성한다. 수소 이온과 산소가 있어야 물을 생성할 수 있으므로 ㉠은 산소에 해당한다.

[생태계와 환경]

2 어떤 열기관이 고열원에서 100J의 열에너지를 공급받아 외부에 25J의 일을 할 때, 이 열기관에서 저열원으로 방출한 열에너지는?

① 25J

② 50J

③ 75J

④ 100J

> **ADVICE** ③ 열기관이 고열원에서 100J의 열에너지를 공급받아 외부에 25J의 일을 할 때, 열역학 제1법칙에 따라 열기관에 공급된 열에너지(Q_{in})는 열기관이 외부에 한 일(W)과 저열원으로 방출한 열에너지(Q_{out}) 합과 같다.
>
> 공식은 $Q_{in} = W + Q_{out}$이다.
>
> 공급받은 열에너지(Q_{in})는 100J이고 외부에 한 일(Q_{out})은 25J이므로
>
> $Q_{out} = Q_\equiv - W = 100J - 25J = 75J$이다.

3 그림은 코일과 자석을 이용한 전자기 유도 실험을 나타낸 것이다. 검류계의 바늘이 움직이는 경우만을 〈보기〉에서 모두 고른 것은?

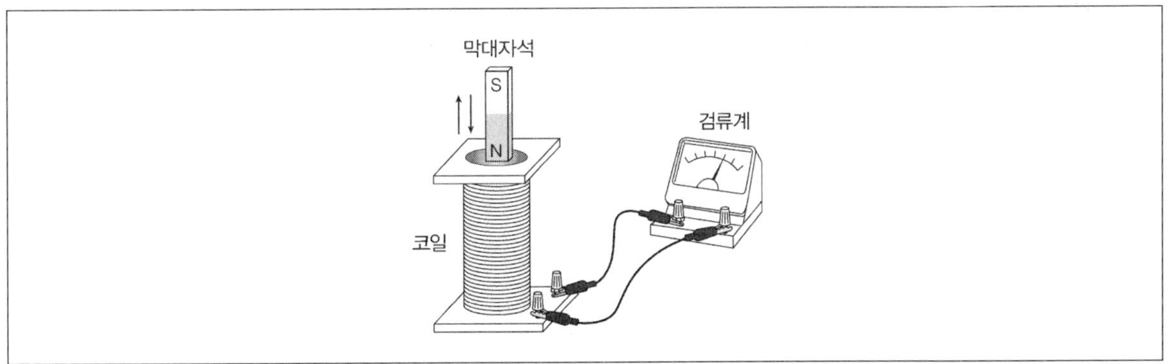

───── 〈보기〉 ─────

ㄱ 코일 속에 자석을 넣을 때
ㄴ 코일 속에서 자석을 뺄 때
ㄷ 코일과 자석이 움직이지 않을 때

① ㄴ

② ㄷ

③ ㄱ, ㄴ

④ ㄱ, ㄷ

ADVICE ③ 검류계의 바늘이 움직이는 것은 코일에 전류가 유도되었다는 것이다. 코일과 자석 중 어느 하나가 움직여서 코일을 통과하는 자기장에 변화가 발생하는 경우에 검류계 바늘이 움직이게 된다. 코일과 자석이 움직이지 않는 경우에는 검류계의 바늘도 움직이지 않는다.

» **ANSWER**   1.② 2.③ 3.③

4 그림은 동일한 위치에서 공 A, B를 수평 방향으로 던졌을 때, A, B의 위치를 일정한 시간 간격으로 나타낸 것이다. 수평 방향 속력은 B가 A의 몇 배인가? (단, 중력 가속도는 $10m/s^2$이고, 공기 저항은 무시한다.)

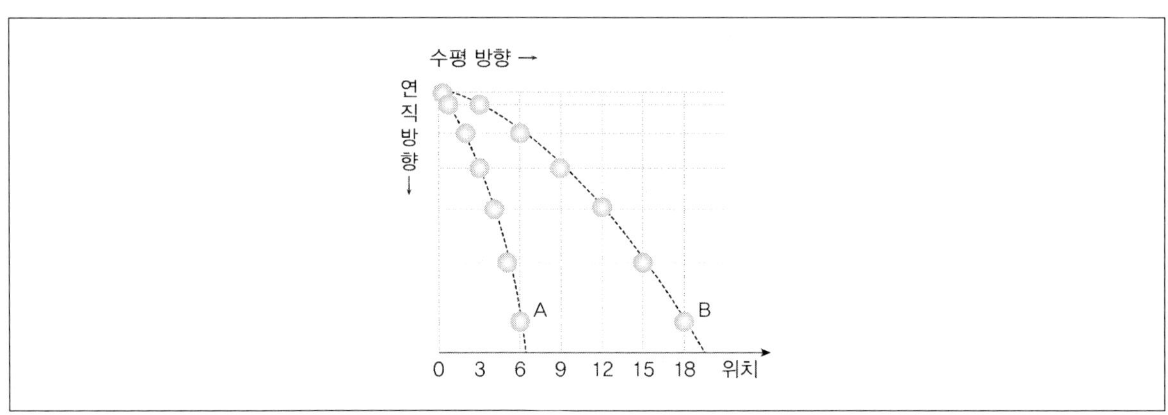

① 1   ② 2

③ 3   ④ 4

ADVICE ③ 수평 속력을 구하면

- 공 A : 3개의 동일한 시간 간격동안 수평으로 6칸 이동했다. A의 수평 속력은 $\frac{6칸}{3시간 간격} = 2칸/시간$이다.

- 공 B : 3개의 동일한 시간 간격동안 수평으로 18칸 이동했다. B의 수평 속력은 $\frac{18칸}{3시간 간격} = 6칸/시간$이다.

공 B의 수평 속력을 공 A의 수평 속력으로 나누면 3배가 된다.

5 전기 에너지의 수송 과정에서 송전 전압을 높였을 때, 전류의 세기와 손실 전력의 변화가 옳게 짝 지어진 것은?

	전류의 세기	손실 전력
①	감소	감소
②	감소	증가
③	증가	감소
④	증가	증가

ADVICE ① 전기 에너지를 수송할 때 송전 전압을 높이는 것은 전력 손실을 줄이는 방법이다.

- 전류의 세기 : 발전소에서 생산되는 전력은 송전 전압과 송전 전류의 곱으로 구해진다. 생산 전력이 일정한 경우 송전 전압을 높이면 송전 전류는 감소한다. 그러므로 전류의 세기는 감소한다.
- 손실 전력 : 손실 전력은 송전선의 저항과 송전전류의 제곱을 곱한 값에 비례하다. 그러므로 송전 전류가 감소하면 전류의 제곱에 비례하여 손실 전력은 감소한다.

6 그림은 마찰이 없는 수평면에서 질량이 1kg인 물체가 2m/s의 속력으로 운동하여 벽과 충돌한 후, 반대 방향으로 1m/s의 속력으로 운동하는 모습을 나타낸 것이다. 이 물체가 받은 충격량의 크기는? (단, 공기 저항은 무시한다.)

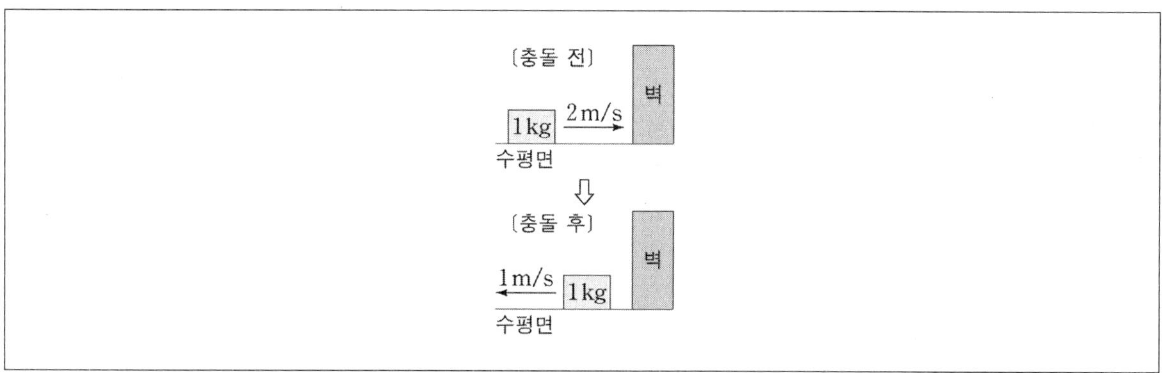

① 1N · s

② 2N · s

③ 3N · s

④ 4N · s

ADVICE ③ 물체의 질량(m)은 1kg이다. 물체의 초기 속도(v_f)은 2m/s이고 물체의 최종 속도(m_i)는 1m/s이다.

충격량은 $J = (m \times v_f) - (m \times v_f)$로 계산한다.

$J = (m \times v_f) - (m \times v_i) = (1kg \times (-1m/s)) - (1kg \times 2m/s) = -3kg \cdot m/s$이다.

충격량은 절댓값을 키우기 때문에 물체가 받은 충격량은 3N · s이다.

7 다음 물질의 수용액 중 BTB 지시약을 넣었을 때, 노란색이 나타나는 것은?

① H_2SO_4

② NaOH

③ KOH

④ $Ca(OH)_2$

ADVICE ① BTB(브로모티몰 블루) 지시약은 용액의 pH에 따라 색깔이 변하는 산 – 염기 지시약이다. 산성 용액에서는 노란색, 중성 용액에서는 초록색, 염기성 용액에서는 파란색이 나타난다. 노란색이 나타나는 경우는 산성 용액으로 강산에 해당하는 H_2SO_4(황산)이 노란색으로 나타난다. NaOH(수산화 나트륨), KOH(수산화 칼륨), $Ca(OH)_2$(수산화 칼슘)은 강염기에 해당하므로 파란색으로 나타난다.

≫ ANSWER 4.③ 5.① 6.③ 7.①

8 그림은 주기율표의 일부를 나타낸 것이다. 임의의 원소 A, B에 대한 설명으로 옳은 것만을 〈보기〉에서 모두 고른 것은?

주기＼족	...	14	15	16	17	18
1						
2	...			A	B	
3						

〈보기〉

㉠ A와 B는 같은 주기이다.
㉡ 원자 번호는 A가 B보다 크다.
㉢ A와 B는 원자가 전자의 수가 같다.

① ㉠
② ㉢
③ ㉠, ㉡
④ ㉡, ㉢

ADVICE ㉠ 원소 A는 2주기 16족 산소, 원소 B는 2주기 17족 플루오린에 해당한다.
㉡ 원소 A는 산소로 원자 번호가 8번이고, 원소 B는 플루오린으로 원자 번호가 9번이다. 원소 B의 원자번호가 더 크다.
㉢ 원소 A의 전자는 6개, 원소 B의 전자는 7개로 전자의 수는 다르다.

9 그림은 물 분자(H_2O)의 전자 배치를 나타낸 것이다. 물 분자에서 산소 원자의 가장 바깥 전자껍질에 들어 있는 전자의 개수는?

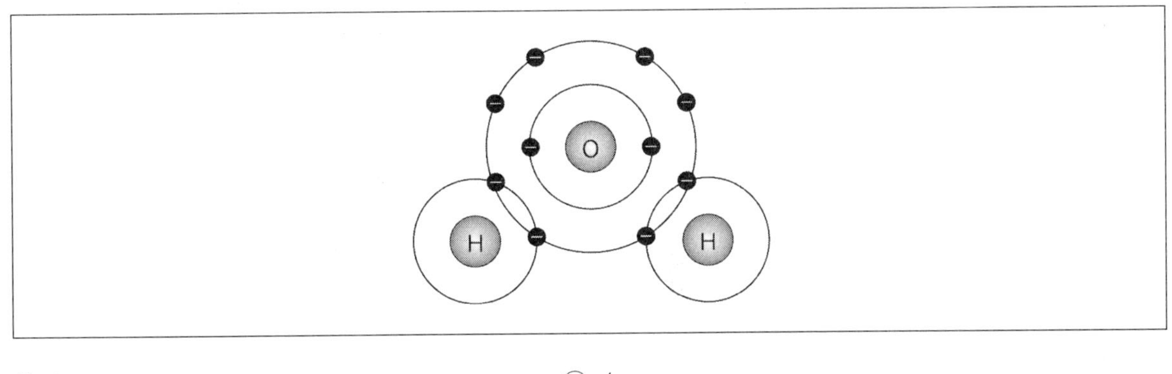

① 2
② 4
③ ⑥
④ 8

ADVICE ④ 물 분자의 루이스 구조를 나타낸다. 산소(O) 원자를 둘러싼 가장 바깥쪽 전자껍질의 전자의 수는 8개이다.

10 그림은 자석 위에 떠 있는 신소재 ㉠을 나타낸 것이다. 다음 설명에 해당하는 ㉠은?

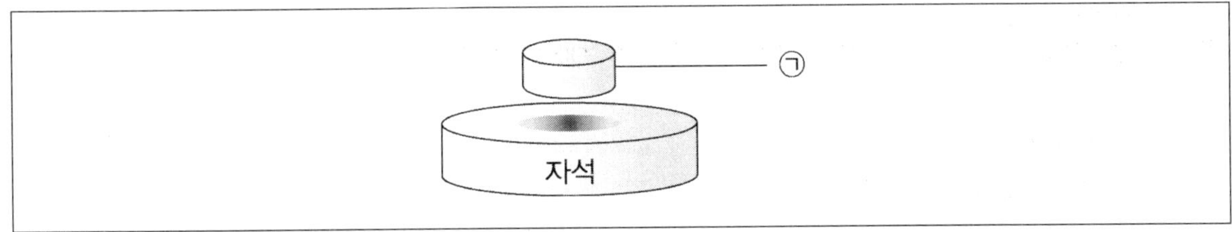

- 특정 온도 이하에서 전기 저항이 0이 되는 성질이 있다.
- 자기장을 밀어내는 성질이 있어 자기 부상 열차에 활용할 수 있다.

① 고무
② 나무
③ 종이
④ 초전도체

ADVICE ④ 초전도체는 특정 온도 이하에서 전기저항이 완전히 사라지고 외부 자기장을 밀어내는 특성을 보인다. 이러한 특성에 따라 MRI, 자기 부상 열차, 양자컴퓨터 등 다양하게 응용되어 활용된다.

» ANSWER 8.① 9.④ 10.④

[화학 변화]

11 그림은 황산 구리(Ⅱ) 수용액에 아연판을 넣었을 때 일어나는 반응을 모형으로 나타낸 것이다. 이 반응에서 환원되는 것은?

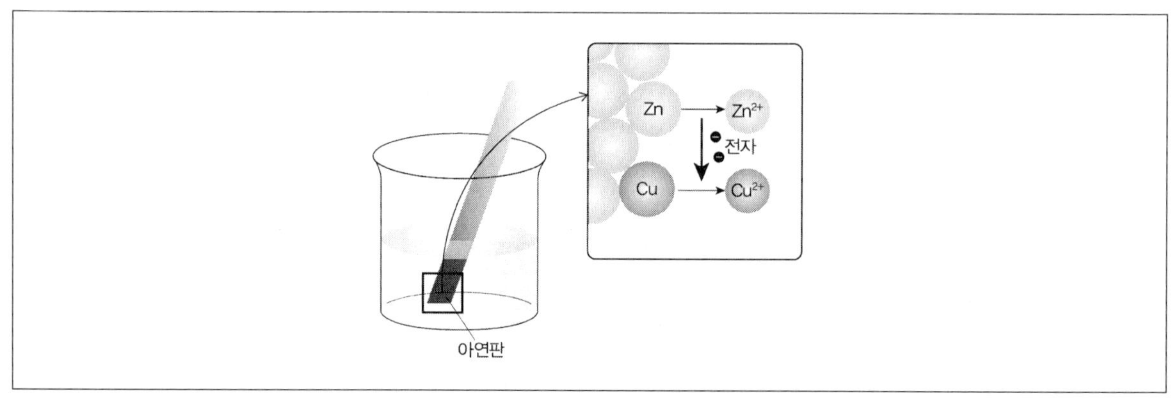

① Cu   ② Cu^{2+}

③ Zn   ④ Zn^{2+}

ADVICE ② Zn(아연) 원자가 아연 이온으로 변하면서 전자 2개를 잃고 산화된다. 이 전자는 구리 이온에 이동하여 구리 원자가 되면서 환원된다. 황산 구리(Ⅱ) 수용액에 아연판을 넣었을 때 환원되는 것은 구리 이온(Cu^{2+})에 해당한다.

[화학 변화]

12 다음 설명의 ㉠, ㉡에 해당하는 이온이 옳게 짝 지어진 것은?

> 묽은 염산(HCl)과 수산화 나트륨(NaOH) 수용액을 중화 반응시킬 때, 반응한 (㉠)과 (㉡)의 수가 많을수록 열이 많이 발생한다.

      ㉠   ㉡

① H^+ : Na^+

② H^+ : OH^-

③ Cl^- : Na^+

④ Cl^- : OH^-

ADVICE ③ 묽은 염산과 수산화 나트륨 수용액을 중화 반응 하는 경우 발생하는 열의 양은 반응한 물질의 양에 비례한다. 이 중화 반응에서는 묽은 염산에서 나오는 수소 이온(H^+)과 수산화 나트륨에서 나오는 수산화 이온(OH^-)이 결합하여 물을 생성하면서 열을 발생시킨다. ㉠수소 이온(H^+), ㉡수산화 이온(OH^-)에 해당한다.

13 다음 설명에 해당하는 물질은?

> • 효소와 호르몬의 주성분이다
> • 아미노산이 단위체가 되어 구성된다.

① 지질   ② 핵산

③ 단백질   ④ 탄수화물

ADVICE ③ 단백질 : 아미노산 단위체가 펩타이드 결합되어 구성된다. 효소, 호르몬, 항체 등의 주 성분에 해당하여 생체 기능을 수행한다.

① 지질 : 에너지를 저장하고 인지질 세포막의 주성분에 해당한다.

② 핵산 : 뉴클레오타이드 단위체가 반복적으로 연결된 중합체로 유전 정보를 저장하고 전달하는 생체 고분자이다.

④ 탄수화물 : 탄소, 수소, 산소로 이루어진 유기 화합물로 생명체의 주된 에너지원에 해당한다.

14 그림은 어떤 동물 세포의 구조를 간략히 나타낸 것이다. A~D 중 다음 설명에 해당하는 세포 소기관은?

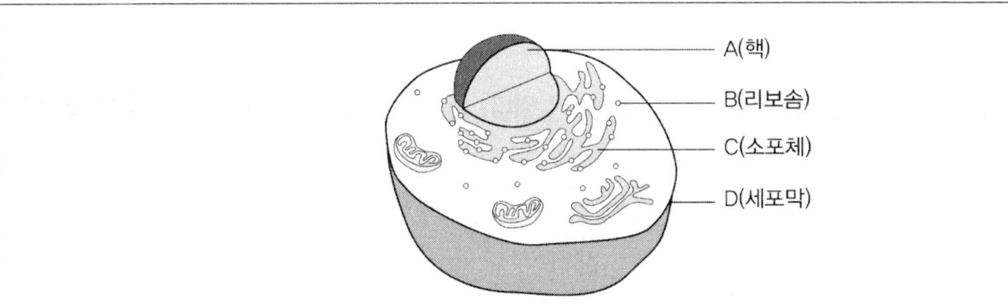

> • 세포의 생명 활동을 조절한다.
> • 생명체를 이루는 유전 정보가 저장되어 있다.

① A   ② B

③ C   ④ D

ADVICE ① 핵(A) : 세포의 유전 정보를 저장한 DNA를 포함하고 있어 세포의 생명 활동을 조절하고 통제한다.

② 리보솜(B) : RNA와 단백질로 구성된 세포 소기관으로 단백질을 합성하는 장소이다. DNA가 mRNA를 통해서 전달되면 리보솜에서 아미노산을 연결하면서 단백질을 생성한다.

③ 소포체(C) : 핵막과 연결되어 세포질 전체에 퍼져 있는 막 구조 그물망이다.

④ 세포막(D) : 세포를 둘러싸고 있는 외부 환경과 경계를 이루는 막으로 인지질과 단백질로 구성된다. 세포 형태 유지와 선택적 투과성을 통해 세포 내부 환경 유지를 한다.

》 ANSWER   11.② 12.② 13.③ 14.①

15 그림은 효소의 작용을 나타낸 모형이다. 효소에 대한 설명으로 옳지 않은 것은?

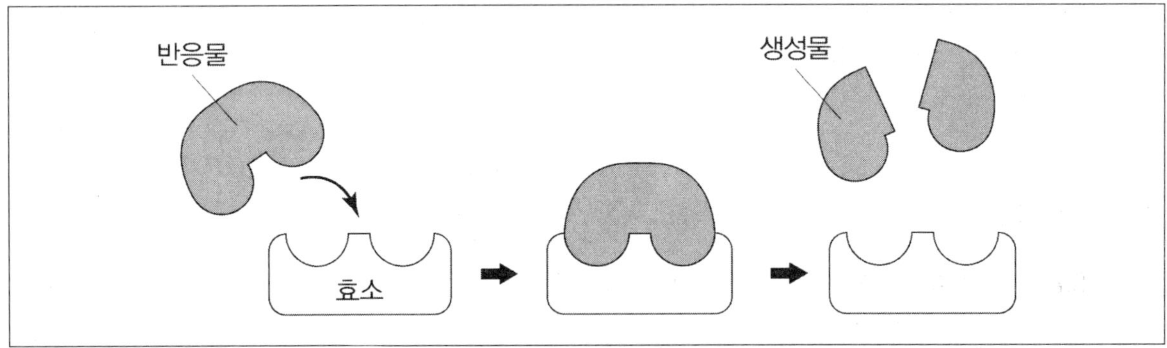

① 물질 대사를 촉진한다.

② 특정한 반응물에만 작용한다.

③ 반응 후에 생성물과 분리된다.

④ 반응이 끝난 효소의 구조는 반응 전과 다르다.

ADVICE ④ 반응이 끝난 효소의 구조는 반응 전과 동일하다. 효소는 반응 전후에 변하지 않으므로 재사용이 된다.

16 그림은 DNA에서 RNA가 전사되는 과정을 나타낸 것이다. ㉠에 해당하는 염기는? (단, 돌연 변이는 없다.)

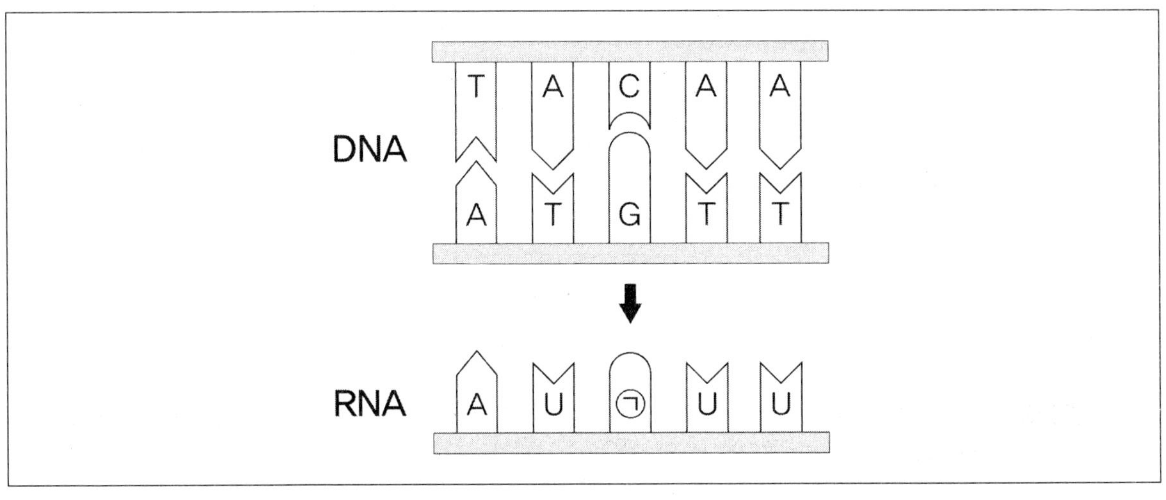

① A

② C

③ G

④ U

ADVICE ③ C(사이토신)은 전사되어 G(구아닌)이 된다.

17 표는 서로 다른 지역 ㈎ ~ ㈐에 서식하는 식물 종 A ~ E의 개체 수를 나타낸 것이다. 종 다양성이 가장 높은 지역은? (단, A ~ E 외의 종은 고려하지 않는다.)

지역＼식물	A	B	C	D	E
㈎	60	5	10	15	10
㈏	0	0	35	35	30
㈐	15	40	0	35	10
㈑	20	20	20	20	20

① ㈎

② ㈏

③ ㈐

④ ㈑

ADVICE ④ 종 다양성이 높은 것은 일정한 지역에 많은 생물종이 고르게 분포하고 사는 것이다. ㈑ 지역에서 식물이 5종이 전부 있고 고르게 분포하고 살기 때문에 종 다양성이 가장 높다.

18 다음 설명의 ㉠, ㉡에 해당하는 것이 옳게 짝 지어진 것은?

> 일정한 지역에 사는 같은 종의 개체들로 이루어진 무리를 (㉠) 이라 하고, 그 지역에 있는 여러 생물 종의 무리를 (㉡) 이라 한다.

	㉠	㉡
①	군집	개체군
②	개체군	군집
③	개체군	생물량
④	생물량	군집

ADVICE ㉠ 일정한 지역에 사는 같은 종의 개체들로 이루어진 무리는 개체군에 해당한다.
㉡ 그 지역에 있는 여러 생물 종의 무리는 군집에 해당한다.

≫ ANSWER 15.④ 16.③ 17.④ 18.②

19 그림은 생태계 평형이 유지되고 있는 어떤 생태계의 먹이 관계를 나타낸 것이다. 이에 대한 설명으로 옳은 것은? (단, 먹이 관계 이외의 다른 개체 수 변화 요인은 없다.)

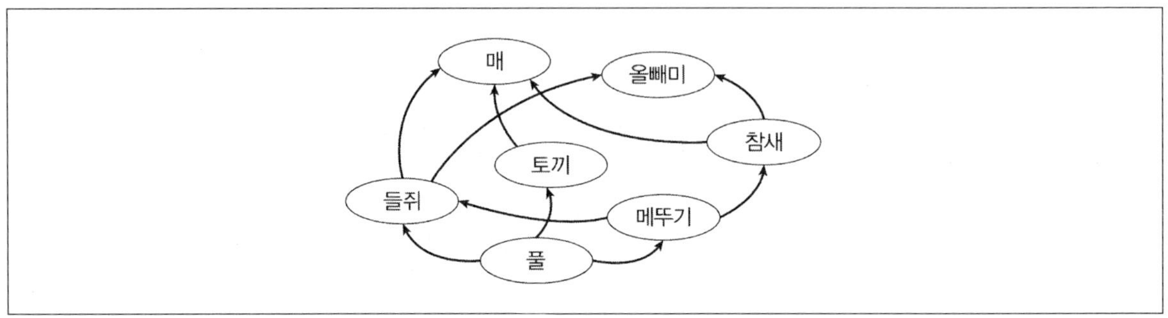

① 풀은 생산자이다.

② 토끼는 2차 소비자이다.

③ 참새가 사라지면 올빼미도 사라진다.

④ 매가 사라지면 들쥐의 개체 수는 일시적으로 감소한다.

ADVICE ② 토끼는 생산자(풀)를 먹는 1차 소비자에 해당한다.
　　　　③ 참새가 사라지면 올빼미는 들쥐 등을 소비할 수 있기에 사라지지는 않는다.
　　　　④ 최종 소비자인 매가 사라지면 들쥐의 개체수는 늘어날 수 있다.

20 다음은 지구에서 발생한 자연 현상이다. ㉠, ㉡을 일으키는 지구 시스템의 에너지원이 옳게 짝 지어진 것은?

> • 북태평양에서 강한 비바람을 동반한 ㉠ 태풍이 발생했다.
> • 아이슬란드에서 규모가 큰 ㉡ 지진이 발생했다.

	㉠	㉡
①	태양 에너지	태양 에너지
②	태양 에너지	지구 내부 에너지
③	지구 내부 에너지	태양 에너지
④	지구 내부 에너지	지구 내부 에너지

ADVICE ㉠ 태양에너지가 주요 에너지원이 되어 태풍을 발생시킨다. 지구에 일정한 물의 양이 태양 에너지를 통해 수증기가 되고 기상 현상과 대기 순환을 만든다.
　　　　㉡ 지구 내부 에너지는 맨틀의 대류를 발생시켜 지진, 화산 활동 등과 같은 지각 변동을 나타나게 한다.

21 그림은 태양의 흡수 스펙트럼과 수소, 헬륨 기체 방전관을 이용하여 얻은 스펙트럼을 각각 나타낸 것이다. 이에 대한 설명으로 옳은 것만을 〈보기〉에서 모두 고른 것은?

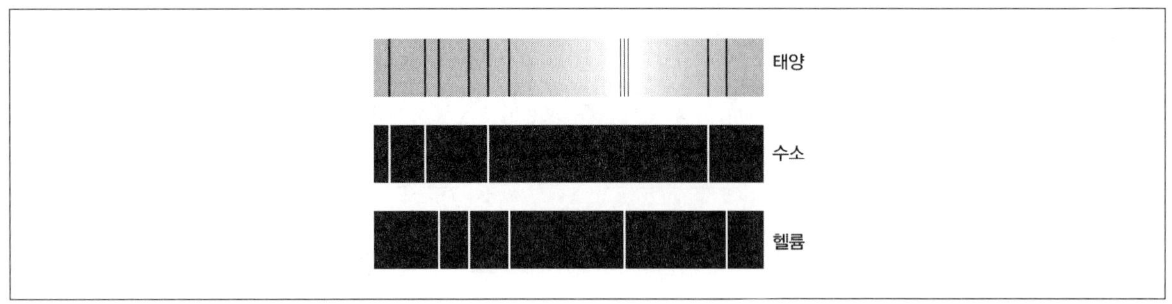

───── 〈보기〉 ─────

㉠ 태양은 수소와 헬륨을 포함하고 있다.
㉡ 헬륨 스펙트럼에는 흡수선이 나타난다.
㉢ 태양의 대기는 다양한 원소로 구성되어 있다.

① ㉡　　　　　　　　　　　② ㉢
③ ㉠, ㉡　　　　　　　　　④ ㉠, ㉢

ADVICE ㉡ 헬륨의 스펙트럼에는 흡수선은 나타나지 않고 방출 스펙트럼이 나타나고 있다.

22 그림은 지구 내부 구조의 일부를 나타낸 것이다. A ～ D 중 판을 가리키는 구간은?

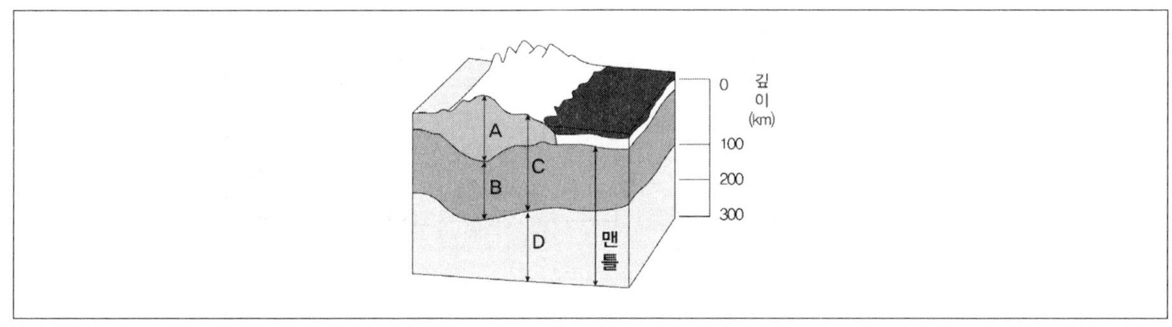

① A　　　　　　　　　　　② B
③ C　　　　　　　　　　　④ D

ADVICE ③ 지각과 상부 맨틀로 이루어진 부분(C)을 판이라고 한다.

▶ **ANSWER**　19.①　20.②　21.④　22.③

23 그림은 지구 시스템을 이루는 각 권의 상호 작용을 나타낸 것이다. 다음에서 설명하는 현상에 해당하는 상호 작용은?

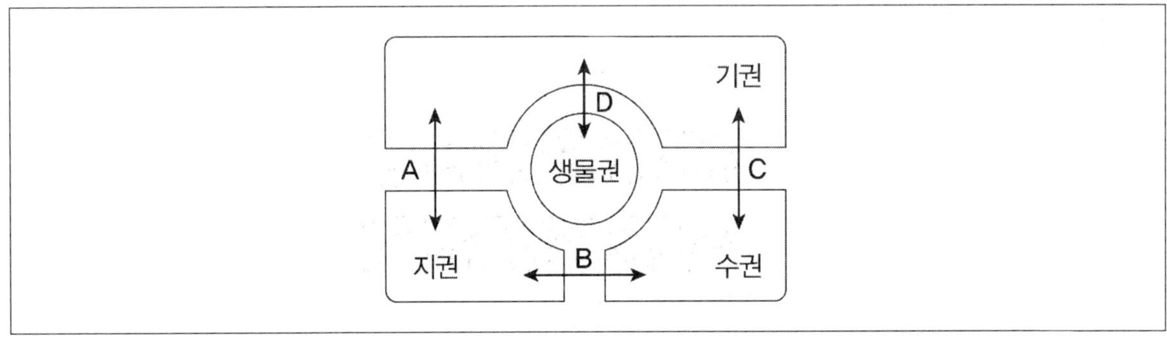

> 석회암 지대에서 지하수의 작용으로 석회 동굴이 만들어졌다.

① A   ② B

③ C   ④ D

ADVICE ② 지권↔수권 상화작용 현상(B)으로 석회암 지대(지권)에서 지하수(수권)의 작용으로 석회동굴이 만들어진다.

24 그림은 자연적 요인과 인위적 요인이 복합적으로 작용하여 발생한 현상을 나타낸 것이다. ㉠에 가장 적절한 것은?

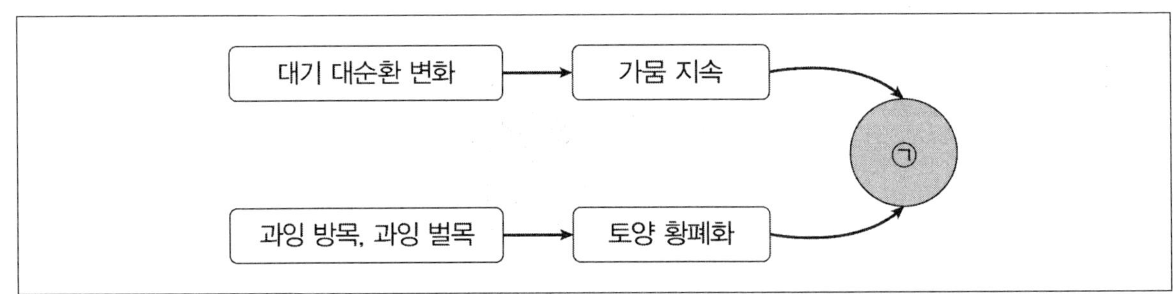

① 라니냐   ② 사막화

③ 엘니뇨   ④ 화산 활동

ADVICE ② 사막화 : 가뭄 장기화, 기온 상승이나 무분별한 방목 등으로 토지가 황폐화 되면서 사막처럼 변해가는 현상이다.
① 라니냐 : 동태평양 적도 부근 해수면 온도가 낮아지는 기상 이변이다.
③ 엘니뇨 : 동태평양 적도 부근 해수면 온도가 0.5℃ 이상 높은 상태로 5개월 이상 지속되는 것이다.
④ 화산 활동 : 판의 경계에서 판이 충돌하는 과정에서 지구 내부에 있는 마그마가 분출하는 현상이다.

25 그림은 어느 지질 시대의 환경을 나타낸 것이다. 이 지질 시대에 출현 하고 번성했던 생물은?

① 공룡

② 매머드

③ 속씨식물

④ 양치식물

ADVICE ④ 고사리와 같은 양치식물은 고생대에 번성한 생물로, 삼엽충 역시 같은 시기에 번성한 생물이다.
① 공룡은 중생대에 번성했다.
②③ 매머드와 속씨식물은 신생대에 번성했다.

» ANSWER 23.② 24.② 25.④

CHAPTER 10

2025년 제2회 기출문제

[발전과 신재생 에너지]

1 다음 설명에 해당하는 발전 방식은?

> - 바람의 운동 에너지를 이용하여 전기 에너지를 생산한다.
> - 바람의 방향과 세기에 따라 전력 생산량이 일정하지 않다.

① 수력 발전

② 조력 발전

③ 풍력 발전

④ 태양광 발전

ADVICE ① 수력 발전 : 물의 위치 에너지를 이용해 물을 떨어뜨려 터빈을 돌려 전기를 만든다.

② 조력 발전 : 바닷물의 밀물과 썰물에 따른 차이를 이용해 전기를 만든다.

④ 태양광 발전 : 태양빛(빛 에너지)을 태양전지를 통해 전기 에너지로 변환한다.

[발전과 신재생 에너지]

2 다음 설명에서 ㉠에 해당하는 것은?

> 코일 근처에서 자석을 움직이면 코일에 전류가 유도되는데 이러한 현상을 (㉠) 라고 한다.

① 연료 전지

② 태양 전지

③ 화학 전지

④ 전자기 유도

ADVICE ① 연료 전지 : 수소와 산소의 화학 반응으로 전기를 만드는 장치이다.

② 태양 전지 : 태양 빛 에너지를 직접 전기에너지로 변환하는 장치이다.

③ 화학 전지 : 화학 반응을 통해 전류를 만들어내는 전지(예 : 건전지)이다.

[물질의 규칙성과 화학 결합]

3 **다음 설명에서 ㉠, ㉡에 해당하는 것은?**

> 고온·고압인 태양 중심부에서는 (㉠)원자핵 4개가 융합하여 헬륨 원자핵 (㉡)개로 변환되는 수소 핵융합 반응이 일어난다.

	㉠	㉡
①	철	1
②	철	4
③	수소	1
④	수소	4

ADVICE ③ 태양의 중심부에서는 수소 원자핵(양성자) 4개가 핵융합하여 헬륨 원자핵 1개를 만든다.

[생태계와 환경]

4 **어떤 열기관이 고열원에서 100J의 열에너지를 공급받아 외부에 20J의 일을 하고 저열원으로 80J의 열에너지를 방출한다. 이 열기관의 열효율(%)은?**

① 20
② 30
③ 40
④ 50

ADVICE ① 열기관 열효율 $= \dfrac{\text{외부에 한 일}}{\text{고열원에서 받은 열에너지}} \times 100$ 이다.

$\dfrac{20}{100} \times 100 = 20(\%)$에 해당한다.

➤ ANSWER 1.③ 2.④ 3.③ 4.①

5 그림은 두 물체 A, B가 마찰이 없는 수평면에서 각각 일정한 속도로 운동하는 모습을 나타낸 것이다. 운동량의 크기는 A가 B의 몇 배인가?

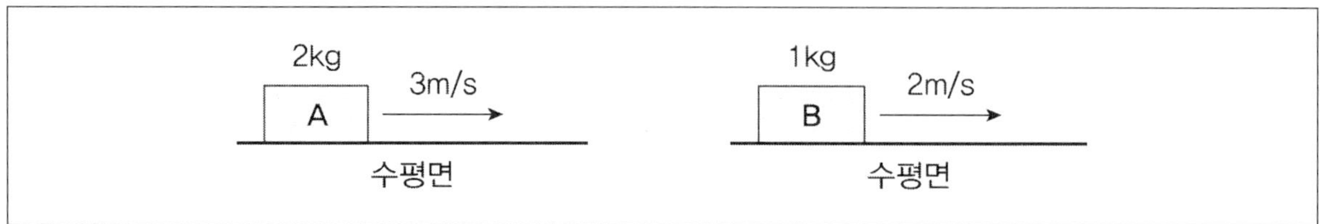

① 3

② 4

③ 5

④ 6

ADVICE ① 운동량은 속력과 질량을 곱하여 구할 수 있다.

A의 운동량은 2kg×3m/s=6(kg · m/s)이고 B의 운동량은 1×2=2(kg · m/s)에 해당한다. A의 운동량은 B에 3배에 해당한다.

6 그림은 수소 분자의 형성 과정을 나타낸 것이다. 다음 중 수소 분자와 같이 공유 결합으로 형성된 것은?

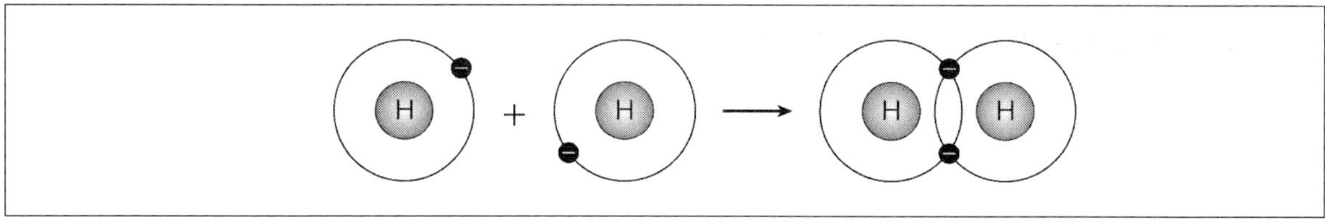

① 물(H_2O)

② 염화 칼슘($CaCl_2$)

③ 염화 나트륨($NaCl_2$)

④ 산화 마그네슘(MgO)

ADVICE ① 그림은 수소 원자 2개가 전자를 공유하여 수소 분자(H_2)를 형성하는 과정이다. 공유 결합으로 이루어진 물질이다. 물은 산소와 수소의 전자가 공유하여 결합한다.

②③④ 이온 결합을 한다.

7 그림은 수평 방향으로 던진 공의 위치를 일정한 시간 간격으로 나타낸 것이다. 공의 운동에 대한 설명으로 옳은 것만을 〈보기〉에서 모두 고른 것은? (단, 중력 가속도는 $9.8 m/s^2$이고, 공기 저항은 무시한다.)

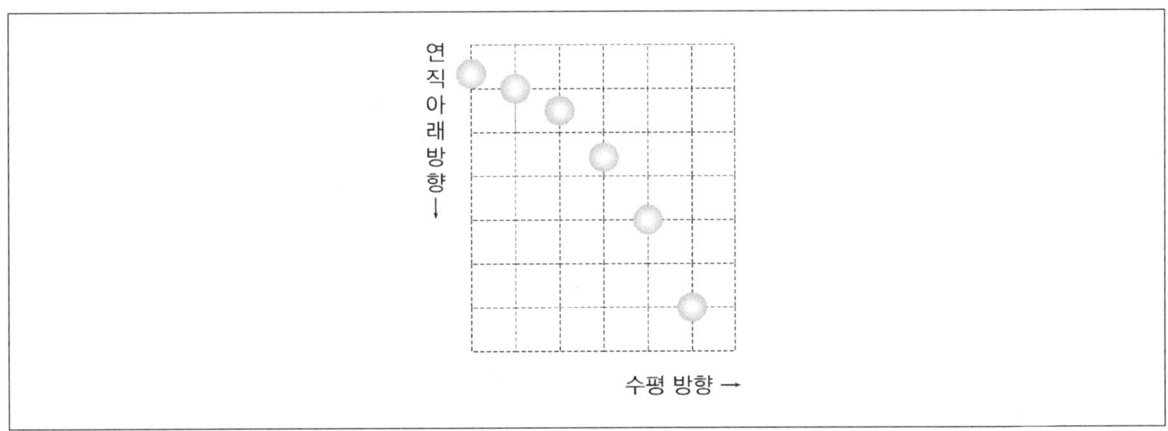

───── 〈보기〉 ─────

ㄱ 수평 방향의 속력은 일정하다.
ㄴ 연직 방향의 속력은 일정하다.
ㄷ 연직 아래 방향으로 중력이 작용한다.

① ㄱ

② ㄴ

③ ㄱ, ㄷ

④ ㄴ, ㄷ

ADVICE ㄱ 공기 저항이 없으므로 수평 방향에는 힘이 작용하지 않기 때문에 수평 속도는 일정하다.
ㄷ 중력은 항상 연직 아래 방향으로 작용한다.
ㄴ 등가속도 운동에 따라서 중력 때문에 연직 방향 속도는 계속 커진다.

≫ **ANSWER** 5.① 6.① 7.③

8 그림은 염소 원자(Cl)의 전자 배치를 나타낸 것이다. 이에 대한 설명으로 옳은 것만을 〈보기〉에서 모두 고른 것은?

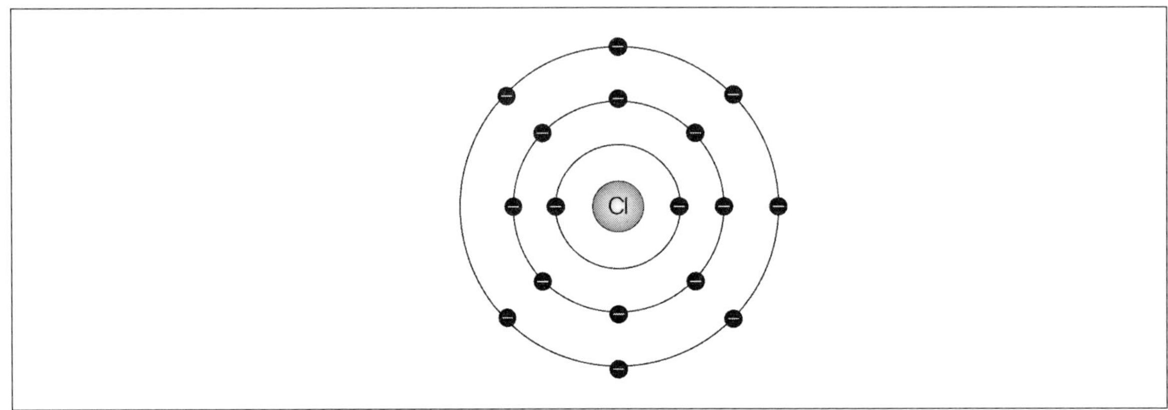

> ㉠ 금속 원소이다.
> ㉡ 3주기 원소이다.
> ㉢ 원자가 전자는 7개이다.

① ㉠　　　　　　　　　　　　　　　　② ㉡

③ ㉠, ㉢　　　　　　　　　　　　　　④ ㉡, ㉢

ADVICE ㉡ 전자껍질이 3개 있으므로 주기율표 3주기 원소이다.
㉢ 가장 바깥 껍질에 전자가 7개 있으므로 원자가 전자 7개이다.
㉠ 염소(Cl)는 할로젠 원소로 비금속 원소이다.

9 다음 반응에서 산소를 얻어 산화되는 반응 물질은?

$$Fe_2O_3 \quad + \quad 3CO \quad \rightarrow \quad 2Fe \quad + \quad 3CO_2$$
산화 철(Ⅲ)　　　일산화 탄소　　　철　　　이산화 탄소

① Fe_2O_3　　　　　　　　　　　　② CO

③ Fe　　　　　　　　　　　　　　　④ CO_2

ADVICE ② 산소를 얻는 반응을 산화라고 한다. Fe_2O_3의 경우는 산소를 잃어서 2Fe가 되어 환원되었고 CO의 경우는 산소를 얻어 CO_2가 되었으므로 산화된 것이다. 따라서 산화된 것은 CO에 해당한다.

[화학 변화]

10 수산화 나트륨(NaOH)과 수산화 칼슘(Ca(OH)₂) 수용액은 모두 염기성이다. 염기성을 띠게 하는 이온은?

① 수소 이온(H^+)

② 칼슘 이온(Ca^{2+})

③ 나트륨 이온(Na^+)

④ 수산화 이온(OH^-)

ADVICE ④ 염기성을 띠는 것은 물에 녹아서 수산화 이온(OH^-)을 내놓는 물질이다. NaOH는 Na^+와 OH^-를 내놓고 $Ca(OH)_2$는 Ca^{2+}와 $2OH^-$를 내놓으므로 두 용액은 모두 염기성을 띤다.

[화학 변화]

11 다음 설명에서 ㉠에 해당하는 것은?

> 수산화 칼륨(KOH) 수용액과 (㉠   ) 수용액을 혼합했더니 중화 반응이 일어났다.

① HCl

② NaOH

③ $Ca(OH)_2$

④ Mg(OH)

ADVICE ① 중화 반응은 산 + 염기 → 물 + 염기의 반응이다. KOH는 강염기에 해당한다. KOH(수산화 칼륨)와 중화 반응을 일으키기 위해서는 산성 용액인 HCl(염산)이 필요하다.

NaOH(수산화 나트륨), $Ca(OH)_2$(수산화 칼륨), Mg(OH)(수산화 마그네슘)는 모두 염기성 물질에 해당한다.

> **ANSWER** 8.④ 9.② 10.④ 11.①

12 그림은 탄소 나노 튜브를 나타낸 것이다. 이에 대한 설명으로 옳은 것은?

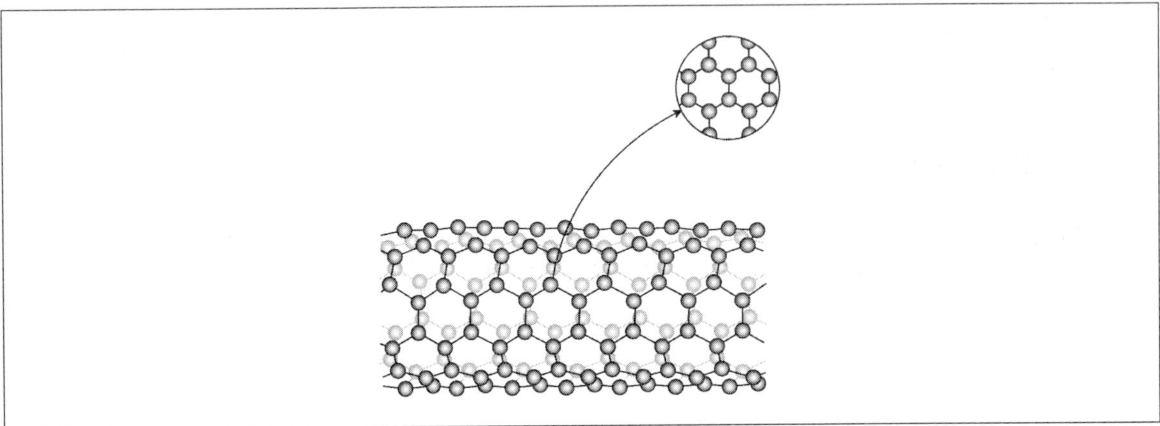

① 열전도성이 없다.

② 산소 원자로 이루어져 있다.

③ 그래핀이 튜브 형태로 결합된 것이다.

④ 구성 원자들이 정사면체 구조를 이룬다.

ADVICE ① 탄소 나노 튜브는 매우 뛰어난 열전도성을 가진다.

② 탄소 나노 튜브는 탄소 원자만으로 이루어져 있다.

④ 정사면체 구조는 다이아몬드의 구조 설명이다. 탄소 나노 튜브는 육각형 벌집 구조이다.

13 그림은 DNA에서 RNA가 전사되는 과정을 나타낸 것이다. ⊙과 ⓒ에 해당하는 염기는? (단, 돌연변이는 없다.)

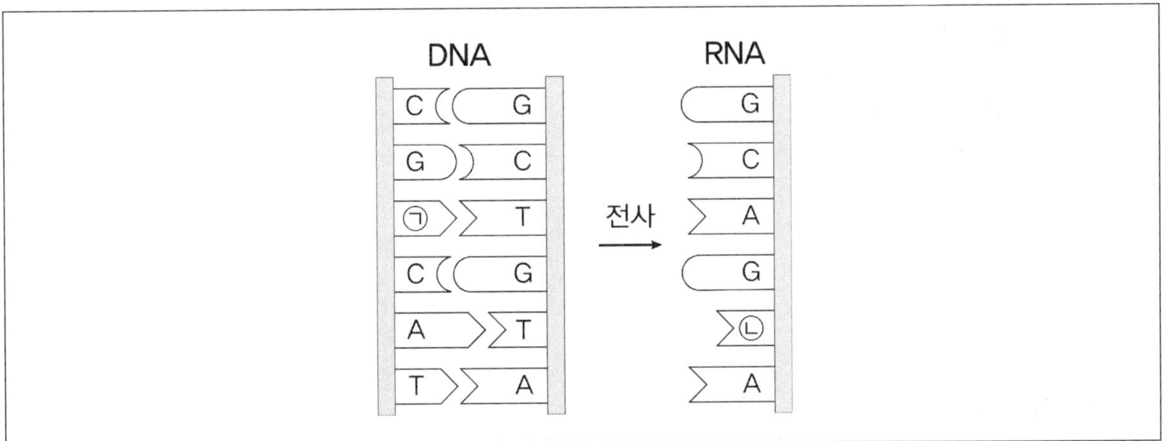

	⊙	ⓒ
①	T	A
②	T	U
③	U	A
④	U	G

ADVICE ⊙ DNA의 T(티민)와 상보적인 RNA 염기는 A(아데닌)에 해당한다.
ⓒ DNA 서열에서 A와 짝을 이루는 RNA 염기는 U(유라실)에 해당한다.

▶ ANSWER 12.③ 13.②

14 DNA에 대한 설명으로 옳은 것만을 〈보기〉에서 모두 고른 것은?

〈보기〉

㉠ 이중 나선 구조이다.
㉡ 유전 정보를 저장한다.
㉢ 단위체는 아미노산이다.

① ㉠
② ㉢
③ ㉠, ㉡
④ ㉡, ㉢

ADVICE ㉠ DNA의 대표적 구조는 이중 나선이다.
㉡ DNA는 유전 정보를 저장하고 세포 분열·단백질 합성에 사용된다.
㉢ DNA의 단위체는 뉴클레오타이드(당+인산+염기)이다.

[생명 시스템]

15 그림은 세포막을 통한 물질의 이동을 나타낸 것이다. 이에 대한 설명으로 옳지 않은 것은?

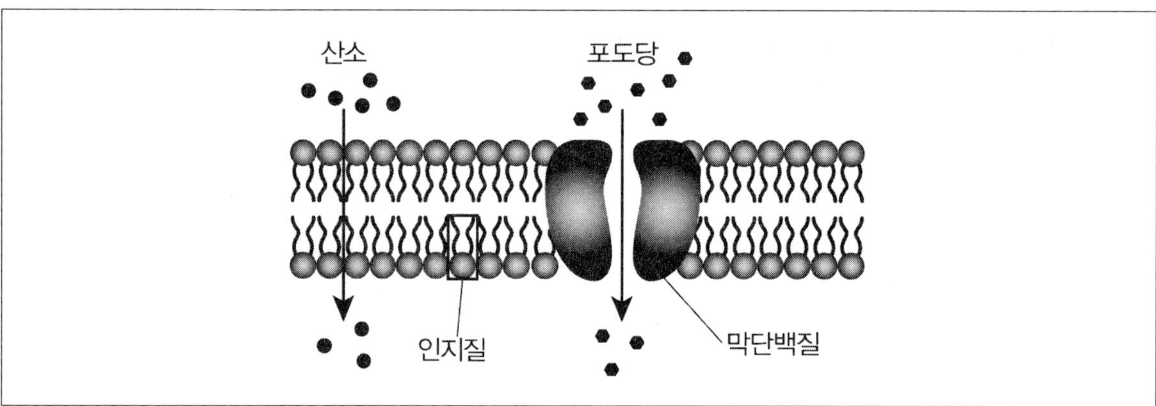

① 산소는 인지질 2중층을 통과한다.
② 산소가 이동하는 현상은 확산이다.
③ 포도당은 단백질을 통해 이동한다.
④ 포도당이 이동하는 현상은 삼투이다.

ADVICE ④ 삼투는 물의 이동 현상이다. 포도당은 단백질을 통해 이동하는 촉진 확산이다.

16 다음 설명에 해당하는 것은?

> • 생명체 내에서 촉매 역할을 한다.
> • 반응의 활성화 에너지를 낮추어 화학 반응이 빠르게 일어나도록 한다.

① 녹말

② 효소

③ 포도당

④ 셀룰로스

ADVICE ① 녹말 : 다당류로 에너지원에 해당한다.
③ 포도당 : 단당류로 에너지원에 해당한다.
④ 셀룰로스 : 식물 세포벽 구성 성분에 해당하는 다당류이다.

17 다음은 어느 생태계에 대한 설명이다. 이 생태계에서 소비자는?

> 숲에 빛이 들고 온도가 적절하여 참나무가 잘 자라면 다람쥐는 참나무의 열매를 먹고 산다.

① 빛

② 온도

③ 참나무

④ 다람쥐

ADVICE ④ 참나무 열매를 먹는 소비자에 해당한다.
①② 빛과 온도는 비생물적인 요인으로 소비자에 해당하지 않는다.
③ 광합성으로 양분을 만드는 참나무는 생산자에 해당한다.

> **ANSWER** 14.③ 15.④ 16.② 17.④

18 그림은 어느 안정된 초원 생태계의 생태 피라미드를 나타낸 것이다. 이 생태 피라미드에서 개체 수가 가장 많은 단계는?

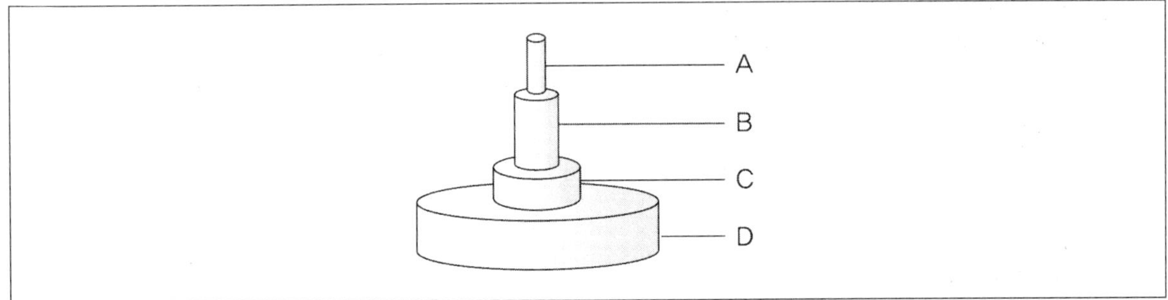

① A

② B

③ C

④ D

ADVICE ④ D : 가장 넓은 부분으로 생산자에 해당한다.
　　　① A : 가장 위층이며 가장 좁게 분포되어 있는 단계로 최종 소비자, 최고 포식자에 해당한다.
　　　② B : 2차 소비자에 해당한다.
　　　③ C : 1차 소비자에 해당한다.

19 다음 현상을 일으키는 지구 시스템의 주된 에너지원은?

> • 대기와 물이 순환한다.
> • 다양한 날씨 변화가 일어난다.

① 조력 에너지

② 태양 에너지

③ 바이오 에너지

④ 지구 내부 에너지

ADVICE ② 태양 에너지 : 대기의 운동, 물의 증발·강수, 기온 변화, 바람, 날씨 변화의 주된 원인에 해당한다.
　　　① 조력 에너지 : 달과 태양의 인력으로 일어나는 바닷물의 밀물·썰물이다.
　　　③ 바이오 에너지 : 생물체 유기물로부터 얻는 에너지이다.
　　　④ 지구 내부 에너지 : 화산 활동, 지진, 대륙 이동의 원인이다.

20 다음 설명에 해당하는 지질 시대는?

> • 해양에서는 암모나이트가 번성하였다.
> • 공룡의 시대로 불릴 정도로 다양한 공룡이 번성하였다.

① 선캄브리아 시대 ② 고생대
③ 중생대 ④ 신생대

ADVICE ① 선캄브리아 시대 : 가장 오래된 시기에 해당한다. 원핵생물 · 단세포 생물이 출현한다.
② 고생대 : 삼엽충 번성하고 어류 · 양서류 등장, 고사리 · 석탄기 식물이 나타난다.
④ 신생대 : 포유류와 조류가 번성하고 인류가 출현한다.

[지구 시스템]

21 그림은 지권의 층상 구조를 나타낸 것이다. A ~ D는 각각 지각, 맨틀, 외핵, 내핵 중 하나이다. 이에 대한 설명으로 옳은 것은?

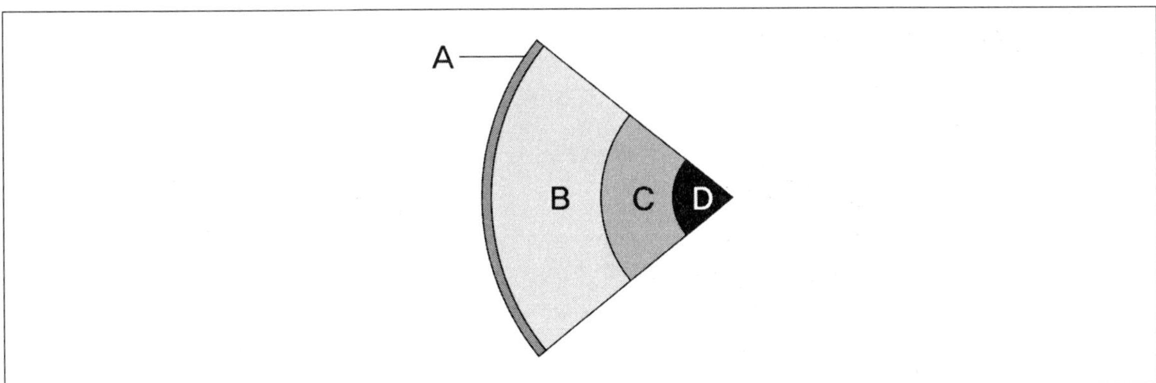

① A는 지각이다.
② B는 대부분 액체 상태이다.
③ C는 지권 전체 부피의 대부분을 차지한다.
④ D의 대류에 의해 판이 이동한다.

ADVICE ② B는 맨틀에 해당한다. 맨틀은 고체 성질이지만 대류가 가능하다.
③ C는 외핵에 해당한다. 지권 전체 부피의 대부분은 맨틀이 차지한다.
④ D는 내핵에 해당하고 판의 이동은 B(맨틀)의 대류로 발생한다.

» ANSWER 18.④ 19.② 20.③ 21.①

22 다음 설명에서 ㉠에 해당하는 것은?

> 수권의 해수는 수온의 연직 분포에 따라 몇 개의 층으로 구분된다. (㉠)에서는 해수가 바람에 의해 잘 혼합되어 깊이에 따른 수온 변화가 거의 없다.

① 오존층

② 혼합층

③ 수온 약층

④ 심해층

ADVICE ② 혼합층 : 해수의 상층부에 해당한다. 바람과 파도에 의해 혼합이 나타난다.
　　　　 ① 오존층 : 성층권에 존재하는 것으로 자외선을 흡수한다.
　　　　 ③ 수온 약층 : 혼합층 아래로 깊이에 따라서 수온이 급격하게 감소한다.
　　　　 ④ 심해층 : 수온이 일정하게 낮다.

23 다음 설명에 해당하는 지형은?

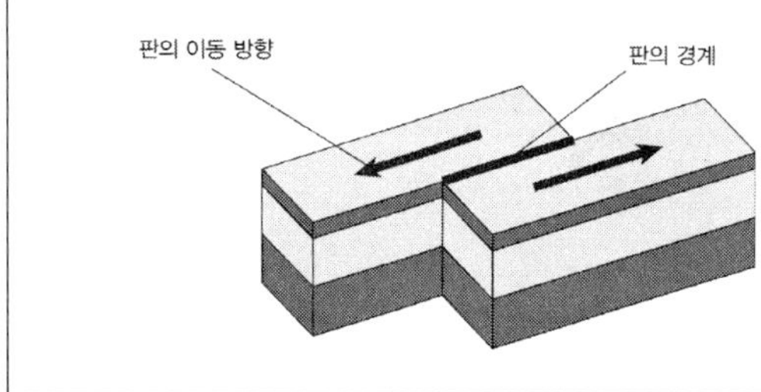

• 보존형 경계에서 발달한다.
• 산안드레아스 단층이 대표적인 예이다.

① 해구　　　　　　　　　　　　② 해령

③ 변환 단층　　　　　　　　　　④ 습곡 산맥

ADVICE ③ 변환 단층 : 두 판이 보존형 경계에서 서로 반대 방향으로 수평 이동하면서 형성된 단층이다.
　　　　 ① 해구 : 판 끼리 서로 충돌하여 한 쪽이 다른 쪽 밑으로 들어가는 현상이 일어난 곳에 형성되는 깊은 골짜기이다.
　　　　 ② 해령 : 두 판이 갈라지는 발산형 경계에서 맨틀 물질이 상승해 새로운 해양 지각을 만들며 형성되는 해저 산맥이다.
　　　　 ④ 습곡 산맥 : 두 대륙판이 충돌하는 수렴형 경계에서 지각이 압축을 받아 휘어지고 융기하여 형성된 산맥이다.

[생물 다양성]

24 그림은 지질 시대 동안 생물 과의 수 변화와 대멸종 시기를 나타낸 것이다. A~D 중 지구 역사상 가장 큰 규모의 멸종이 일어난 시기는?

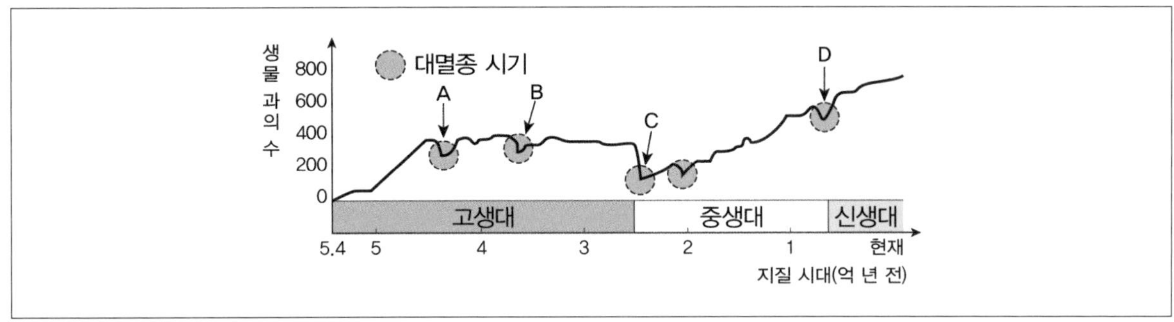

① A

② B

③ C

④ D

ADVICE ③ C : 지구 역사상 가장 큰 규모의 대멸종이 나타난다. 전체 종의 90% 이상이 멸종되었다.

① A : 해양 생물이 대멸종 했다.

② B : 어류 중심으로 멸종이 나타난다.

④ D : 공룡과 같은 대형 파충류가 멸종했다.

[생태계와 환경]

25 다음 설명에서 ㉠, ㉡에 해당하는 현상은?

- (㉠)는 자연적인 원인과 인위적인 원인에 의해 건조한 기후가 장기간 지속되면서 토지가 황폐해지는 현상이다.
- (㉡)는 무역풍이 약해지면서 적도 부근 동태평양의 표층 수온이 평상시보다 높은 상태가 지속되는 현상이다.

	㉠	㉡
①	장마	황사
②	사막화	장마
③	엘니뇨	황사
④	사막화	엘니뇨

ADVICE ㉠ 자연적·인위적인 원인에 따라서 건조한 기후가 지속되는 것은 사막화에 해당한다.

㉡ 무역풍이 약해지고, 적도 부근 동태평양 표층 수온이 평상시보다 높은 것은 엘니뇨 현상에 해당한다.

≫ ANSWER 22.② 23.③ 24.③ 25.④

기출동형 모의고사

제1회 기출동형 모의고사

[발전과 신재생 에너지]

1 다음은 수소 연료 전지의 구조이다. ㉠과 ㉡에 해당하는 기체를 순서대로 적은 것은?

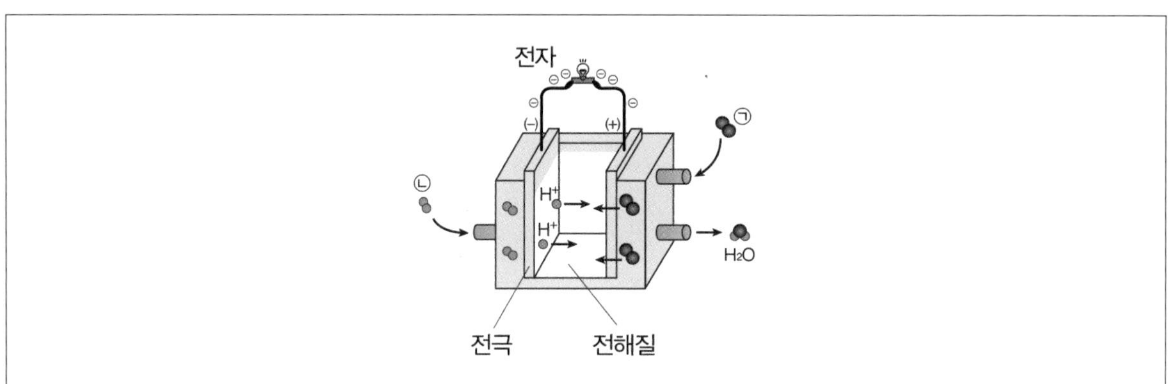

　　　㉠　　　㉡
① 산소　　수소
② 수소　　아르곤
③ 헬륨　　산소
④ 물　　　산소

ADVICE ① 수소 연료 전지에서 양극(캐노드)에는 ㉠산소, 음극(애노드)에는 ㉡수소가 공급된다.

[생태계와 환경]

2 어떤 열기관이 고열원에서 50J의 열에너지를 공급받아 외부에 10J의 일을 할 때, 이 열기관에서 저열원으로 방출한 열에너지는?

① 40J　　　　　　　　　　② 35J
③ 20J　　　　　　　　　　④ 10J

ADVICE ① 고열원에서 공급받은 열에너지(50J)는 외부에서 한 일과 저열원에서 방출한 열에너지의 합이다.
고열원에서 공급받은 열에너지 50J에서 외부에서 한 에너지 10J를 뺀 값이 저열원으로 방출한 열에너지이므로, 답은 40J이 된다.

[발전과 신재생 에너지]

3 다음 그림은 코일과 자석을 이용한 전자기 유도 실험을 나타낸 것이다. 검류계의 바늘이 움직이는 경우가 아닌 것은?

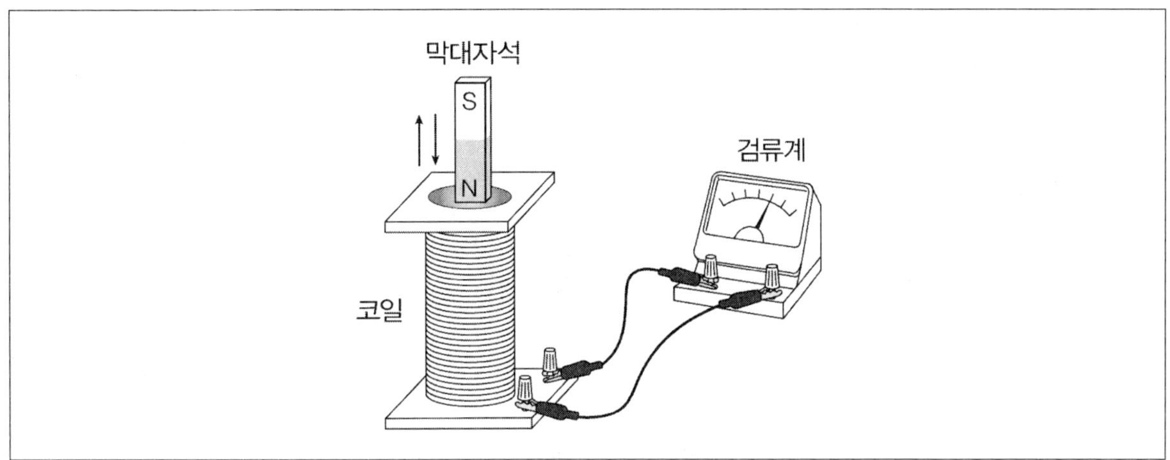

① 자석을 코일 안으로 넣을 때

② 자석이 코일 안에서 가만히 있을 때

③ 자석을 코일 밖으로 뺄 때

④ 자석을 고정하고 코일을 움직일 때

> **ADVICE** ② 자기장의 변화가 없으므로 유도전류가 발생하지 않는다.
> ①③④ 검류계 바늘이 움직이는 경우는 코일 주위에 자기장이 변화가 있는 경우이다. 즉 전자기 유도 현상이 발생해야 한다. 자석이 코일 안으로 들어가거나 코일 밖으로 빠지는 경우에는 코일을 통과하는 자기력선(자속)의 수가 변하면서 유도 전류가 발생한다. 이때 검류계 바늘이 움직인다. 자석이 고정되어 있더라도 코일 자체가 움직이는 경우 자석이 만드는 자기장을 지나가면서 자기장의 변화로 유도 전류가 발생한다.

[생태계와 환경]

4 물질 수용액 중에서 BTB 지시약을 넣을 때 파란색인 것은?

① $Ca(OH)_2$

② H_2SO_4

③ CH_3COOH

④ H_2O

> **ADVICE** ① BTB 지시약이 파란색으로 변하는 것은 pH 7.6 이상인 염기성에서이다. $Ca(OH)_2$은 수산화 칼슘으로 약한 염기성 물질에 해당한다. 이외에 파란색으로 변하는 것은 NaOH(수산화 나트륨), $NaHCO_3$(탄산수소 나트륨) 등이 있다.
> ② H_2SO_4은 황산 수용액으로 강한 산성이므로 노란색으로 나타난다.
> ③ CH_3COOH는 아세트산 수용액으로 약한 산성으로 노란색으로 나타난다.
> ④ H_2O는 중성을 띠는 순수한 물이므로 초록색으로 나타난다.
> ※ BTB 지시약
> ㉠ 산성 : 노란색(pH 6.2 이하)
> ㉡ 중성 : 초록색(pH 6.2 ~ 7.6 사이)
> ㉢ 염기성 : 파란색(pH 7.6 이상)

》 ANSWER 1.① 2.① 3.② 4.①

5 효소에 대한 설명으로 옳은 것은?

① 화학 반응의 활성화 에너지를 낮춰 반응 속도를 느리게 한다.

② 하나의 효소가 다양한 반응물에 작용한다.

③ 반응 후에 생성물과 합쳐진다.

④ 반응이 끝난 후에 효소의 구조는 변형되지 않는다.

> **ADVICE** ④ 효소는 반응이 끝난 후에 변형되지 않고 다른 기질에서 다시 작용할 수 있다.
> ① 효소에는 촉매 기능이 있으므로 반응속도를 빠르게 한다.
> ② 기질 특이성으로 한 종류나 소수의 유사한 기질에만 효소가 작용을 한다.
> ③ 생성물을 변환하면 생성물 부위에서 분리된다.

[화학 변화]

6 황산 구리(Ⅱ) 수용액에 아연판을 넣었을 때 이 반응에서 환원되는 것은?

① Zn
② SO_4^{2-}
③ Zn^{2+}
④ Cu^{2+}

> **ADVICE** ④ 황산 구리(Ⅱ) 수용액에 아연판을 넣으면 산화 · 환원 반응이 나타난다. 황산 구리(Ⅱ) 수용액에 아연판을 넣으면 $CuSO_4$과 Zn이 있다. 이온화로 구리(Ⅱ) 이온과 황산 이온이 존재한다. 산화를 통해서 아연은 구리보다 반응성이 크기 때문에 전자를 잃고 산화한다. 아연이 내놓은 전자를 구리(Ⅱ) 이온이 받아서 환원되면서 금속 구리로 석출된다.

[자연의 구성 물질]

7 다음과 같은 특징이 있는 것은?

> • 자석 위에서 공중 부양을 하는 모습이 관찰된다.
> • 임계온도 이하가 되면 전기 저항이 0이 된다.
> • 임계 온도 이하로 냉각되면 외부 자기장을 밀어내는 성질이 있다.
> • 자기 부상 열차, MRI 장치 등에 사용된다.

① 반도체
② 초전도체
③ 탄소 섬유
④ 플라스틱

> **ADVICE** ① 반도체 : 전도성을 제어 가능하다. 컴퓨터 칩, LED 등 전자제품 핵심부품에 해당한다.
> ③ 탄소 섬유 : 강철보다 가볍고 강도가 좋은 것으로 항공기, 자동차 등에 사용된다.
> ④ 플라스틱 : 열과 압력을 가해 원하는 형태로 쉽게 성형할 수 있는 유기 재료이다.

8 전기 에너지의 수송 과정에서 송전 전압을 높였을 때 설명으로 옳은 것은?

① 손실 전력이 증가한다.

② 전류의 세기가 감소한다.

③ 송전 전류가 증가한다.

④ 송전 효율이 감소한다.

> **ADVICE** ① 송전선에서 발생하는 손실전력은 송전전류의 제곱과 송전선의 저항의 곱으로 구할 수 있다. 송전 전압을 높이면 전류가 감소하면서 손실 전력이 제곱에 비례하여 줄어든다.
> ③ 송전 전력은 송전 전압과 송전 전류의 곱으로 구할 수 있다. 생산하는 전력량이 일정한 경우 송전 전압을 높이면 전류 세기는 그만큼 감소한다.
> ④ 손실 전력이 감소하면서 송전 효율이 증가한다.

[역학적 시스템]

9 그림은 마찰이 없는 수평면에서 질량이 2kg인 물체가 4m/s의 속력으로 운동하여 벽과 충돌한 후, 반대 방향으로 2m/s의 속력으로 운동하는 모습을 나타낸 것이다. 이 물체가 받은 충격량의 크기는? (단, 공기 저항은 무시한다.)

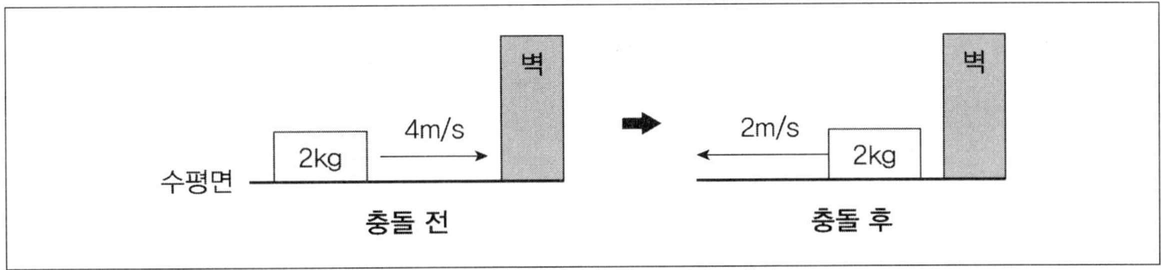

① 8kg · m/s

② 9kg · m/s

③ 10kg · m/s

④ 12kg · m/s

> **ADVICE** ④ 충격량은 나중 운동량에서 처음 운동량을 뺀 값이다. 운동량은 질량과 속도의 곱으로 구할 수 있다.
> 충돌 전 운동량은 2kg×(+4m/s)로 +8kg · m/s이다.
> 충돌 후 운동량은 2kg×(−2m/s)로 −4kg · m/s이다.
> 충격량은 충돌 후 운동량에서 충돌 전 운동량을 빼면 된다.
> (−4kg · m/s)−(+8kg · m/s)=−12kg · m/s이다. 충격량 크기는 절댓값으로 나타내기 때문에 12kg · m/s이 된다.

» ANSWER 5.④ 6.④ 7.② 8.② 9.④

10 다음은 공 A를 수평 방향으로 던질 때 A 위치를 일정한 시간 간격으로 나타낸 것이다. A의 총 낙하시간이 2초인 경우 A의 수평 방향 속력은? (단, 공기저항은 무시한다.)

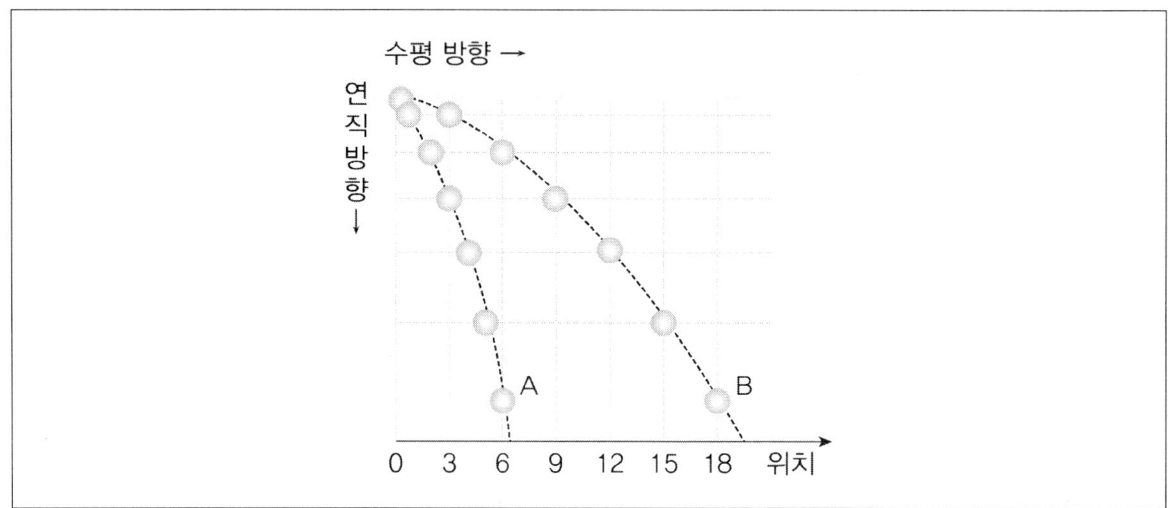

① 3m/s

② 5m/s

③ 9m/s

④ 12m/s

ADVICE ③ 공 A는 수평 이동 거리가 0에서 시작하여 18에서 낙하한다. 수평 이동 거리는 총 18에 해당한다. 수평 방향으로 던져진 물체는 공기 저항을 무시한다면 수평 방향으로 등속 운동을 하고 있음을 알 수 있다.

속력 $= \dfrac{\text{수평 이동 거리}}{\text{시간}}$ 이므로 속력은 $\dfrac{18}{2} = 9$에 해당한다.

11 묽은 염산(HCl)과 수산화 나트륨(NaOH) 수용액을 중화 반응시킬 때 열을 발생시키는 이온을 모두 고른 것은?

㉠ H^+	㉡ Cl^-
㉢ Na^+	㉣ OH^-

① ㉠

② ㉠, ㉣

③ ㉡, ㉢

④ ㉢, ㉣

ADVICE ② 묽은 염산과 수산화 나트륨 수용액의 중화 반응에서 산과 염기의 반응으로 물을 생성하는 과정에서 열이 발생한다. 이때 열을 발생시키는 것은 ㉠H^+(수소이온), ㉣OH^-(수산화 이온)에 해당한다. 수소 이온과 수산화 이온이 결합하면서 물을 생성하고 이때 중화열이 발생한다. 수소 이온과 수산화 이온이 많을수록 물의 양이 늘어나면서 열을 많이 발생한다.

12 효소와 호르몬의 주성분으로 아미노산이 펜타이드 결합으로 연결된 물질은?

① 단백질　　　　　　　　　　　　② 지질
③ 핵산　　　　　　　　　　　　　④ 탄수화물

> **ADVICE** ② 지질 : 지방산과 글리세롤을 기본 단위로 하는 중성지방, 인지질, 스테로이드 등이 있다.
> ③ 핵산 : 뉴클레오타이드를 기본 단위로 하는 고분자 화합물이다.
> ④ 탄수화물 : 탄소(C), 수소(H), 산소(O)로 구성된 유기 화합물이다.

[물질의 규칙성과 화학 결합]

13 다음 주기율표 일부에서 임의의 원소 A, B에 대한 설명으로 옳은 것은?

주기 \ 족	…	15	16	16	17	18
1	…					
2	…			A	B	
3						

① 원소 A는 산소에 해당한다.
② 원소 B는 헬륨에 해당한다.
③ 원소 A와 원소 B는 다른 주기이다.
④ A와 B 원자가 전자 수는 동일하다.

> **ADVICE** ② 원소 B는 2주기 17족으로 플루오린이 해당한다. 헬륨은 원자번호 2번 18족 원소에 해당한다.
> ③ 원소 A와 원소 B는 같은 2주기에 있다.
> ④ 원소 A의 원자가 전자 수는 6개, 원소 B의 원자가 전자 수는 7개이다.

➤ ANSWER　10.③　11.②　12.①　13.①

14 물 분자(H_2O)에서 산소 원자의 가장 바깥쪽 전자껍질에 들어 있는 전자의 개수는?

① 2개   ② 4개

③ 6개   ④ 8개

> **ADVICE** ④ 산소는 원자번호 8번으로 산소 원자가 8개의 양성자와 8개의 전자를 가지고 있음을 의미한다. 가장 안쪽 껍질에는 최대 2개의 전자가 들어갈 수 있고 두 번째 껍질에는 최대 6개의 전자가 들어갈 수 있다. 산소 원자 자체의 원자가 전자 6개, 수소 원자로부터 공유 받은 전자 2개로 총 8개의 전자가 가장 바깥 전자껍질에 들어있다.

15 다음은 DNA가 RNA로 전사되는 과정이다. ㉠에 해당하는 염기는? (단, 돌연변이는 없다.)

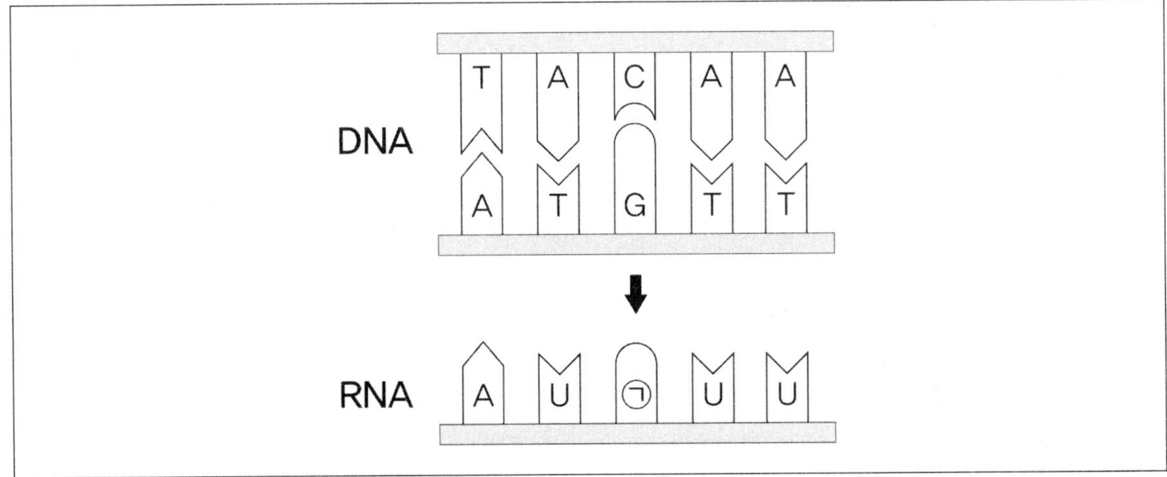

① A

② U

③ G

④ C

> **ADVICE** ③ DNA는 A(아데닌), T(티민), C(사이토신), G(구아닌) 염기로 구성되어 있고, RNA는 A(아데닌), U(유라실), C(사이토신), G(구아닌) 염기로 구성된다.
> • DNA의 A → RNA의 U (DNA의 A는 RNA의 U와 상보적인 관계)
> • DNA의 T → RNA의 A (DNA의 T는 RNA의 A와 상보적인 관계)
> • DNA의 G → RNA의 C (DNA의 G는 RNA의 C와 상보적인 관계)
> • DNA의 C → RNA의 G (DNA의 C는 RNA의 G와 상보적인 관계)
> 이에 따라 ㉠은 G가 된다.

16 다음 그림 나타난 세포 소기관에 대한 설명으로 옳은 것은?

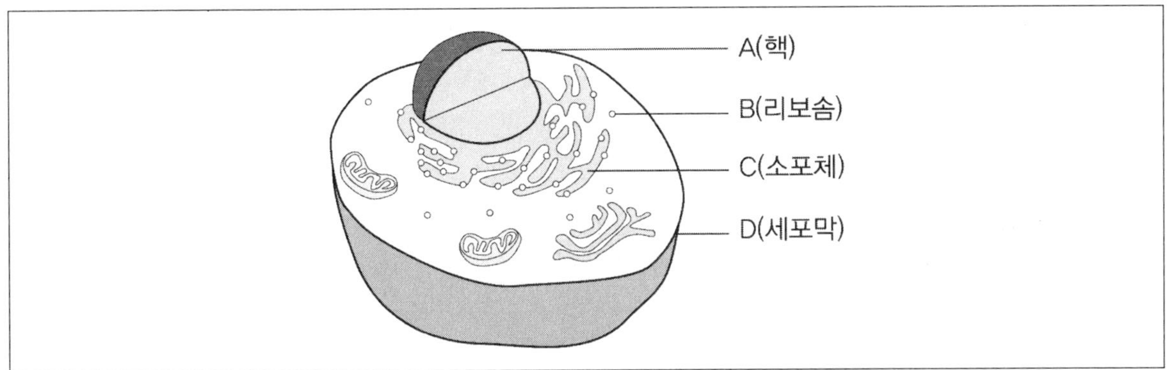

① A(핵)은 세포 분열과 성장을 조절한다.

② B(리보솜)은 생명체를 이루는 유전 정보를 저장하고 있다.

③ C(소포체)는 외부 충격으로부터 세포를 보호한다.

④ D(세포막)은 핵에서 전사된 mRNA의 유전정보에 따라 단백질을 합성한다.

ADVICE ② 리보솜은 단백질을 합성하는 곳이다. 유전 정보를 저장하는 곳은 핵에 해당한다.

③ 소포체는 핵막과 연결되어 있는 막 구조물의 복합체로 단백질 변형이나 지질 합성 등의 기능을 한다. 외부 충격으로부터 세포를 보호하는 것은 세포막의 기능이다.

④ 세포막은 세포의 형태를 유지하고 세포막에 있는 단백질과 탄수화물을 세포 내부로 전달시키는 역할을 한다. 핵에서 전사된 mRNA의 유전정보에 따라 단백질을 합성하는 것은 리보솜에 대한 설명이다.

17 다음 표는 ㈎ ~ ㈑에서 서식하는 식물 종 A ~ E의 개체수를 나타낸 것이다. 종 다양성이 가장 높은 지역은?(단, A ~ E 외의 종은 고려하지 않는다.)

지역＼종	A	B	C	D	E
㈎	60	5	10	15	10
㈏	0	0	35	35	30
㈐	15	40	0	35	10
㈑	20	20	20	20	20

① ㈎

② ㈏

③ ㈐

④ ㈑

ADVICE ④ 종 다양성은 종의 수가 많고 각 종의 개체수가 균등하게 분포되어 있다면 종 다양성이 높다고 평가한다. ㈑지역은 5개의 종이 모두 존재하며 개체수가 20개로 균등하게 분포되어 있다. 종이 풍부하고 균등도가 가장 높다.

》 ANSWER 14.④ 15.③ 16.① 17.④

18 일정한 지역에 서식하는 동일한 종의 개체들로 이루어진 모든 개체들의 무리를 의미하는 것은?

① 개체군

② 군집

③ 생물량

④ 생태계

> **ADVICE** ② 군집 : 특정 공간에 서식하는 다양한 종류의 개체군들의 상호 작용하는 집합이다.
> ③ 생물량 : 특정 시점에 특정 공간에 존재하는 모든 생물체의 총량을 건조 중량이나 에너지량으로 나타낸 것이다.
> ④ 생태계 : 특정 공간 내의 군집과 그들이 상화작용 하는 비생물 환경을 모두 포함하는 시스템이다.

19 다음 그림은 생태계 평형이 유지되고 있는 생태계의 먹이 관계를 나타낸 것이다. 이에 대한 설명으로 옳은 것은? (단, 먹이 관계 이외의 다른 개체 수 변화 요인은 없다.)

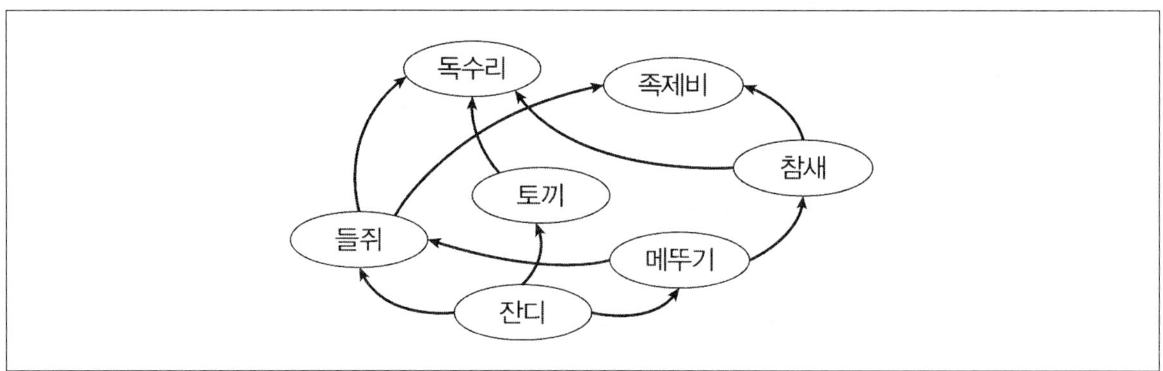

① 잔디는 생산자이다.

② 토끼는 2차 소비자이다.

③ 족제비가 사라지면 뒤의 개체 수는 일시적으로 감소한다.

④ 참새가 사라지면 독수리도 사라진다.

> **ADVICE** ② 토끼는 1차 소비자이다.
> ③ 포식자에 해당하는 족제비가 사라지면 뒤의 개체 수는 늘어날 수 있다.
> ④ 참새가 사라진다 하더라도 최종 소비자 독수리가 반드시 사라지는 것이 아니다. 토끼 등의 먹이를 사냥하기 때문에 다른 먹이원을 찾아 생존을 시도하게 된다.

20 태양의 흡수 스펙트럼과 수소, 헬륨 기체 방전관을 이용하여 얻은 스펙트럼에 대한 설명으로 옳은 것은?

① 태양 흡수 스펙트럼의 배경은 검은색이다.

② 수소 스펙트럼은 특정 위치에 밝은 색 방출선이 나타난다.

③ 태양의 대기는 수소로만 구성되어 있다.

④ 헬륨 스펙트럼에는 흡수선이 나타난다.

> **ADVICE** ① 태양 흡수 스펙트럼의 배경은 연속 스펙트럼에 해당한다.
> ③ 태양의 대기에는 수소, 헬륨, 철, 칼슘, 나트륨 등 다양한 원소를 구성하고 있다.
> ④ 특정 위치에 밝은 색의 방출선이 나타난다.

21 다음 그림은 지구 시스템을 이루는 각 권의 상호작용을 나타낸다. 그림에 대한 설명으로 옳은 것은?

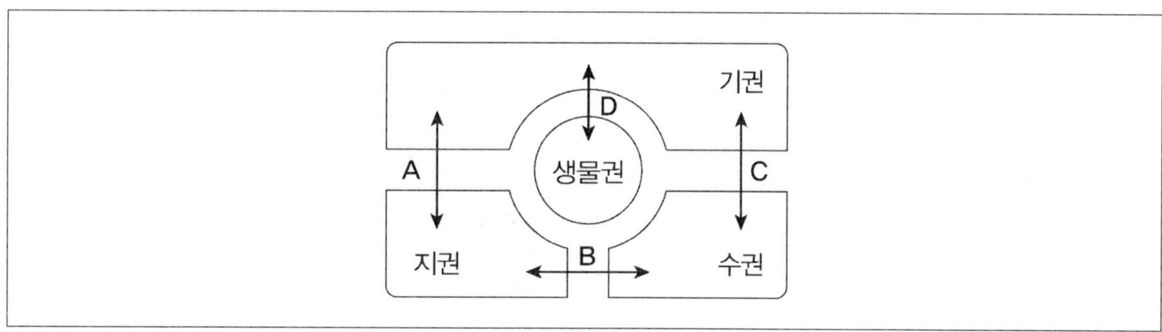

① A – 토양과 무기물을 이용하여 생물이 성장한다.

② B – 지하수가 암석 틈새로 흐르며 석회암을 녹여 석회 동굴을 형성한다.

③ C – 식물이 광합성으로 이산화 탄소를 흡수하고 산소를 배출한다.

④ D – 바닷물이 증발하여 구름이 형성한다.

> **ADVICE** ① 지권과 생물권의 상호작용에 해당한다.
> ③ 식물이 광합성으로 이산화 탄소를 흡수하고 산소를 배출하는 것은 기권과 생물권의 상호작용이다.
> ④ 바닷물이 증발하여 구름이 형성되는 것은 수권과 기권의 상호작용이다.

> **ANSWER** 18.① 19.① 20.② 21.②

22 **태풍을 일으키는 지구 시스템 에너지원으로 적절한 것은?**

① 태양 에너지

② 지구 내부 에너지

③ 조력 에너지

④ 화학 에너지

> **ADVICE** ① 태풍은 거대한 열대성 저기압이다. 태양 복사 에너지가 열대 해양의 해수면을 가열하여 물이 수증기로 증발한다. 이때 수증기는 잠열 형태로 에너지를 저장한다. 습하고 따뜻한 공기가 상승하면서 구름이 되고 비로 내리는데 이 과정에서 잠열을 대기중에 방출한다. 방출된 잠열이 주변의 공기를 가열하여 지표 부근 기압이 낮아지면서 강력한 저기압이 형성되고 태풍으로 발달한다.
> ② 지구 내부 에너지 : 지구 내부에 저장되는 열 에너지로 지진, 화산 활동, 지각변동 등의 현상을 유발한다.
> ③ 조력 에너지 : 달과 태양의 만유인력으로 발생하는 에너지로 조석현상, 해안 침식 등의 현상을 유발한다.
> ④ 화학 에너지 : 물질의 화학 결합에 저장된 에너지로 광합성, 호흡 등에 사용된다.

23 **다음 그림에서 맨틀 대류가 활발하게 나타나 판의 이동을 유발하는 구간은?**

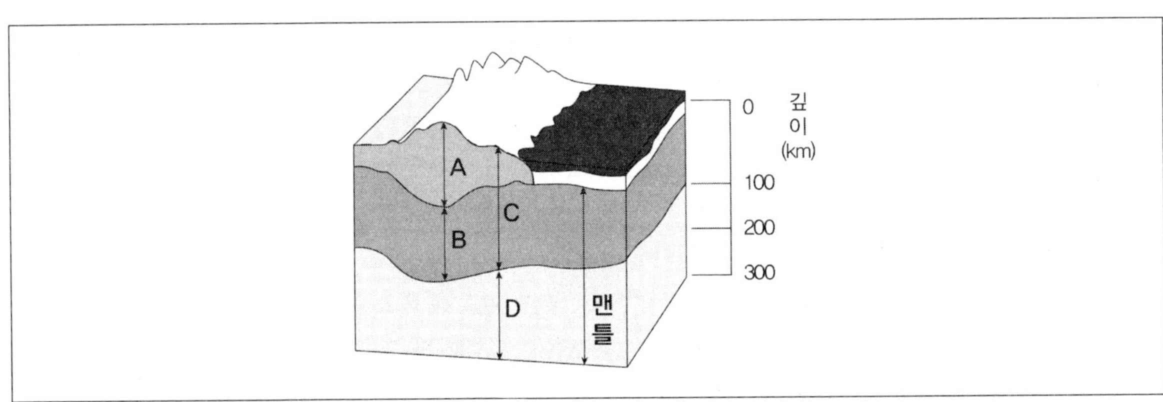

① A   ② B
③ C   ④ D

> **ADVICE** ④ D : 고체 상태이지만 높은 온도와 압력으로 유동성을 가지고 있는 상태이다. 맨틀 대류가 주요하게 일어나는 부분으로 C의 판을 움직이는 원동력이 된다.
> ① A : 지구의 가장 바깥층인 지각으로 다양한 암석으로 구성되어 있다.
> ② B : 지각의 심부로 지진 활동의 진원이 된다.
> ③ C : 단단한 고체 상태로 여러 개의 판으로 나뉘어져 있다 지진, 화산 활동, 산맥 형성 등 다양한 지각 변동을 일으킨다.

24 다음은 자연적 요인과 인위적 요인이 복합적으로 작용하여 발생한 현상이다. ㉠에 가장 적절한 것은?

> 과잉 경작, 과잉 방목, 대기 대순환의 변화로 인한 증발량 상승→토지 황폐화→황사 발생 빈도 증가→
> (㉠)

① 사막화

② 황사

③ 엘니뇨

④ 라니냐

ADVICE ① 사막화는 자연적·인위적 원인으로 토지가 황폐해지면서 사막이 넓어지는 현상이다.
따라서 ㉠은 사막화에 해당한다.

25 암모나이트가 번성한 지질 시대에 출현하고 번성했던 생물은?

① 매머드

② 시조새

③ 삼엽충

④ 스트로마톨라이트

ADVICE ② 암모나이트가 번성한 시대는 중생대이다. 시조새뿐만 아니라 공룡, 겉씨식물 등도 중생대에 번성했다.
① 매머드는 신생대이다.
③ 삼엽충은 고생대이다.
④ 스트로마톨라이트는 선캄브리아 시대이다.

>> **ANSWER** 22.① 23.④ 24.① 25.②

CHAPTER 02

제2회 기출동형 모의고사

[발전과 신재생 에너지]

1 다음 설명에 해당하는 발전 방식은?

> 물의 위치 에너지와 운동 에너지를 이용하여 전기를 생산하는 방식이다. 저장된 물을 수로(수압관)를 통해 낮은 곳으로 흘려보낼 때 높은 위치에서 낮은 위치로 떨어지면서 위치에너지가 운동에너지로 전환된다.

① 조력 발전

② 수력 발전

③ 파력 발전

④ 태양광 발전

ADVICE ① 조력 발전 : 댐을 건설하여 바닷물을 가두거나 내보낼 때 발생하는 물의 흐름으로 터빈을 회전시켜 발전한다.
③ 파력 발전 : 파도의 움직임(상하 운동, 전진 운동)을 이용하여 공기 터빈이나 수차 등을 돌려 발전한다.
④ 태양광 발전 : 태양 전지판에 태양 빛이 닿으면, 반도체 물질의 광전 효과를 이용하여 전자가 이동하면서 전기가 발생한다.

[역학적 시스템]

2 마찰이 없는 수평면에서 질량이 3kg인 물체가 9m/s의 일정한 속력으로 운동할 때 이 물체의 운동량 (kg · m/s)의 크기는?

① 12kg · m/s

② 15kg · m/s

③ 20kg · m/s

④ 27kg · m/s

ADVICE ④ 운동량은 질량과 속도의 곱으로 구한다. 물체의 질량은 3kg, 물체의 속력은 9m/s로 운동량은 질량과 속도의 곱인 27kg · m/s이 된다.

[자연의 구성 물질]

3 다음 설명에서 ㉠에 공통으로 해당하는 것은?

> • 매우 낮은 온도(임계 온도) 이하로 냉각될 때 외부 자기장을 밀어내는 현상이 (㉠)이다.
> • MRI는 (㉠)을 통해서 강력하고 균일한 자기장을 생성한다.

① 열효율

② 핵발전

③ 전자기 유도

④ 초전도 현상

ADVICE ① 열효율 : 열에너지를 다른 에너지로 전환하는 과정에서 투입된 총 열에너지 대비 유효하게 전환된 에너지 비율을 나타낸다.
② 핵발전 : 우라늄과 같은 핵분열성 물질의 핵분열 반응을 통해 전기를 생산하는 발전 방식이다.
③ 전자기 유도 : 코일(도체) 주변의 자기장 변화로 코일에 전압이 발생하면서 전류가 흐르는 현상이다.

4 다음 그림에 대한 A와 B지점에 대한 설명으로 옳은 것은? (단, 중력 가속도는 $10m/s^2$이고, 공기 저항은 무시한다.)

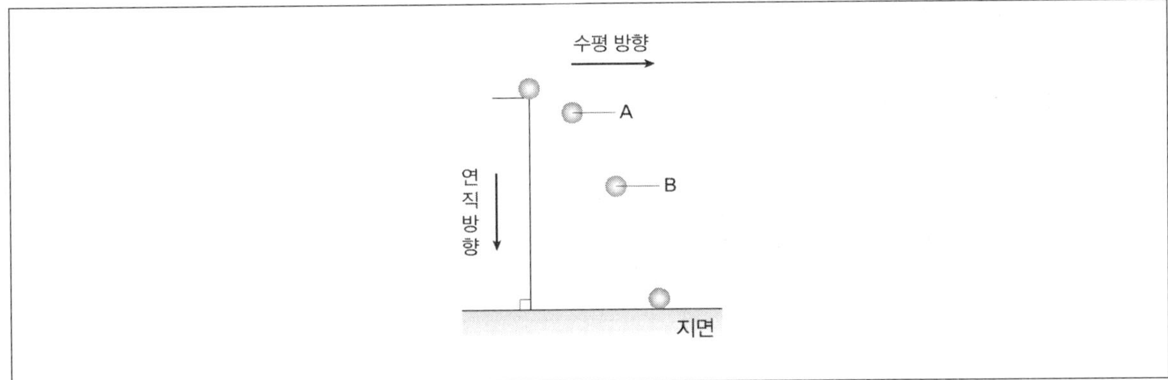

① A와 B지점에서 수평 방향 속도는 변화한다.

② A와 B지점의 수평 방향 가속도는 다르다.

③ B지점의 연직 방향 속도가 A지점보다 크다.

④ B지점 중력 위치 에너지가 A지점보다 크다.

> **ADVICE** ③ 중력가속도의 영향으로 아래 방향에서 속도가 계속 증가한다. B가 A보다 아래에 있으므로 연직 방향 속도는 B가 더 크다.
> ① 공기 저항이 무시되면서 수평 방향 속도는 일정하게 유지된다.
> ② A와 B지점의 수평 방향 가속도는 항상 0에 해당한다.
> ④ 중력 위치 에너지는 높이에 비례한다. B가 A보다 낮기 때문에 B의 중력 위치 에너지가 A의 중력 에너지보다 작다.

5 열효율이 25%인 열기관이 외부에 50J의 일을 했다면, 이 열기관이 고열원에서 공급받은 열에너지는?

① 100J

② 200J

③ 300J

④ 400J

> **ADVICE** ② 열효율 공식은 $\dfrac{열기관이\ 한\ 일}{공급된\ 열량} \times 100$이다.
> 열효율은 25%에 해당하고 한 일은 50J에 해당한다.
> 열원에서 공급받은 열에너지는 공식에 따라 $25\% = \dfrac{50J}{공급된\ 열량} \times 100$이므로
> 고열원에서 공급받은 열량은 200J이다.

> **» ANSWER** 1.② 2.④ 3.④ 4.③ 5.②

[물질의 규칙성과 화학 결합]

6 **그래핀에 대한 설명으로 옳은 것은?**

① 투과도가 낮다.

② 산성에 저항력이 낮다.

③ 두께가 두껍고 무겁다.

④ 전기 전도성이 높다.

> **ADVICE** ④ 전기가 잘 통하며 전기 저항이 낮아서 전기 흐름이 효율적이다.
> ① 97.7%의 빛을 통과시킬 정도로 투과도가 높다.
> ② 산성이나 알칼리성 등의 용매에 저항력이 높다.
> ③ 두께가 원자 하나로 가볍고 두께가 얇다.

[물질의 규칙성과 화학 결합]

7 **다음 그림에 대한 설명으로 옳은 것은?**

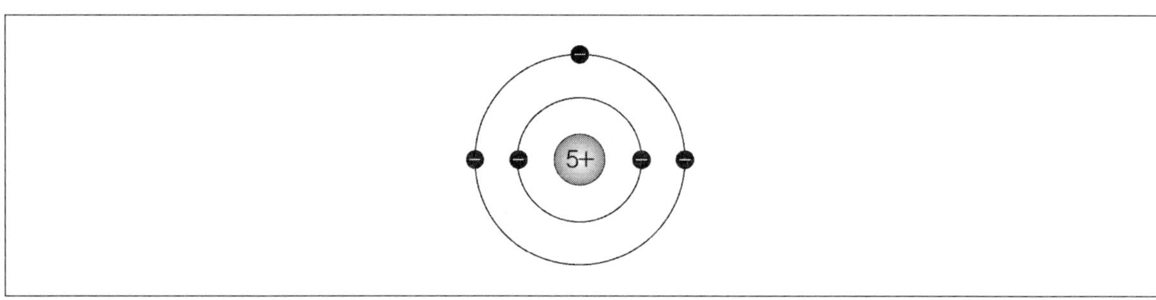

① 양성자가 6개이다.

② 13족 원소이다.

③ 음전하를 띠는 이온이다.

④ 알루미늄 금속 원소에 해당한다.

> **ADVICE** ② 13번째 세로줄에 위치한 원소가 13족에 해당한다. 13족 원소는 최외각 전자 3개를 가진다.
> ①③④ 이 원자배치는 붕소에 해당한다. 양성자는 5+로 5개에 해당한다. 총 전자의 수는 안쪽 껍질 2개, 바깥쪽 껍질 3개로 총 5개이며 양성자와 전자의 수가 같으므로 전기적으로 중성이다.

8 다음 그림은 주기율표의 일부이다. 원소 (가) ~ (라)에 대한 설명으로 옳은 것은?

주기 \ 족	1	2	...	16	17	18
1						
2			...	(가)		(나)
3	(다)				(라)	

① (가) – 금속 원소에 해당한다.

② (나) – 원자 번호가 18번이다.

③ (다) – 최외각 전자의 수는 1개이다.

④ (라) – 반응성이 거의 없는 비활성 기체 원소이다.

ADVICE ③ (다) – 3주기 1족으로 나트륨 원소이다. 최외각 전자의 수는 1개이다.

① (가) – 2주기 16족인 산소에 해당한다. 비금속 원소이다.

② (나) – 원자 번호 10번인 네온에 해당한다. 최외각 전자는 8개로 옥텟 규칙을 만족하며 매우 안정적이라 다른 원소와 반응이 거의 없는 비활성 기체 원소이다.

④ (라) – 3주기 17족 염소에 해당한다. 반응성이 매우 큰 비금속 원소이다.

9 다음에서 이온 결합 물질에 대한 설명으로 옳은 것은?

① 이온 결합 물질로는 이산화 탄소, 암모니아 등이 있다.

② 강한 정전기적 인력으로 이온 결합을 한다.

③ 액체 상태에서 전기 전도성이 거의 없다.

④ 녹는점과 끓는점이 매우 낮다.

ADVICE ② 양전하를 띠는 양이온과 음전하를 띠는 음이온이 강한 정전기적 인력으로 이온 결합을 한다.

① 대표적인 이온 결합 물질에는 염화 나트륨, 산화 마그네슘, 염화 칼슘, 수산화 나트륨 등이 있다.

③ 액체 상태나 수용액 상태에서는 이온이 자유롭게 움직이면서 전하를 운반하기 때문에 전기 전도성이 좋다.

④ 이온의 인력이 강하기 때문에 결합을 끊어내기 위해서 많은 에너지가 필요하다. 그러기 때문에 녹는점과 끓는점이 매우 높다.

» ANSWER 6.④ 7.② 8.③ 9.②

10 다음 중 물에 녹아 염기성을 나타내는 물질을 모두 고른 것은?

> ㉠ $Ca(OH)_2$
>
> ㉡ CH_3COOH
>
> ㉢ NH_3

① ㉠   ② ㉠, ㉢

③ ㉡   ④ ㉡, ㉢

ADVICE ㉠ 수산화 칼슘으로 물에 녹아서 염기성을 띤다.
㉢ 암모니아로 물 분자에서 녹으면 약염기를 띤다.
㉡ CH_3COOH은 아세트산으로 약산의 성질을 가지고 있다. 물에 녹아 산성을 띤다.

11 다음 그림은 수산화 나트륨(NaOH) 수용액에 A 수용액을 넣어 중화 반응을 시키는 과정이다. A에 해당하는 용액의 특징으로 옳은 것은?

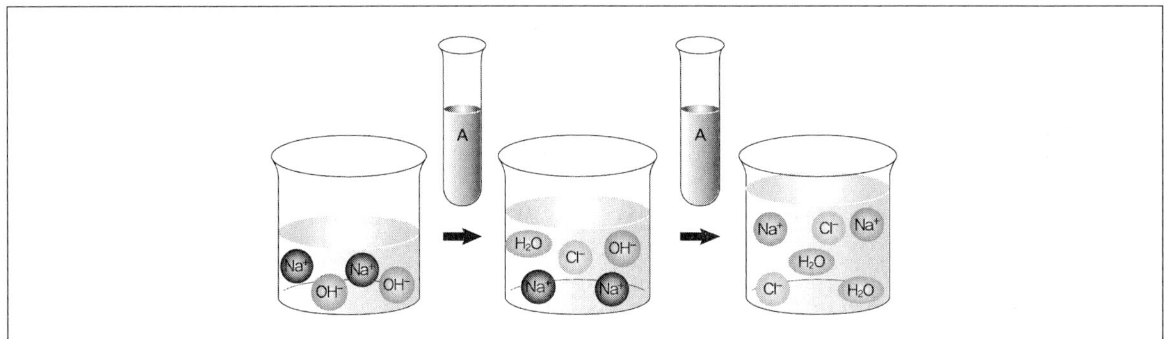

① H_2SO_4이다.

② 강염기로 산성을 중화한다.

③ 물에 녹으면 수소 이온과 염화 이온으로 분리된다.

④ 불안정하여 물과 이산화 탄소로 쉽게 분해한다.

ADVICE ③ A 수용액은 HCl로 염산에 해당한다. 염산은 물에 녹으면 100% 이온화 되면서 수소 이온(H^+)과 염화 이온(Cl^-)으로 분리된다.
① H_2SO_4(황산)의 경우는 강산으로 수산화 나트륨과 반응하면 나트륨 이온(Na^+)과 황산 이온(SO_4^{2-})로 이온화한다.
② 강산에 해당한다.
④ H_2CO_3(탄산)의 불안정성에 의하여 물과 이산화 탄소로 쉽게 분해한다.

[화학 결합]

12 다음 화학 반응에서의 반응 물질 중 산화되는 것은?

$$2Fe_2O3(산화 \ 철Ⅲ) + 3C(탄소) \ \longrightarrow \ 4Fe(철) + 3CO_2(이산화 \ 탄소)$$

① Fe_2O_3

② C

③ Fe

④ CO_2

ADVICE ② 산화 철과 탄소가 만나면 탄소가 환원제로 사용된다. 산화 철(Fe_2O_3)이 환원되면서 순수한 철(Fe)이 되고 탄소(C)는 산화되어 이산화 탄소(CO_2)가 된다.

[생물 다양성]

13 다음 설명에서 ㉠에 해당하는 것은?

같은 종의 얼룩말은 고유한 줄무늬 패턴을 가지고 있는 미묘한 차이로 (㉠)이/가 증가한다.

① 생물 대멸종

② 외래종 도입

③ 서식지 단편화

④ 유전적 다양성

ADVICE ④ 얼룩말은 줄무늬가 사람의 지문 패턴과 같이 저마다 고유한 줄무늬 패턴을 가지고 있다. 이 패턴은 개체 식별 능력을 높이며 다양한 유전자 개체를 쉽게 확인할 수 있다. 또한 얼룩말의 줄무늬 패턴이 기생충 저항성을 높이는 것에 기여하며 다양한 유전자 조합에 집단에 질병 저항력을 높일 수 있다. 얼룩말의 줄무늬는 유전적 다양성과 관련이 있다.

» ANSWER 10.② 11.③ 12.② 13.④

14 다음에서 설명하는 물질은?

> • 단당류들이 글리코사이드 결합으로 연결되어 있는 유기 화합물이다.
> • 포도당, 녹말, 글리코겐 등 생명활동에 필요한 에너지원이다.

① 탄수화물
② 단백질
③ 지질
④ 핵산

> **ADVICE** ② 단백질 : 아미노산이 펩타이드 결합으로 연결되어 있다. 생체에서 효소, 구조 형성, 헤모글로빈 운반, 면역, 운동, 호르몬 등 다양한 기능을 수행한다.
> ③ 지질 : 지방산이나 글리세롤을 기본단위로 한다. 에너지 저장, 세포막 구성, 스테로이드 호르몬을 통한 신호 전달 역할 등을 한다.
> ④ 핵산 : 뉴클레오타이드 단위체가 연결된 것이다. 유전 정보를 저장하고 생명체의 핵심 정보가 담겨져 있다.

15 다음 그림은 세포 내 유전 정보 흐름을 나타낸 것이다. ㉠에 해당하는 것은?

DNA 염기	A	T	G	C
↓ ㉠	↓	↓	↓	↓
RNA 염기	U	A	C	G

① 복제
② 전사
③ 합성
④ 번역

> **ADVICE** ② 전사 : DNA의 정보를 RNA로 전달하는 과정을 의미한다.
> ① 복제 : 동일한 DNA 사본을 만드는 과정이다.
> ③ 합성 : 단백질 합성을 하는 과정으로 아미노산이 펩타이드 결합으로 연결되어 단백질을 만들어내는 과정이다.
> ④ 번역 : mRNA에 담긴 유전정보가 아미노산 서열로 해독되면서 단백질이 만들어지는 과정이다.

16 다음 그림은 세포막의 구조와 세포막을 통한 물질 A와 B의 이동을 나타낸 것이다. 이에 대한 설명으로 옳은 것만 모두 고른 것은?

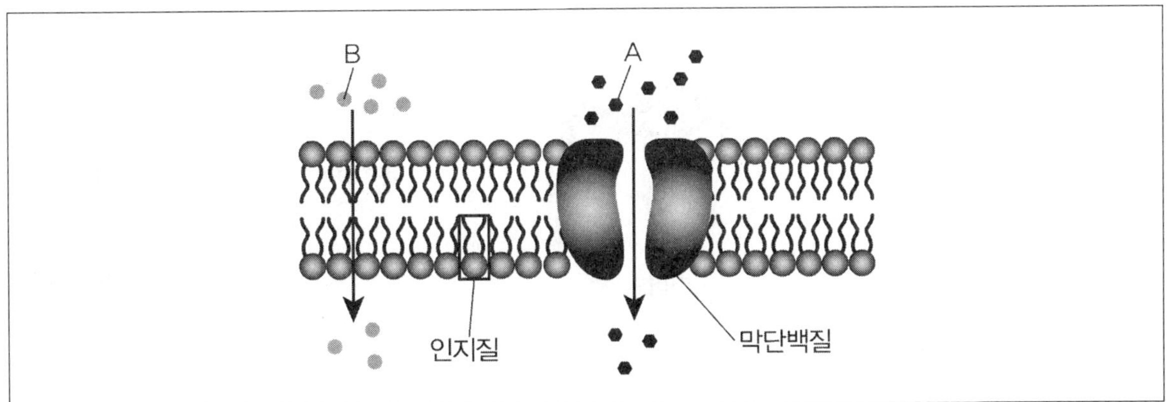

> ㉠ B는 크기가 작은 기체 분자 혹은 지용성 물질이다.
> ㉡ A는 막단백질을 지나서 확산한다.
> ㉢ 입자는 농도가 낮은 쪽에서 높은 쪽으로 퍼져나간다.

① ㉠

② ㉡

③ ㉠, ㉡

④ ㉡, ㉢

ADVICE ㉠ 인지질 2중층을 통해 확산하는 B는 산소나 이산화 탄소 같은 크기가 작은 기체 분자이거나 지용성 물질이다.
㉡ 막단백질을 통해 확산하는 A는 포도당이나 아미노산 같은 크기가 큰 수용성 물질이나 전하를 띤 이온이다.
㉢ 입자는 농도가 높은 쪽에서 낮은 쪽으로 퍼져나간다.

≫ ANSWER 14.① 15.② 16.③

17 다음 그림은 서로 다른 지질 시대에 나타난 표준 화석이다. 오래된 시대부터 순서대로 나열한 것은?

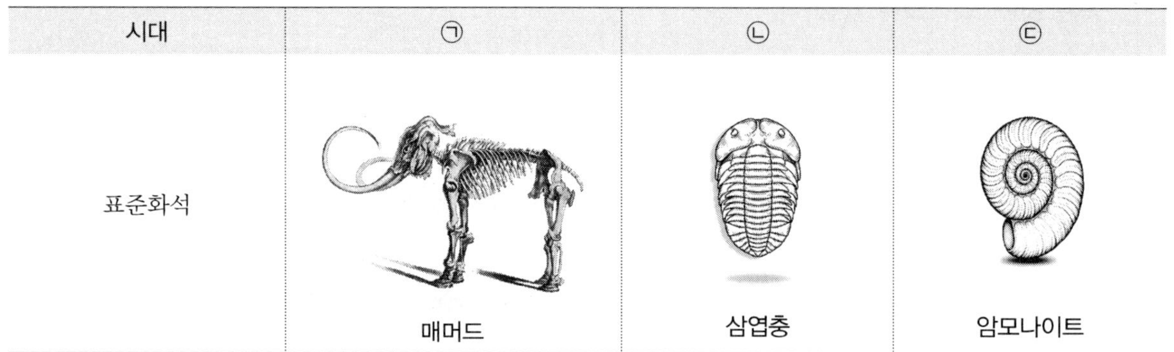

① ㉠→㉡→㉢
② ㉡→㉢→㉠
③ ㉡→㉠→㉢
④ ㉢→㉠→㉡

ADVICE ㉡ 삼엽충은 고생대 화석에 해당한다.
㉢ 암모나이트는 중생대 화석에 해당한다.
㉠ 매머드는 신생대 화석에 해당한다.

18 다음 설명에서 ㉠에 해당되는 것은?

> 종 다양성이 높은 경우 먹이 그물이 복잡해져 한 생물종이 사라졌을 때 다른 생물종이 연속적으로 사라질 가능성이 낮으므로 (㉠) 유지에 도움을 준다.

① 생태계 평형
② 생명 중심 원리
③ 생태 피라미드
④ 자연 선택

ADVICE ① 생태계 평형은 생태계를 구성하는 생물의 종류와 개체 수, 물질의 양, 에너지 흐름 등이 안정된 상태를 유지하는 것으로 종 다양성이 높을수록 생태계 평형이 잘 유지된다.

19 그림은 어느 해역의 깊이에 따른 수온 변화를 나타낸 것이다. A ~ C에 대한 설명으로 옳은 것만을 〈보기〉에서 모두 고른 것은?

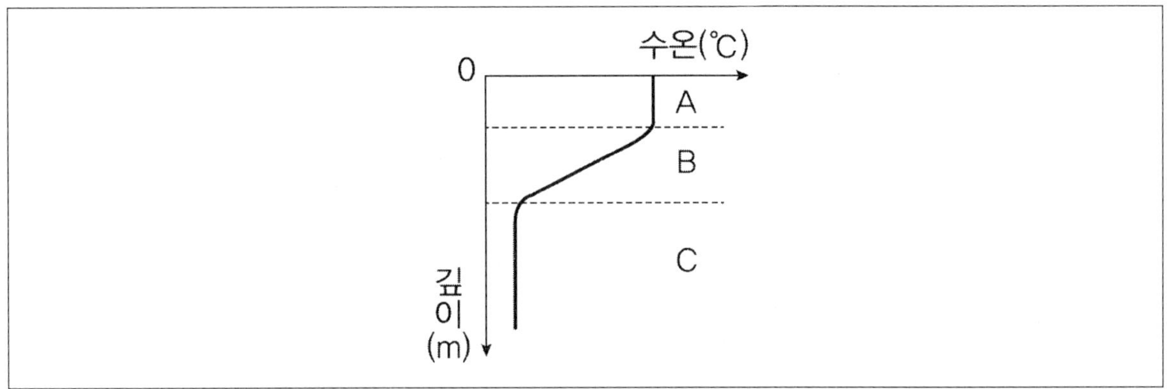

─── 〈보기〉 ───

㉠ A에서는 기권과의 상호작용이 일어나지 않는다.
㉡ B에서는 해수의 대류가 거의 일어나지 않아 안정적이다.
㉢ C는 심해층이다.

① ㉡   ② ㉢

③ ㉠, ㉢   ④ ㉡, ㉢

ADVICE ㉡ B는 수온 약층으로 해수의 대류가 거의 일어나지 않으며 혼합층과 심해층 사이의 물질과 에너지 교환을 차단한다.
㉢ C는 심해층으로 태양 에너지가 도달하지 않아 수온이 낮고 깊이, 계절, 위도에 따른 수온 변화가 거의 나타나지 않는다.
㉠ A는 혼합층으로 태양 복사 에너지를 흡수하여 수온이 높다. 즉 기권과의 상호작용이 일어난다.

20 다음 설명에 해당하는 현상은?

> 평상시보다 무역풍이 약해지면서 적도 부근의 따뜻한 해수가 동쪽으로 이동한다. 그로 인해 동태평양은 평상시보다 표층 수온이 높아지고 상승 기류를 형성하여 강수량이 증가하고 홍수와 폭우가 발생할 수 있다.

① 엘니뇨   ② 사막화

③ 황사   ④ 장마

ADVICE ② 사막화 : 사막 주변 지역의 토지가 인위적 · 자연적 원인으로 인해 황폐해지면서 점차 사막이 넓어지는 현상이다.
③ 황사 : 바람에 의해 높이 올라간 모래 먼지가 대기 중으로 퍼져 하늘을 뒤덮는 현상이다.
④ 장마 : 비가 지속적으로 많이 내리는 현상으로, 주로 6월 말부터 7월 초에 내리는 비를 말한다.

» ANSWER   17.②   18.①   19.④   20.①

21 RNA에 대한 설명으로 옳은 것만을 〈보기〉에서 모두 고른 것은?

〈보기〉

㉠ 단일 가닥 구조다.
㉡ 유전 정보를 저장한다.
㉢ A(아데닌), G(구아닌), U(유라실), C(사이토신)의 염기를 가지고 있다.

---

① ㉠　　　　　　　　　　　　　　② ㉡
③ ㉠, ㉡　　　　　　　　　　　　④ ㉠, ㉢

> **ADVICE** ㉠ RNA는 이중 나선 구조인 DNA와 달리 단일 가닥 구조이다.
> ㉢ RNA의 염기는 A(아데닌), G(구아닌), U(유라실), C(사이토신)이고, DNA는 A(아데닌), G(구아닌), T(티민), C(사이토신)이다.
> ㉡ 유전 정보를 저장하는 것은 DNA고, RNA는 유전 정보를 전달하고 단백질 합성에 관여한다.

22 다음 설명에서 ㉠에 해당하는 것은?

태양 중심부에서는 수소 원자핵 4개가 융합하여 (㉠)원자핵 1개로 변환되는 수소 핵융합 반응이 일어난다.

---

① 철　　　　　　　　　　　　　　② 수소
③ 탄소　　　　　　　　　　　　　④ 헬륨

> **ADVICE** ④ 수소 원자핵 4개가 융합하여 ㉠ <u>헬륨</u> 원자핵 1개로 변환된다.

23 다음 설명에 해당하는 지질 시대는?

• 오존층이 형성되지 않아 육상에는 생물이 존재할 수 없었다.
• 말기에 최초의 다세포 생물이 등장하였다.

---

① 선캄브리아 시대　　　　　　　② 고생대
③ 중생대　　　　　　　　　　　　④ 신생대

> **ADVICE** ② 고생대 : 오존층이 형성되어 자외선이 차단됨에 따라 육상 생물이 등장하고 삼엽충이 번성했다.
> ③ 중생대 : 공룡과 같은 파충류와 암모나이트가 번성했고 빙하기 없이 전반적으로 온난한 시기였다.
> ④ 신생대 : 포유류가 번성했고 현생 인류의 조상이 출현했다.

24 다음 설명에서 ㉠과 ㉡에 해당하는 것은?

> • 지구의 지각을 이루는 암석은 다양한 광물로 이루어져 있지만, 대부분은 (㉠)과 산소를 주성분으로 하는 규산염 광물이다.
> • 사람의 몸을 구성하는 물질로는 산소와 (㉡)의 비율이 높다.

	㉠	㉡
①	칼슘	탄소
②	수소	규소
③	규소	탄소
④	산소	규소

ADVICE ㉠ 지구의 광물 대부분은 규소와 산소를 주성분으로 하는 규산염 광물이다.
㉡ 사람의 몸을 구성하는 데 큰 비율을 차지하는 물질은 산소와 탄소다.

[지구 시스템]

25 다음은 지구 시스템 각 권의 상호작용에 대한 설명이다. 이와 관련된 지구 시스템의 요소는?

> • 바람으로 인해 해안의 암석이 깎인다.
> • 황사가 하늘을 덮는다.

① 생물권 – 수권

② 수권 – 기권

③ 지권 – 기권

④ 수권 – 생물권

ADVICE ③ 바람이 불어 암석 등이 깎이거나 파괴되는 것을 풍화 작용이라고 하며, 풍화 작용과 황사가 하늘을 뒤덮는 현상은 지권과 기권의 상호작용으로 발생한다.

》 ANSWER 21.④ 22.④ 23.① 24.③ 25.③

시사용어사전 1228

매일 접하는 각종 기사와 정보! 공기업/언론사/기업체/공무원 채용을 준비하는 수험생과
현대인이 꼭 알아야 할 최신 시사상식을 쏙쏙 뽑아 이해하기 쉽도록 영역별로 정리

경제용어사전 1050

주요 경제용어는 거의 다 실었다! 금융권/공기업/언론사/기업체/공무원 채용을 준비하기 전에,
경제 공부를 시작하기 전에 읽어보면 경제가 쉬워지도록 사전식으로 구성

부동산용어사전 1310

부동산에 대한 이해를 높이고 부동산의 개발과 활용, 투자 및 부동산 용어 학습에도
적극적으로 이용할 수 있는 교재, 공인중개사 출제용어도 수록

자격증
한번에 따기 위한 서원각 교재
한 권에 준비하기 시리즈 / 기출문제 정복하기 시리즈를 통해 자격증 준비하자!
2026
동물보건사
실력평가 모의고사
3회
2026
손해평가사
1차 시험
기출 문제 정복 하기
2026
스포츠지도사
8개년 2025~2018년
기출 문제 정복 하기
2026년 최신개정판
자격증 한 번에 따기
2급 생활·전문
스포츠 지도사
8개년 기출문제 정복하기
국민체육진흥공단 체육지도사 자격검정 2급(생활)/(전문) 스포츠지도사 대비
스포츠교육학, 스포츠사회학, 스포츠심리학, 스포츠윤리, 운동생리학, 운동역학, 한국체육사 전과목 수록
2025년 ~ 2018년 총 8개년 기출문제 수록
황태식, 장재영 공저
SEOWONGAK (주)서원각
SEOWONGAK
SEOWONGAK